国家社科基金项目研究成果（12BFX123）

自然保护区社区共管法律机制研究

ZIRAN BAOHUQU SHEQU GONGGUAN
FALÜ JIZHI YANJIU

田红星　等著

U0280056

重庆大学出版社

图书在版编目（CIP）数据

自然保护区社区共管法律机制研究 / 田红星等著. ——
重庆：重庆大学出版社，2021.7
ISBN 978-7-5689-2584-6

Ⅰ.①自… Ⅱ.①田… Ⅲ.①自然保护区—社区管理
—研究—中国 Ⅳ.①S759.992

中国版本图书馆CIP数据核字（2021）第037959号

自然保护区社区共管法律机制研究

田红星 等著

策划编辑：贾 曼

特约编辑：王廷兴

责任编辑：陈 力　　版式设计：贾 曼
责任校对：关德强　　责任印制：张 策

*

重庆大学出版社出版发行

出版人：饶帮华

社址：重庆市沙坪坝区大学城西路21号

邮编：401331

电话：（023）88617190　88617185（中小学）

传真：（023）88617186　88617166

网址：http://www.cqup.com.cn

邮箱：fxk@cqup.com.cn（营销中心）

全国新华书店经销

重庆荟文印务有限公司印刷

*

开本：787mm×1092mm　1/16　印张：17.25　字数：331千
2021年7月第1版　　2021年7月第1次印刷
ISBN 978-7-5689-2584-6　　定价：55.00元

序

一场席卷全球的新型冠状病毒肺炎，是对我国乃至全球治理体系和能力的一次大考验，它不仅检验了我国和全球治理体系中的成就和缺陷短板，也对如何健全国家应急管理体系、社会治理体系，提高日常治理和急难险重任务治理能力提出了新的要求。值此重要时刻，田红星教授等人精心撰写的著作《自然保护区社区共管法律机制研究》即将出版，这对我国自然保护区的治理体系和治理能力建设，无疑是一件雪中送炭、值得关注的事。

在自然保护区，自然保护与当地经济建设和居民生产、生活的关系，是自然保护区管理中矛盾冲突最激烈、也是最难处理的基本关系。《中华人民共和国自然保护区条例》虽规定"妥善处理"两者关系，但并未进一步明确具体规范。《自然保护区社区共管法律机制研究》作为田红星教授主持的国家社科基金项目的最终研究成果，以此为切入点，对"妥善处理"的最佳选择——社区共管进行了法律机制上的全面系统剖析，以期为可持续发展提供可行的法律对策。该研究成果的研究视野开阔，创新特色明显。

该书借助结构功能分析方法，将社区共管的法律机制分为内部结构与外部运行两部分。社区共管的法律性质、法律地位、权力结构、利益分配是社区共管法律机制的内部结构，是社区共管自我存在的法律制度基础，是外部运行的内在逻辑基础。"社区共管与传统管理制度的法律碰撞与协调"分析了社区共管在外部运行时的法律效力，其涉及社区共管与传统管理之间的目的冲突、去法化与重新法治化的法律冲突、分工与协作下的共管事务范围及法律效力认同等。"当地社区村民权益保护的不足与应对"分析了社区共管外部运行的功效，使社区村民从权利、利益失衡到利益共享，达到了协调保护社区村民合法的实体权益与生态利益的法律目标。任何法律制度都不是孤立地在真空中运行，它需要相应的制度基础。社区共管的运行需要公众参与、生态补偿等配套制度基础。同时，社区共管的内部法律结构建构与外部运行还需要借鉴吸收一切可以利用的资源。他山之石，可以攻玉，域外法治正是社区共管建构可资借鉴的重要外部资源。该书通过重点建构社区共管的内部法律结构、论证社区共管的外部法律效力与外部功效、分析社区共管的配套制度基础与可资借鉴的域外法治资源，实现了研究体系的优化。

为了应对当地社区村民实体性合法权益保护不足的现状，如土地使用权限制补偿制度与当地村民旅游相关权的缺失、当地渔民渔业权的弱化与林果种植权等习惯性使用权的禁止等，该书创新研究思路，改变传统研究路径，不再执着于相应实体法律的修改或增加，而是转从程序性权利入手，通过重构参与权利，建构共同决策机制，将实体利益融入民主自决程序，从而间接达到权益保护之目的。然而，这种民主自决程序的法律架构，需要相应的法律范式支撑。为此，该书重点研究了哈贝马斯、托依布纳从法律的反思维度提出的程序性法律范式，即新程序主义。由于法律的自我限制，法律对社会子系统的直接控制，管理已不堪重负。因此，新程序主义不再执着于对子系统的内部直接规范控制，而转变为外部宪章式的间接调整，其追求的是外部规范下的民主自决，关注的是为沟通协商、民主决策提供具有合法性的组织结构。社区共管法律机制是借鉴新程序主义在自然保护区管理领域中的具体建构，社区共管委员会就是各权利主体进行沟通协商、民主决策的组织结构。

同时，由于自然保护区社区共管，解构与重构了自然保护区的国家管理权力，涉及国家与社会之间的复杂关系，因此，该书从多维的研究视角对相关法律机制的建构进行了分析论证。从人权保障视角，论证了社区村民固有的基本权利。从国家管理视角的"传送带"失灵，社会权益保护视角的宪法自由权拓展与环境正义的实现，多元法律视角的软法之治如环境法律亚秩序、未完全理论化协议的具体化、竞争性规范的预防等论述了社区参与自然保护区管理的正当性。并在社区权益与社区双重正当性的基础上，借鉴卢曼的法律限制视角、诺内特的法律回应性视角、哈贝马斯与托依布纳的程序性法律范式视角，在自然保护区管理领域，建构了自然保护区社区共管。这种研究视角的多维，增加了课题研究的层次性与说服力，夯实了本研究的法理基础。

《中共中央关于坚持和完善中国特色社会主义制度　推进国家治理体系和治理能力现代化若干重大问题的决定》强调，"在城乡社区治理、基层公共事务和公益事业中广泛实行群众自我管理、自我服务、自我教育、自我监督，拓宽人民群众反映意见和建议的渠道，着力推进基层直接民主制度化、规范化、程序化。"自然保护区社区共管是城乡社区治理的一个重要领域，是解决自然保护与社区发展矛盾冲突的重要对策，从法律角度对其进行分析、建构，具有重要的理论与实践意义。非常欣喜，能够看到这样一部高水平的研究成果，也希望环境法领域能够人才辈出，创作出更多更优秀的研究成果。是为序。

2021 年 3 月 30 日于珞珈山

目　录

第一章

权力的解构与重构：社区共管的法律性质分析

第二章

自然保护区社区共管委员会的法律地位

第三章

自然保护区社区共管的权力结构与利益分配

第四章

社区共管制度与传统管理制度的法律碰撞与协调

第五章

弹性思维下的社区共管：从权利失衡、利益失衡到合作管理、利益共享

第六章

社区共管配套法律制度：环境公众参与、生态补偿

第七章

域外法治借鉴：国外的国家公园社区共管

第一章
权力的解构与重构：社区共管的法律性质分析

　　社区共管与传统的管理模式不同，权力流向由单向变为双向、多向，目标由单一的自然保护变为以自然保护为主兼顾社区居民的生存发展权。当地社区村民世代居住于自然保护区及周边区域，靠山吃山靠水吃水已成为其重要的生产生活方式。各地政府应当尊重当地社区村民的生存权、发展权、财产权等基本权利，不应对自然保护区进行绝对化保护。这些基本权利构成了自然保护区社区共管的实体权利基础。为了保护自己的合法权益，当地社区村民需要程序性的参与权。从国家行政管理的传送带失灵、社会权益保护、多元法律等视角进行分析，当地社区村民也应当享有参与权。社区正当的参与权构成了实施社区共管的程序性权利基础。当地社区村民的参与，在一定程度上解构了自然保护区管理机构的管理权力，但仅有解构还不行，还需要赋权。由于法律的自我限制，在此，所赋予的权利不是实质性的直接控制调整权利而是程序性的民主决策权。这种程序性法律范式或新程序主义适用于自然保护区管理领域就是社区共管。按照新程序主义，社区共管重构了社区与管理机构、地方政府在自然保护区管理中的权力结构，实现了社区与保护区管理机构保护自然资源与环境的合力。

　　实现权力解构与重构的社区共管，既不同于传统的政府管理，也不同于私权利管理性质的企业管理、个人事务管理，[1]它是顺应国家管理模式变革趋势的国家与社会之间的合作管理。在社区共管的管理结构中，当地社区村民不再被当作资源保护的威胁因素而是作为合作力量，不再成为权力的实施客体而是作为权力的主体参与其中。

---

[1] 莫于川. 行政法治视野中的社会管理创新 [J]. 法学论坛，2010（6）：19.

一、社区利益的正当性：社区共管的实体权利基础——人权保障视角的阐释

尊重和保障人权是我国立法的一项重要原则。[1] 自然保护区的建立，在最广泛意义上是保障全人类的生存权等人权，但就自然保护区及周边社区村民而言，他们的生存权、发展权、财产权等基本权利和自由却受到自然保护区保护措施的直接限制和影响。事实上，生态环境公益与当地社区村民的基本权利均具有正当性，不能因为生态公益保护而无视当地社区村民的基本权利。为此，我们认为自然保护区及周边社区村民的基本权利理应得到尊重和保障。而且，当地社区村民的生存权、发展权、财产权等基本权利也是自然保护区社区共管的实体权利基础。

（一）尊重与保障自然保护区及周边社区村民的生存权

生存权亦可称为生命权，是最基本、最重要的人权，各种理论一致认为，生存权应是首要的人权，并将其视为是享有其他权利的基础，人的生存权如果得不到保障，那么其他一切权利都是空中楼阁。马克思、恩格斯在《德意志意识形态》中指出："我们首先应该确立一切人类生存的第一个前提也就是一切历史的第一个前提，这个前提就是：人们为了能'创造历史'，必须能够生活，但是为了生活，首先就需要衣、食、住以及其他东西。"[2] 人只有在获得了生存保障之后，才有可能从事政治、科学、艺术哲学、宗教等活动。

人要生存，就必须获得物质财富，所有物质财富又都是来自自然的，自然环境是人类生存的物质性基础。而大部分自然物质财富又是有限的，这就形成了人的生存需求与自然供给之间的矛盾。同时，地球自然环境的整体性，自然的物质财富分布的不均衡性，又引发了不同地域的人的生存权之间的矛盾。自20世纪中叶以降，第三次技术革命将人类社会推进到高科技时代。这次技术革命带给人类的便利与文明虽然远远超出前两次技术革命，但对人类生存环境的冲击也远远超过前两次技术革命，从而使自然环境遭遇前所未有的危机。面对这些危机，自1970年代以降，环境保护问题被各国和地区提升为社会发展的重要内容之一，各国政府纷纷出台环境保护政策，不断完善环境保护法律、法

---

［1］国务院新闻办公室.中国人权法治化保障的新进展白皮书［OL］.国务院新闻办公室网站，2018-08-08.

［2］中共中央马克思恩格斯列宁斯大林著作编译局.马克思恩格斯全集：第三卷［M］.北京：人民出版社，1972：31.

规，将环境保护列为施政重点之一，并大规模设立自然保护区，投入大量资金，采取诸多具体的环保措施。这些环保措施对自然保护区及周边社区村民的生产和生活活动进行了较多限制，如禁止采伐、捕猎；限制居民的活动空间；改变居民的生产生活方式等，从而直接影响到当地社区村民生存权的实现。甚至，近年来自然保护区内频发的野生动物踩踏农作物、伤人事件，直接威胁到村民的生存。

对此，当地社区村民能否以宪法有关基本权利的规定进行对抗？一些宪法理论学者认为：基于环境保护的需要，公民负有"一般性的环境义务"，就基本权利的保障范围来讲，此种"义务"所代表的意义是，基本权利的内涵在环境保护的目的之下，会受有一定程度的缩减，权利的内涵有一部分应有利于环境的决定。[1] 由此，在自然保护区内，土著居民采伐林木以满足其生存需要固然是一种生活自由，应受到宪法的保护。但是，国家为了生态环境保护而建立自然保护区后，当地社区村民的采伐权的行使理应受到限制。这种对公民基本权利的解构或限缩解释，可能导致司法实践的困惑及操作困境，即缩减到什么程度才能达到既保护生态环境又保障公民基本生存权。把握不好，一般性环境义务的解释可能使处于弱势地位的当地社区村民生活愈加艰难甚至对其是一种灾难。德国学者 Sendler 曾指出，一般性环境保护义务的说法，只会呈现一种"简单、令人印象深刻、骇人且概括的恐怖景象"，对于具体事件冲突状态的了解与解决并无帮助。为此，对公民基本权利的环境限制，必须严格遵循法律保留、比例原则等，以尽量使环境限制导致的侵害减少到最低程度。对环境保护义务的设定，决不能危及当地社区村民生存权的底线，更不能扩张性解释，扩大国家在自然保护区实施环境限制的公权力。有学者认为，国家有权决定如何来分配使用自然保护区内的林木，对于区内林木的使用应视为公民的一种"分享权"（Teilhaberecht），必须经由国家的分配"给予"，公民才取得"使用的请求权"。[2] 按此逻辑，一方面，国家对于有害公众环境权介质的行为，当然可以采取措施禁止，而不需任何合法化的事由；另一方面，当地社区村民基于生存目的的采伐行为被排除出基本权利的保护范畴。这样的观点，不仅扩张了国家在自然保护区实施环境管制的公权力，而且从根本上否定了当地社区村民的生存权，显然，不利于宪法对当地社区村民生存权的保障。这种观点更

---

[1] 德国学者 Rupp 早在 1970 年就曾指出：环境保护议题的兴起，可能使隐藏在基本权利中鲜为人知的"社会义务"显露出来。Vgl. H. H. Rupp, Die verfassungsrechtliche Seite des Umweltschutzes, JZ 1971, 401 ff.

[2] 简资修. 寇斯的《厂商、市场与法律》：一个法律人的观点 [J]. 台大法学论丛, 1996, 26（2）: 238.

加重了这样的担忧：面对国家多样的环境保护限制措施，宪法性规定究竟能为公民的基本权利提供多大程度的保护。[1]

基于宪法保障人民基本权利的宗旨，国家行政行为若涉及（限制）人民基本权利的保障范围时，可以视为违宪，除非国家能够提出宪法上的正当理由，否则即构成对人民权利的违法侵害。依此得出的结论是：国家应承担限制公民自由权理由的"举证责任"。[2]总而言之，环境资源的共享性，环境资源的有限性，决定了人类（小至自然保护区内居民）对环境的行为不可能毫无限制。然而，如果只是基于环境保护因素的考量，并以此全盘否定当地社区村民的"生产生活行为"的基本权利，那将会破坏整个基本权利的保护体系，尤其是法律保留原则、比例原则等保护基本权利的机制，[3]其结果是使保护区内居民的主体性丧失，从而被"降格"为环境保护体系下的"客体"（Object）。[4]

为此，我们既不能援引公民生存权而恣意破坏自然环境，也不能扩张性适用"一般性环境保护义务"。尤其在自然保护区，社区村民的生产生活水平较低，大多为政府扶贫的对象，对当地社区村民的生存权特别需要尊重和保障。

（二）尊重与保障自然保护区及周边社区村民的发展权

与生存权紧密相连的就是人的发展权，人不仅要获得生命的保障，同时还应获得不断提升自我生存条件与生活质量的权利。1979 年第 34 届联合国大会通过的第 34/46 号决议明确指出：发展权是一项人权，平等发展的机会既是各个国家的天赋权利，也是个人的天赋权利。[5] 1986 年联合国大会第 41/128 号决议通过了《发展权利宣言》（以下简称《宣言》），《宣言》指出："发展权利是一项不可剥夺的人权，由于这种权利，每个人和所有各国人民均有权参与、促进并享受经济、社会、文化和政治的发展，在这种发展中，所有人权和

---

[1] D.Murswiek, Die staatliche Verantwortung fr die Risiken der Technik, 1985, S. 88 ff.; H. G. Henneke, Landwirtschaft und Naturschutz, 1986, S.110 ff.

[2] 李建良. 基本权利理论体系之构成及其思考层次 [J]. 人文及社会科学集刊, 1997, 9（1）: 66.

[3] M.Kloepfer, Uweltrecht, 2.Aufl., 1998, S.51; ders., Zur Rechtsumbildung durch Umweltschutz, 1990, S. 47; ders./H.-P. Vierhaus, Freiheit und Umweltschutz, in: ders. (Hrsg.), Anthropozentrik, Freiheit und Umweltschutz in rechtlicher Sicht, 1995, S.41 f. 转引自《环境保护与人权保障之关系》, 2018-7-10.

[4] 德国学者 Sendler 曾指出, 一般性环境保护义务的说法, 只会呈现一种"简单、令人印象深刻、骇人且概括的恐怖景象", 对于具体事件冲突状态的了解与解决并无帮助（NVwZ 1990, 231/236）. 转引自《环境保护与人权保障之关系》, 2018-7-10.

[5] 樊成. 公众共用物的政府责任研究 [D]. 武汉: 武汉大学, 2013: 29.

基本自由都能获得充分实现。”[1]

由此，发展权是人的本质要求之一，是人类发展的直接体现，它不仅是一项人权，还是人权体系中的一项基本人权，它对主体的价值和尊严、独立性与自主性以及权威性起着决定性的不可取代的作用。[2]对于每一个人，甚至是一个国家或民族来说，它是不可转让的。让渡发展权，对个人来讲，将因没有发展话语权而丧失进入社会的主体资格；对于一个国家、民族而言，便会无权以独立的、平等者的身份立足于国际社会，并最终不能成为独立的国际法主体。[3]

分析发展权的权利内涵，其本质是一种“集体的自决权”（the collective right to self-determination）。该权利在三个方面与环境保护有关联：首先，从国际环境层面上讲，对于一些发展中国家而言，透过此种权利可以让这些国家获得自决权，自由管理其自己的土地与其他自然资源，从而排除或限制外来的投资与开发，以维护其自然的生态环境。其次，从国内层面上讲，是在一国之内承认某特定原住居民（indigenous people）在其所居住的区域享有一定程度的政治、经济自治权。[4]赋予一定区域内原住居民区内的政治与经济自治权，可以让原住居民依其固有的、传统的生活方式，维持其生存的环境，免于受到工业文明的污染和破坏。[5]最后，从自然环境保护区的层面上讲，是赋予自然保护区内居民与社区环境保护的自决权，可以让自然保护区内居民与社区自主选择保护措施，从而避免因强加于他们的保护措施与其固有的生产生活方式差距较大，而产生原住居民与社区同保护管理机构的紧张关系。纵观世界范围内的各自然保护区，其中有一共性的问题，即因绝大多数都设置在少数民族的生活场域内，而为了满足国家甚至是国际社会自然环境保护的需要，必然会对这些原住居民的经济发展方式进行限制或改造，这势必会造成对原住居民的发展自决权的干预，而这种干预又必然会造成原住居民与管理机构的紧张关系。更有甚者，一些国家和地区干脆以命令的手段强制改变原住居民的生存与发展方式，其结果是，非但没有实现保护环境的目的，有些甚至是给环境污染与破坏埋下了更大的隐患。在各国自然保护区或国家公园的管理实践中，确有相应的实例，如1985年夏，美国黄石公园发生的一场森林大火不仅给公园造成了巨大损失，更是给各国自然环境保护敲响了警钟。美国黄石公园是1872年格兰

［1］肖巍，杨寄荣.从新发展议程看马克思主义前瞻性［J］.河海大学学报：哲学社会科学版，2017（6）：2.
［2］邓行.试论当前城市民族工作的主线［J］.中南民族大学学报：人文社会科学版，2008，28（4）：39.
［3］彭昆.我国西部发展权的证成［J］.商业文化：上半月，2011（21）：32.
［4］［5］郑少华.从对峙走向和谐：循环型社会法的形成［D］.上海：华东政法学院，2004：51.

特总统在任时设立的，它是全美国，也是全世界第一座国家公园。为了保护公园的生态环境，国家公园管理机构禁止原住居民周期性的燃烧行为。原本，原住居民的周期性地燃烧能清洁生态栖地，为族人的狩猎区、采集区的野生动植物创造生机。而自禁止燃烧后，多生质燃料在这一百多年来不断累积，最终引发森林大火。[1]此例充分说明，长期以来依靠保护区的自然资源来维系生命与生存的当地社区村民，往往在千百年的生存与发展过程中，自觉地形成了与该地区生态环境和谐共存的生活模式，自然环境也因为当地社区村民的参与获得动态平衡。[2]甚至可以说，当地社区村民的生产生活方式已成为自然保护区生态系统不可分割的组成部分。而一旦通过干预甚至是强制改变当地社区村民的生存与发展模式，不仅限制了他们的生存与发展权，而且，最终也使得保护环境的初衷化为泡影。

近年来，世界各国在反思自然保护区内的灾害及对自然保护区当地社区村民人权保障的基础上，开始改变以往的保护政策，将自然环境的保护与当地社区村民发展权的保障联系起来。

随着 20 世纪后半叶"后现代主义"思潮的兴起，人们开始关注原住民的生态智慧，并将其视为"后现代主义"思潮的重要来源之一，用它来挑战典型的欧洲文明近代以来的理性的、逻辑的、核心的、线性论的现代知识观。[3]在"后现代主义"思潮的影响下，1994 年联合国提出"原住民权利宣言草案"以及各相关国际人权文件，均强调原住民族应享有自由处置自然资源的权利，应当拥有一个有利其发展的普遍良好环境。其主旨就在于通过赋予原住民在其所居住的区域享有一定程度的政治、经济、环境自治权，形成最大限度的"本土参与"机制，以确保原住民固有传统之生活方式，维护其生存环境，实现其发展的要求。[4]

在我国自然保护区，国家不仅保护生态环境，同样也尊重和保障当地社区村民的发展权。而且，当地社区村民的发展权与国家的扶贫战略密切相关。对于贫困山村、渔村，国家更会以优惠政策支持其发展。

（三）尊重与保障自然保护区及周边社区村民的财产权

财产权具有物质财富的内容，一般可以货币进行计算，它是人的生命权和

[1]［2］［3］土著民的环境权［OL］.北京法院网，2016-11-8.
［4］高德义.争辩中的民族权：国际组织、国际法与原住民人权［J］.原住民人权与民族学术研讨会议论文集，1998：10-14.

发展权的延伸。一个人要生存下去，要获得精神和物质上的发展，必须要有物质作为支持。对社会公共产品的享有，对自我劳动的所得进行排他性的占有，是生命权与发展权必不可少的保障。[1]《世界人权宣言》明确提出："人能够工作，能够靠自己的劳动成果生活，并把生活剩余的钱存起来留给子女或者自己的晚年，这都是人尊严的一部分。"[2]

自然保护区及周边社区村民的财产权，除了对个人所支配物的所有权外，主要指向对土地、山林、滩涂、湿地、水域等自然资源所享有的权利。为此，对当地社区村民财产权的分析研究，应围绕以下几类问题展开：自然保护区内自然资源的所有权归属问题；自然保护区及周边社区村民对自然保护区内自然资源享有的财产权利问题；环境立法及管理对这些财产权利进行限制问题。

1. 自然保护区内自然资源的所有权归属问题

在我国，自然保护区内自然资源由国家或集体所有。然而，自然资源国家所有权并不能完全等同于民法上的所有权。为此，根据自然资源的类别不同，可以区分公共自然资源与国有自然资源，分别适用不同的法律调整。公共自然资源，是指排斥成立任何形式的私人所有权，并由全体社会共同体成员共同且平等使用的自然资源。[3]国有自然资源，是指国家享有排他性民事权利的自然资源。[4]国家对公共自然资源，只能行使管理权，不适用民法规范；而对于国有自然资源，则享有民法上所有权，可以适用民法调整。也有学者通过区分控制所有权与收入所有权的方式提出：对于水资源、原始森林等公共性特别强、排斥私人所有权的公共自然资源，国家只享有控制所有权，不享有收入所有权。[5]而对于矿产资源、用材林等公共性相对较弱的国有自然资源，国家不仅享有控制所有权，而且享有收入所有权。[6]

对于自然资源国家所有权，国家作为自然资源所有人在处分自然资源时，应受到更为严格的限制。[7]在我国，法律禁止国家对自然资源的所有权进行法律处分。无论是国家机关还是国家自己对于国家专有自然资源的所有权，一律禁止买卖、出租或者以其他方式非法转让，对于除国家专有自然资源以外的

[1][2]李嫚嫚.人权保障视野下的刑讯逼供问题研究[D].贵阳：贵州民族学院，2011：7.

[3]魏功庆.自然资源国家所有权行使探究——以无线电频谱资源为例[J].智富时代，2015（3）：161-162；魏功庆.无线电频谱资源国家所有权研究[J].法制博览，2015（6）：25.

[4]邱秋.中国自然资源国家所有权制度研究[M].北京：科学出版社，2010：190.

[5]刘超.自然资源国家所有权的制度省思与权能重构[J].中国地质大学学报：社会科学版，2014（2）：56.

[6]邱秋.中国自然资源国家所有权制度研究[M].北京：科学出版社，2010：193.

[7]刘超.自然资源国家所有权的制度省思与权能重构[J].中国地质大学学报：社会科学版，2014（2）：57

公共自然资源同样不具有处分权能。[1]

2. 自然保护区及周边社区村民对自然保护区内自然资源享有的财产权利问题

自然保护区内社区居民对区内自然资源所享有的权利，主要包括所有权、用益物权及自由使用权等。该所有权主要指向由当地社区村民种植的经济林，但由于生态保护，权利的行使也受到诸多限制。有时，考虑到当地社区民俗习惯、传统文化等的贡献，也可以将旅游吸引物作为权利客体。对此，在后面章节还有详细论述。用益物权除当地社区村民作为集体成员对集体所有的自然资源承包使用外，主要指向当地社区村民对国家所有的自然资源的使用收益权。国家对于自然资源的占有也不是以实现完全的排他性的控制和管领为表征，尤其是土地资源、水资源、森林资源等，这些自然资源多是当地社区村民生产生活的基本物质条件，所以国家不可能完全排除村民的控制和使用。[2]实际上，国家对于公共性很强的自然资源的控制和管领并不是为了实现自己独占性的控制和支配，而是为了排除任何其他主体对于自然资源的排他性的控制和支配。[3]因此，自然资源国家所有权的使用权权能与所有权多呈现相分离的状态。一般情况下，对于国有自然资源，实行有偿使用，通过招标、拍卖、挂牌等行政私法方式获取使用权。对于当地社区村民来说，由于财力有限，这种方式实质上往往将他们排除在外。如采矿权、海域使用权等。而对于公共自然资源，当地社区村民取得用益物权如渔业权、狩猎权等需经行政许可。需注意的是，该许可使用不等于有偿使用。

从法理上看，行政许可实质上是国家将"原本属于人民的（宪法上）权利"交还给公民，而并非国家在为公民"创设"某种财产权益。基于这种法理，行政许可制度的核心内容应是：国家为了公共利益的需要，以法律形式明确某些事项实现的要件，任何公民或法人只要满足了法律规定的要件，就应当得到许可而为之，而此时法律对公民或法人的限制即不复存在，从而公民或法人既享有核发许可的权利。[4]而且，国家在进行行政许可时，对处于生存发展弱势地位的当地社区村民或渔民，还应优先考虑。只不过，国家为维护整个社会生

［1］张建文.转型时期的国家所有权问题研究：面向公共所有权的思考［M］.北京：法律出版社，2008：298.

［2］胡伟.试析自然资源财产性权益的归属与行使［J］.生态经济，2018（8）：217.

［3］刘超.自然资源国家所有权的制度省思与权能重构［J］.中国地质大学学报：社会科学版，2014（2）：56.

［4］李建良.基本权利理论体系之构成及其思考层次［J］.人文及社会科学集刊，1997，9（1）：44.

存的可持续性，可以将某些重要自然资源的存在区域设定为保护区，然后就保护区内自然资源的使用设定范围和方式，自然保护区及周边社区村民只能按照这些范围和方式使用保护区内的自然资源。[1]

学者对自然资源用益物权的研究颇多，对权利的性质、内容也存在较大分歧，具有不同的学术观点。如自然资源使用权或利用权[2]、准物权[3]、特别法上的物权或特别物权、附属物权[4]、资源占用权[5]、资源权、[6]用益物权或准用益物权[7]等，在此不再多加论述。

习惯利用或自由使用权，是指未经许可，当地社区村民依据习惯可自由使用公共自然资源的权利。[8]对于当地社区村民来说，靠山吃山靠水吃水是其重要的习惯利用或自由使用权，也是法律应予承认保护的一项民事权利。

3. 环境立法及管理对当地社区村民财产权益的限制问题

对当地社区村民财产权益的环境限制，主要有三个层面：一是一般环境义务。当地社区村民在实现所有物的使用权能时会受到一定的限制，但是，基于对私有财产权的尊重，所受到的限制极为有限，一般只是以最低的道德义务要求为杠杆，即不违背法律、社会公共利益以及承担相邻义务。[9]在此，生态保护利益作为社会公共利益，会对财产权产生一般环境限制。二是用益物权许可时的环境条件限制。自然资源用益物权通过行政许可来取得，而国家通过附加行政许可的环境条件，有助于实现国家对自然资源的环境管控，从而，行政许可也就成为一种重要的环境保护法律手段。三是特别许可时的环境限制。行政机关对特许拥有相当大的政策裁量空间，为此，国家可以通过附带环境要求的方式，[10]增加因此而获得财产权益的环境限制。

综上所述，自然保护区及周边社区村民对自然资源享有一定的财产权益，但也受到相应的环境限制。为此，相对于一般性的自然保护区，在设定范围和方式时，除应体现"存续保障"或"现状保障"的宗旨，尽可能维持自然保护

[1]胡伟.试析自然资源财产性权益的归属与行使[J].生态经济，2018（8）：219.
[2]江平.民法学[M].北京：中国政法大学出版社，2000：401.
[3]温世扬.物权法要论[M].武汉：武汉大学出版社，1997：61.
[4]孙宪忠.德国当代物权法[M].北京：法律出版社，2001：35.
[5]孟勤国.物权二元结构论——中国物权制度的理论重构[M].北京：人民法院出版社，2002：221.
[6]金海统.资源权论[M].北京：法律出版社，2010：87.
[7]房绍坤.用益物权基本问题研究[M].北京：北京大学出版社，2006：4.
[8]邱秋.中国自然资源国家所有权制度研究[M].北京：科学出版社，2010：208.
[9]孟勤国.物权二元结构论——中国物权制度的理论重构（第三版）[M].北京：人民法院出版社，2009：146-153.
[10]黄锦堂.台湾地区环境法之研究[M].台北：月旦出版社，1994：87.

区财产权现有的状态，避免使保护区内居民和社区的财产权受到国家恣意的剥夺或限制外，[1] 还应体现"价值保障"的宗旨，对自然保护区及周边社区村民的财产权的剥夺或过度限制，应当予以补偿，用以填补财产价值所受之损失。[2]

除此之外，当地社区村民的财产权还会因为国家的行政私法行为而受到影响。自然资源国家所有权中占有权能与所有权的分离特性，决定了国家实际上对自然资源的控制不是直接的，其可能通过招标、拍卖、挂牌等行政私法形式将一些自然资源许可给当地社区村民以外的个人、法人进行开发利用，这增加了自然资源收益的分享主体，直接减少了当地社区村民财产收益：一方面，企业开发会剥夺原本属于自然保护区内居民和社区的自然资源收益权；另一方面，开发者追求利润的本性，不仅会压缩国家所有权人的收益权能和处分权能，而且会加大自然保护区及周边社区村民的某些财产权权能实现的障碍。为此，国家应加大支持力度，尊重与保障自然保护区及周边社区村民的财产权。

二、社区参与的应然性：社区共管的程序权利基础——参与权的法理解析

在自然保护区，当地社区的参与权构成了社区共管的程序性权利基础。而自然保护区管理中的社区参与仅是公众参与的具体应用领域之一。对社区参与权的法理解析理应在公众参与的大背景下进行。

有关公众参与，学者的研究颇多，据不完全统计，截至 2018 年 7 月，在中国知网上，以公众参与为主题查询到相关论文、报道 25 000 余篇。在立法方面，2014 年颁布、2015 年实施的《环境保护法》，明确规定公众参与为环境保护的基本原则。在环境保护实践中，较早引入公众参与的是环境影响评价制度。本次修订的环保法在公众参与专章中，专门对环境影响评价文件的公开与征求意见进行了规范。在国务院新闻办公室 2017 年 12 月 15 日发表的《中国人权法治化保障的新进展》白皮书中，把公众参与确定为重大行政决策法定程序，从而"依法保障公民在行政决策中的参与权"。

在理论上，历来观点对立的市场主义与社群主义思想家却都认为在现代治理中需要更多的公众参与。[3] 然而，公众参与涉及政治、经济、文化等多种

---

[1] Chien-Liang Lee, Eigentumsgarantie und Bestandsschutz im Immissions-schutzrecht, 1994, S.187 ff.
[2] 胡伟. 试析自然资源财产性权益的归属与行使 [J]. 生态经济, 2018 (8)：219.
[3] 约翰·克莱顿·托马斯. 公共决策中的公民参与 [M]. 孙柏瑛, 等, 译. 北京：中国人民大学出版社, 2010：20.

因素的考量，法律的原则性规定，既可能是授权——若环境行政官员赞同公众参与的话；也可能是义务——若环境行政官员从心里抵触甚或是反对的话。实际上，谁代表公众、公众参与的形式、公众参与的程度等完全属于环境与生态保护行政机关自由裁量权的范畴，如果环境或生态保护行政官员不能从传统行政管理模式中转变观念，那么，环保法关于公众参与的预期目标就很难实现。因为，公众参与除了大家熟知的益处之外，也存在一定的弊端，如导致成本增加、阻滞改革创新等，[1]这为行政官员的法律规避行为提供了很好的托词。同样，自然保护区管理机构也可能进行相同的选择，为此，应从权利建构视角，以利益实现为纽带，梳理相关公众参与理论，对参与权进行法律解析。

以耶林的利益思想为基础，庞德对利益进行了详尽的理论阐述。利益作为人们寻求满足的需求、欲望或期望，[2]是先于法律秩序和对行为的权威指引而存在的。法律仅调整这些利益，并未创造它们。环境保护作为多元利益博弈的较力场，已在原环保总局多次发起的环评风暴中得到证实，[3]这增加了环境保护法调整的难度。在理论上，有关环境利益分析的研究文献较多，从最初的环境利益概念界说到环境利益分享与补偿的深入研究，如有学者将环境利益的法律结构分为"利益表达、确认、保护和限制、增进"等四个方面；[4]有学者从初始利益、原生利益、次生利益、再生利益、共生利益等多层次分析我国环境利益分享的不公平。[5]由于在排放标准范围内的污染具有正当性，因而对企业污染的道德讨伐似乎就缺乏正义基础。而环境权相对于发展权的先天劣势，更加重了环境利益的弱势地位。那么，如何对环境利益进行倾斜性保护？从较早的依靠群众的32字方针到目前公众参与原则的确立，按照法社会学的方法分析，与其说是民主政治发展的结果毋宁说是环境的弱势需要公众的加入以增加对抗经济利益的力量。然而，接下来的问题是，公众为什么会支持环境保护？这可以从公众的自我利益追求视角进行分析。公众可能会比较环境污染中的利益得失：污染企业的利润导致的公民物质水平提高，对一般公众来说，这种利益具有间接性、抽象性；而损失则是直接的、具体的，污染导致的直接

[1] 约翰·克莱顿·托马斯.公共决策中的公民参与[M].孙柏瑛，等，译.北京：中国人民大学出版社，2010：19.

[2] 罗斯科·庞德.法理学：第三卷[M].廖德宇.译.北京：法律出版社，2007：14.

[3] 吕忠梅，刘超.多种博弈与诉求下的剑走偏锋——关于环评风暴的法社会学分析[J].环境资源法论丛，2007（7）：52-68.

[4] 杜健勋.从权利到利益：一个环境法基本概念的法律框架[J].上海交通大学学报：哲学社会科学版，2012（4）：43-45.

[5] 张志辽.环境利益公平分享的基本理论[J].社会科学家，2010（5）：74.

财产损失：如鱼死亡或承包土地板结等，以及人身损失；诸如雾霾、铅污染等所导致的人体疾病，潜在威胁着所有人的健康。得到的利益与损失相比较，除从企业直接得利的员工或其他利益相关者外，公众会支持环境保护。但是，仅因为人身或财产受影响，公众是否有权利参与到相关环境决策、执行和管理中。这需要从以下三方面进行论述：

（一）"传送带"失灵：国家管理视角的公众参与正当性

行政立法尽管并不建立在"民意表达"的基底之上，却可以从形式上将立法机关所承载的民意，以授权方式传递给行政机关，并配置包括目的、范围、内容三方面的明确性原则，从实质上扶正行政立法的正当性角色。这常被称为"传送带理论"。按照该理论，行政机关纯粹成为由国家设立的、将立法机关所表达的国家意志付诸实施的行政事务委员会。从而，由各级人大选举产生的政府官员进行行政决策、管理就具有了合法性的正当基础。这导致了政治与行政的二分论，即行政问题不是政治问题，行政管理应与政治绝缘。[1]对于行政管理者而言，公众参与是政治问题要解决的事务，行政官员只需要利用自己的职业化特长去处理代议机构赋予自身的管理责任。

无论是德国的法律保留原则还是美国的禁止授予立法权原理，传统模式的目标在于通过控制行政权力以保护私权利。然而，在现代福利国家，限制宽泛的立法机关授权是难以实现的。立法机关对其政策予以详尽规定，在许多情形中都会是既不切实可行又不值得进取，[2]这显然会给行政机关留下大量的自由裁量权，按照美国戴维斯教授的观点，没有自由裁量权的规则根本无法顾及使特定结果适应于特定案件的特定事实与情景的需要。[3]如此宽泛的授权，即便与行政管理的实践相符合，也必然阻断传统"传送带"理论所隐含的转达民意的形式逻辑。对于行政机关行使的大量自由裁量权，再以"传送带"理论予以合法化显然是不恰当的。

1. 行政决策的非技术性价值选择，使权力流动由单向变为双向

政治与行政二分论存在的假定基础是，公共行政不需要价值判断，价值判

---

［1］约翰·克莱顿·托马斯.公共决策中的公民参与［M］.孙柏瑛，等，译.北京：中国人民大学出版社，2010：12.

［2］理查德·B.斯图尔特.美国行政法的重构［M］.沈岿，译.北京：商务印书馆，2002：38.

［3］理查德·B.斯图尔特.美国行政法的重构［M］.沈岿，译.北京：商务印书馆，2002：44.

断只会让那些公众力量或其他政治力量介入行政管理。[1]然而，行政管理的复杂性已然决定其不只是一项技术性事业，诸多决策、管理过程涉及多元利益的价值判断衡平。面对行政管理的公共利益目标，行政机关需要"在若干受影响之特定利益星云密布般充斥其中的某个特定事实情形中，重新衡量和协调隐藏在立法指令背后的模糊不清的或彼此冲突的政策。"[2]这在环境管理中，尤其突出。环境利益与经济利益的平衡是环境保护的根本问题，这导致几乎所有环境政策的制定都是艰难的价值平衡过程。在诸如限期治理、排污许可、环境影响评价审批等法律措施实施过程中，利益平衡贯穿始终。以2005年环保总局发动的"环评风暴"为例，源自环境资源价值多元性的各种利益以公共利益的外衣表现出来。环保总局的依法行政转变成了利益平衡的裁量权行使，最终达致执法上的妥协。[3]至于污染企业的停业、关闭，由于直接关系地方经济发展、公共财政收入、就业等多方面问题，按照环境保护法的规定，环境行政主管部门无权自主决定，需经有批准权的政府批准。

行政管理的价值判断，导致传送带模式失灵。没有了民选机构的授权束缚，行政官员的价值选择如何体现民意。换句话说，谁能保证行政官员的选择就是民众的选择。没有了民意基础的行政决策、管理将丧失合法性。以政治行政二分论为基础的权力影响单向流动，即立法者→行政管理者→公众，已不能适应现在的管理实践。公众参与势在必行，通过参与者的利益诉求影响行政机关的决策管理，从而，变单向流动为双向流动。

2. 俘获理论的利益纠正，需要代表参与

所谓俘获理论，是指规则机构通常所实施的法令和程序并非有利于公众利益，而是有利于被规制行业的占据支配地位的公司。[4]尽管行政政策往往会偏向受规制的利益这一事实本身，并不表明这些政策是不公正的或没有正当理由的。但是，关于行政自由裁量权过度偏向有组织的利益尤其是受规制企业的批评，显得十分真实而有充分的说服力以至于已经在当今获得广泛的认同。[5]对于分散的未经组织的利益如环保主义者的环境利益，在经济发展的长期历史

---

[1] 约翰·克莱顿·托马斯.公共决策中的公民参与[M].孙柏瑛，等，译.北京：中国人民大学出版社，2010：12.

[2] 理查德·B.斯图尔特.美国行政法的重构[M].沈岿，译.北京：商务印书馆，2002：22.

[3] 吕忠梅，刘超.多种博弈与诉求下的剑走偏锋——关于环评风暴的法社会学分析[J].环境资源法论丛，2007（7）：52-68.

[4] 罗伯特·A.卡根.规制者与规制过程[J]//奥斯汀·萨拉特.布莱克维尔法律与社会指南[M].高鸿钧，刘毅，范方文，等，译.北京：北京大学出版社，2011：232.

[5] 理查德·B.斯图尔特.美国行政法的重构[M].沈岿，译.北京：商务印书馆，2002：26-27.

过程中，是一直处于受损害的弱势地位。由于环境行政机关掌握的资源有限，企业在环境信息、环境技术方面具有绝对优势，为此，环境目标的实现有赖于企业的配合合作。这为企业影响环境行政机关执法提供了便利，同时可能会对行政机关施加压力，有时候行政机关不得不做出让步。对于环境标准的制定，企业尤其是国有大型公司，如中石化、中石油在汽油柴油排放标准制定过程中有着相当大的话语权和影响力。因为国家不可能超出本国生产能力而制订苛刻的汽油柴油排放标准，而对炼油工业的实际情况最了解的莫过于公司自身。这些可能不公正的偏向企业的环境执法或标准制定，加重了公众对环境行政机关自由裁量权行使的怀疑与不安。为了消除这种不安的感觉，在环境行政机关自由裁量权范围内允许个人和利益的代表参与，促使政府考虑多元的利益需求，也许能够部分纠正行政机关对企业的偏好。

3. 回应性缺失，使参与成为应对良药

政治与行政二分论使行政管理者唯上不唯下，没有动力去回应公民的需求。这种官僚回应性缺失的现象，加深了行政官员利益偏好与公民利益需求的隔阂，加重了公众与政府机构之间的不信任。这种信任危机的存在，使传送带理论的解释苍白无力。只有在行政决策管理中综合考虑多元利益需求，才能使行政自由裁量权的行使重获正当基础，弥补传送带失灵带来的合法性挑战。为了增加回应性，诺内特和塞尔兹尼克超越形式正义追求实质正义，设计建构了后官僚组织，认为"后官僚组织的特殊问题是吸收参与，鼓励创造性和负责任，以及创立巴纳德所谓的合作体系——这些体系能够开发多种参与成分的自主贡献"，[1]并将分享决策作为一种认识来源、一种沟通的媒介以及一种同意的基础。[2]

近些年，公众对涉及公共利益的行政决定程序的参与不仅是有价值的而且是必不可少的，这一观念已经越来越多地获得支持。[3]甚至，这种参与本身就是价值的体现：发生冲突或出现问题，人们如果能够参与纠纷解决过程并提出建议，他们就会感觉受到了较公正对待。[4]有时候，这种影响微乎其微或

[1] P.诺内特，P.塞尔兹尼克.转变中的法律与社会：迈向回应型法 [M].张志铭，译.北京：中国政法大学出版社，2004：111.

[2] P·诺内特，P.塞尔兹尼克.转变中的法律与社会：迈向回应型法 [M].张志铭，译.北京：中国政法大学出版社，2004：112.

[3] 理查德·B.斯图尔特.美国行政法的重构 [M].沈岿，译.北京：商务印书馆，2002：129.

[4] 程波.程序正义的社会心理学及在纠纷解决中的运用 [J].北方法学，2016（1）：18.

根本没有影响，他们仍然看重表达自己观点的机会。[1]尽管如此，公众参与并非毫无副作用的良药。参与可能带来资源成本和拖延成本，可能无法控制行政机关偏爱有组织利益的倾向，[2]甚或存在未被充分代表的利益。[3]然而，我们公认的社会选择模式——民选立法机关和市场——似乎完全没有能力有效的控制扩张了的政府机器，也完全没有能力保障个人自决的适当领域。可以设想，利益代表模式有可能发展成为解决这种两难困境的可接受方案。[4]当然，公众参与行政决策的制度构建，不可能一蹴而就。公众参与的实现可能是一个曲折的、螺旋发展过程，其似乎是从最初的乐观主义到冲突对抗，再从僵局到调解斡旋到有效的决策制定。[5]

（二）公民利益保护：社会权利视角的公众参与正当性

一项法律制度需通过承认、确定并保护特定范围的利益而达到维护法律秩序的目的。[6]公众参与的制度设计也应当围绕所确认保护的利益进行。尽管参与本身也是有价值的，因为它使公民具有一种对政府管理过程的参与感，从结果上也增进了公民对政府决策公正性的信任。[7]但是，缺乏利益设计的公众参与容易导致参与状况不佳或积极性匮乏的情形，因为利益是公民行为的内在驱动力。然而，反过来，是否只要政府决策、管理行为涉及公民利益就需要相关公众参与呢？对此，有学者针对裁量基准制定给出了否定的观点，"解释条文、确定执法标准、建立操作规程，更依赖专业知识、注重实践经验。专家的意见是中肯的，专家参与论证是必要的，但征求公众意见就有些不着边际了。"[8]甚至，美国学者戴维斯认为公众参与是一种"过高法治理念"。[9]那么，公众参与是否有自身的正当性利益基础呢？

［1］罗伯特·A.卡根.规制者与规制过程//刘毅，译.奥斯汀·萨拉特.布莱克维尔法律与社会指南［M］.北京：北京大学出版社，2011：483.
［2］理查德·B.斯图尔特.美国行政法的重构［M］.沈岿，译.北京：商务印书馆，2002：154.
［3］理查德·B.斯图尔特.美国行政法的重构［M］.沈岿，译.北京：商务印书馆，2002：165.
［4］理查德·B.斯图尔特.美国行政法的重构［M］.沈岿，译.北京：商务印书馆，2002：199.
［5］约翰·克莱顿·托马斯.公共决策中的公民参与［M］.孙柏瑛等，译.北京：中国人民大学出版社，2010：21.
［6］罗斯科·庞德.法理学：第三卷［M］.北京：法律出版社，2007：13-14.
［7］理查德·B.斯图尔特.美国行政法的重构［M］.沈岿，译.北京：商务印书馆，2002：180.
［8］余凌云.现代行政法上的指南、手册和裁量基准［J］.中国法学，2012（4）：135.
［9］肯尼斯·卡尔普·戴维斯.裁量正义［M］.毕洪海，译.北京：商务印书馆，2009：29.

1. 自由权的拓展：公众参与的宪法权利

由夜警国家到福利国家，行政机关的积极行政虽未对公民造成直接侵害但可能造成对生活产生重大影响的间接侵害。地方政府建设 PX 项目、垃圾焚烧厂等虽是为经济发展、垃圾处理等公共利益考虑，但也可能对附近居民产生重要利益影响。尽管由于邻避效应，临近公民基于集体行动的逻辑不愿意承担额外的环境成本，但是这种行为本身无可厚非，因为受影响公民的利益也是应当合法保护的。邻避项目的建设如果不考虑利害关系人的利益影响，则可能导致政府付出高昂的行政成本，这可以从我国曾发生的环境群体事件得以证明。从法律保护视角来看，合法的权益不应受到侵犯。

宪法关于基本权利的规定，传统理论是将其作为防御权看待。然而，为了应对福利国家积极行政对公民可能造成的影响，有必要拓展自由权的功能，从中推导出程序参与的权利。[1]斯图尔特认为，公正的结果出自一个所有利害关系人参与其中、所有利害关系人都得到考虑的程序。[2]由此，基于受影响的自由权，利害相关的公众有参与相关决策或管理程序的宪法权利。环境权尚未在宪法中明确规定，因此，公众直接以环境利益受损为由主张参与权利，尚无法获得宪法的支持。环境保护公众参与的宪法基础尚需建基于自由权的拓展。如果认为环保机关保护环境措施不力的环境保护主义者都有"财产"利益，[3]而财产权是自由权的一种，则所有认为环境保护措施不力的公众就因此而具有宪法上的参与环境决策或管理的权利。但是这种"财产"利益并非真正的财产权，并不会自动赋予个人要求审判式听证的权利，只是在理论上导致一种正当程序要求，即必须给予大量各种各样的利害关系人机会，以使他们能够参加影响其利益的政策制定和执行的正式行政程序。[4]

2. 环境正义的实现路径：公众参与

由于地区环境利益的差别和特殊的环境私利益，环境区分利益可能更好地描述环境公共利益的实质构成。[5]为了保护环境，扭转环境利益对抗经济利益的弱势地位，我们将环境利益作为整体的公共利益看待。然而，对环境利益进行深层次解剖就会发现，环境利益同其他任何社会利益一样，也存在严重的

[1] 谢立斌.公众参与的宪法基础［J］.法学论坛，2011（4）：106.
[2] 理查德·B.斯图尔特.美国行政法的重构［M］.沈岿，译.北京：商务印书馆，2002：113.
[3]［4] 理查德·B.斯图尔特.美国行政法的重构［M］.沈岿，译.北京：商务印书馆，2002：75.
[5] 杜健勋.从权利到利益：一个环境法基本概念的法律框架［J］.上海交通大学学报：哲学社会科学版，2012，20（4）：39-46.

正义问题。在宏观上，区域发展不平衡导致了不同行政区域、中央和地方、城市和农村三对关系的环境利益失衡；[1] 在微观上，污染企业的生产经营行为导致村民或居民的基本生存环境权益被侵蚀殆尽，使穷人的生活状况更糟，如村庄儿童的铅中毒事件、尘矽肺事件等，而对企业的投资者或经营者则影响甚微。据观察，在被新闻媒体称为"日本四大公害病"的受害者中，最多的职业分别是渔民、半农半渔民。上述职业几乎都是与社会精英无缘的职业。[2] 根据罗尔斯关于正义的分析，社会应当平等地分配各种基本权利和义务，同时尽量平等地分配社会合作所产生的利益和负担。[3] 这种环境利益与负担分配的严重不均衡，可能导致社会根本性的冲突。为避免冲突，美国国家环保局设立了环境正义办公室，以谋求各社区在环境质量上的平等。然而，环境正义的实现，不是仅设立一个办公室就能办到的。中国地大物博，各地方环境情况特殊。相对于中央，地方政府更了解本地的环境状况。然而，地方政府的有组织利益偏好，有时不但不能解决反而会加重环境正义问题。实际上，对环境区分利益最敏感也最有积极性的是本地区村民或居民。村民或居民的环境区分利益诉求是正当的，地方政府进行环境决策、管理时应充分听取并回馈。借用欧盟之辅助性原则，根据哈贝马斯之协商民主理论，在政府进行地方化、分散化决策过程中，公众参与也许是保护环境区分利益之重要路径选择。美国国家环保局也对环境正义进行了规范，即指在环境法律、法规、政策的制定、遵守和执行等方面，全体人民，不论其种族、民族、收入、原始国籍和教育程度，应得到公平对待并卓有成效地参与。[4] 其中，公平对待是环境正义的基本要求与原则，而卓有成效的参与是环境正义的保障路径。这与我们理论上的推导是一致的。

综上分析，公众参与具有正当性利益基础，一方面，通过拓展自由权，公众参与具有了宪法基础。对于自然保护区及周边社区来说，基于生存权、发展权或财产权等基本权利受到影响，均应有参与自然保护区管理的宪法权利。另一方面，公众参与是环境正义实现的重要路径，尤其在自然保护区及周边社区，环境利益与负担分配严重不均衡，唯有通过社区参与才能破解自然保护区与社区冲突的困局。

---

[1] 谷德近. 区域环境利益平衡 [J]. 法商研究，2005（4）：129.

[2] 饭岛伸子. 环境社会学 [M]. 包智明，译. 北京：社会科学文献出版社，1999：123.

[3] 约翰·罗尔斯. 正义论 [M]. 何怀宏，等，译. 北京：中国社会科学出版社，1988：7.

[4] 文同爱. 美国环境正义概念探析 [J]. 武汉大学环境法研究所会议论文集，2011：385.

（三）软法之治：多元法律视角的公众参与正当性

由于社会生活的复杂性、多样性，除了正式的国家法律规范外，多元的软法规范在实际上也规约着人们的行为，而且在某种程度上发挥着比正式国家法律规范更大的作用。[1]为了提高国家法律的实效，国家应充分考虑及协调利用这些软法规范的功能作用。在当代社会，软法因公共治理的兴起而大规模地重生，它是公共治理的根据和基础。公共治理主要是软法治理，该治理模式顺应当前的去管制趋势，重新界定了国家和社会的相互作用关系，鼓励更多地参与、更多地合作。[2]在具体管理过程中，国家制定法（硬法）与软法规范有效衔接的最好路径是公众的合作参与。

1. 法律亚秩序：公众参与的软法基础

软法指的是一套没有中央权威加以创设、解释和执行的规则，是法律多元意义上的社会规范。[3]这种社会规范和硬法（国家创立的法律）并非毫不相干。事实上，传统惯行等社会规范具有如此显著的效力，以至于它和国家制定的官方法一起发挥作用，甚至削弱着官方法，诸如草场和水域的公用权，宗教或种族上的少数派的自治，特殊职业和特殊地位的特权，以及其他一些惯行。国际人类学和人种学会民间法和法律多元委员会提出了"民间法"的术语，来概括与国家法一起构成法律多元局面的这种法律。[4]

由此，从国家与社会分离的视角看，环境法作为国家制定法，并不是社会中对环境保护关系进行调整的唯一规则。社会中还存在各种法律亚秩序，其可能影响执法者或守法者对环境法的执行或遵守。这种影响既可能是正向叠加作用也可能是规避性的减弱作用甚或否定性的对抗作用。正式的国家环境法律秩序与非正式的法律亚秩序相互博弈，引导公民的行为选择。各种影响人们是否或如何遵守环境法行为的社会规则、道德、习惯、情感等均属于法律亚秩序范畴。而且在环境保护领域，存在对环境法产生正面积极影响的大量社会规范如环境习惯与民间环境法。这些环境习惯与民间环境法维护与环境法相一致的法律亚秩序。环境习惯与民间环境法是民间社会调整社会主体环境行为的重要规

---

［1］赵震江.法律社会学［M］.北京：北京大学出版社，1998：114.

［2］翟小波.软法概念与公共治理［J］//罗豪才，等.软法与公共治理［M］.北京：北京大学出版社，2006：132，136.

［3］罗豪才，毕洪海.通过软法的治理［J］//罗豪才，等.软法与公共治理［M］.北京：北京大学出版社，2006：294.

［4］千叶正士.法律多元——从日本法律文化迈向一般理论［M］.强世功，等，译.北京：中国政法大学出版社，1997：5.

则，为保护社区、农村和山区的自然环境发挥了重要作用。[1]因此，国家实施环境管理，应充分发挥这些环境软法的规范作用。在自然保护区，管理机构不仅不宜割裂国家强制性规范与这些环境软法之间的关系，而且应增强国家强制法律规范的实施主体即国家与环境软法规范实施主体即当地社区村民之间的沟通协商。这些软法规范构成当地社区村民参与自然保护区环境管理的法律基础。

2. 未完全理论化协议的具体化

由于环境污染与生态破坏的日趋严重，几乎没有人反对环境保护。然而在如何进行环保、采用什么方式上却存有分歧。R.孙斯坦将这种原则协议与特定情形分歧同时并存的法律现象，称为未完全理论化的协议。[2]应该说，早期环境法的制定、气候变化框架公约的签订就是通过这种方式而成为可能。这种环境法具体实施上的意见分歧，可能造成规避、执法人员对法律规则的私自修改甚或完全背离。实际上，从特定角度看，法律规避必定是社会中的一种普遍现象，而真正的严格执法倒是一种例外。[3]循着这样的逻辑思路，许多法律体制应当允许人们偏离法律。事实上，许多公务人员在觉得依照法律办事可能毫无意义时，会心照不宣地行使修改法律的权力。例如，在一些案件中，实施环境保护的法律可能需要大量的费用，而对环境带来的好处却微不足道；在这种情形下，行政人员可能拒绝适用该类规则。在许多情形下，可能正是因为行政人员会从事众所周知的合法修改法律的行为，才使现代法律状态下的生活成为可能。[4]然而，许多人会因此质疑这种拒绝实施法律的行为，因为某些规则的修改可能是不公正的，因此也是不合法的。例如，保护濒危物种法的执法人员，如果因为在相关时候，公众态度对保护濒危物种比较冷漠，就不采取必要行动，显然违背法律精神。[5]显然，行政人员对规则的修改会受到当地法律文化、风俗习惯、道德规范等软法的影响，基于社会评价、社会群体认同感等进行最终的行为选择。R.孙斯坦认为，唯有基于民主基础且无可非议地进行规则修改才可能解决问题。而民主的基本标准为政治平等、广泛的商议与参与权。[6]由此，自然保护区条例关于"妥善处理与当地经济建设和居民生产生

---

[1] 田红星.环境习惯与民间环境法初探［J］.贵州社会科学，2006（3）：86.
[2] 凯斯·R.孙斯坦.法律推理与政治冲突［M］.金朝武，等，译.北京：法律出版社，2004：39.
[3] 苏力.法制及其本土资源［M］.北京：中国政法大学出版社，1996：72.
[4] 凯斯·R.孙斯坦.法律推理与政治冲突［M］.金朝武，等，译.北京：法律出版社，2004：184，185.
[5] 凯斯·R.孙斯坦.法律推理与政治冲突［M］.金朝武，等，译.北京：法律出版社，2004：186.
[6] 凯斯·R.孙斯坦.法律推理与政治冲突［M］.金朝武，等，译.北京：法律出版社，2004：71，186.

活关系"的规定，属于未完全理论化的协议，妥善处理的具体措施应由当地社区村民协商参与沟通后确定。

3. 竞争性规范的预防

环境利益与经济利益构成了环境法调整的基本利益关系。在环境保护实践中，弱势的环境利益需要强势的倾向性的环境法保护。这次环境法修改，明确规定"使经济社会发展与环境保护相协调"。然而，纸上的法要转变成现实中切实得到遵守与执行的法，弱势的环保行政主管部门还须与作为利税大户的污染企业以及企业背后强势的经济管理部门进行博弈。经济人假设、人类中心主义观念的根深蒂固等形成了对环境法产生消极影响的竞争性规范，从而，在环境保护领域，这些竞争性规范构成了与环境法相对抗的法律亚秩序。这些竞争性规范甚至得到官方的默认或非正式认可，如发改委在审批建设项目前并未考虑项目是否已进行环评审批。千叶正士将这种竞争性规范的认可性原理，称为"变形虫式的思维方式"。[1] 这种思维方式容许行政相对人在国家制定法与竞争性规范之间进行灵活选择。在自然保护区，当地社区的风俗习惯、传统文化、道德规范等软法规范均会影响社区村民的选择。但是，当地社区的软法规范并非都是正向支持生态保护法律法规及自然保护区管理机构的强制性管理措施。为此，自然保护区要想提高生态保护法律规范的实效，需要自然保护区管理机构与社区村民之间的沟通协商，以引导、增加有利于生态保护的环境习惯与民间环境法的影响力，并以国家的禁止性规定为最终担保，使社区村民能够从内心倾向性选择遵守生态保护规范。因此，通过公众参与，尤其是管理机构与社区村民之间的充分论证、沟通协商，能够有效预防不利于生态保护的竞争性规范的适用。

综上分析，通过软法进行治理，需要国家与社会的合作，鼓励公众参与。从多元法律视角，规范法律亚秩序的软法，构成了公众参与的社会法律基础。未完全理论化的协议在具体适用过程中，由于存在分歧，会受到社会中实际发生调整作用的软法影响，从民主建构视角需要公众参与。同时，为了防止对生态保护规范产生消极影响的竞争性规范的实践适用，也需要公众参与。

---

[1] 千叶正士. 法律多元——从日本法律文化迈向一般理论 [M]. 强世功，等，译. 北京: 中国政法大学出版社，1997: 134-135.

三、权利重构下的社区共管：新程序主义

自然保护区及周边社区村民享有生存权、发展权和财产权。这些权利是第一位的基本权利，有关自然保护区的法律法规不得剥夺。立法实践中，我国自然保护区条例对这些权利并未完全排除，而是予以原则性的规范，即妥善处理与当地居民生产生活关系。至于妥善处理的具体措施，该行政法规并未规定，应属于自然保护区管理机构的自由裁量权范畴。管理机构行使该自由裁量权，除应遵守法律保留原则、比例原则、平等权原则外，还应充分考虑当地社区的传统文化、风俗习惯、生产生活方式等。而对于当地社区的传统文化等信息，只有当地社区村民最为熟悉。显然，该自由裁量权的行使需要管理机构与社区之间的沟通交流以消除信息不对称。而且，从国家管理、公民利益保护、软法治理等角度也充分论证了社区村民具有参与自然保护区管理的权利。那么，针对妥善处理的原则性规定，立法是否应有更为详尽的具体规范？仅进行程序性权利的制度设计能否达到保护当地社区村民权益的目的，实现"妥善处理"？能否深度建构有关社区参与的相关制度即与整个法律系统的协调问题？

（一）法律的限制

对于自然保护区条例中关于妥善处理的抽象性规定，是否通过细化立法的路径可以达到协调解决自然保护区与社区之间矛盾冲突的目的。对此，我们可以将该问题置于整个环境法律系统中进行分析研究。实际上，环境法的实效一直备受诟病，从污染的河流、湖泊[1]到越演越烈的雾霾，人们质疑，环境法是否能够有效应对环境污染的困境。除了环境法律由于操作性差等规范制定方面的技术性原因外，还有两个重要的考量因素：一是生态问题的复杂性、不可预测性使人们对风险的看法极为不同。如果非要发展出共识的话，也只是一种防御性共识而已：只要人们不必承担防御成本，就可以达成一种抽象的对"远离任何伤害"的一致同意。[2]然而，人们不禁会反思，什么行动不需要付出成本？尽管人们同意绿色出行，但是大街上的私家车却是越来越多。大家赞成垃圾焚烧但焚烧工厂最好远离自己的生活小区。二是通过观察我国近年来的环

---

[1] 盛华仁.全国人大常委会执法检查组关于跟踪检查有关环境保护法律实施情况的报告 [R].全国人大常委会公报，2006（7）：626-628.

[2] 鲁曼.生态沟通：现代社会能应付生态危害吗？ [M].汤志杰，鲁贵显，译.台北：桂冠图书股份有限公司，2001：119.

境立法实践，可以发现：法律系统正以一种规定急剧增加与复杂化的方式，来回应环境治理的迫切需要。在政治系统和法律系统的界限上，在二者的共同作用下，形成了一个新的规范大潮。[1]然而，制定越来越多的法律法规能够解决环境法实效问题吗？过多的法律法规可能会造成法律系统负荷过重。事实上，法律系统日益增强的分化和自主性，必然需要相应地减少对其他系统的控制。[2]卢曼和哈贝马斯均认为，持续的形式法的重新实质化把政治—法律的系统推入到控制危机中。各种社会子系统的内部如此复杂，以至于无论是政治、法律、科学、经济、道德，还是它们之间的组合，已无法为它们的内部控制发展出必要的控制能力。[3]而且，政治系统也发现自身存在的悖论：它同时想要去法律化和法律化。[4]对此，卢曼提出破解的路径：一是以私人的方式来执行公法；二是将可强制性法律在很广的范围内发挥作为协商位置的作用，根据这些位置，行政有时可以达成那些无法加以强制的妥协，有时可以放弃严格执行，并且就他本身来说，能够在一个合法性的灰色区域内重新把目标降低。实际上，这两种路径均是以目的或结果为导向，强调合作性的行政执法方式。[5]

同样，自然保护区的生态管理与当地社区村民的生产生活方式进行有效衔接，实质上是可持续发展原则在自然保护区管理中的具体应用，其需要考虑的各方面因素是非常复杂的。显然，对"妥善处理"的概括性规定进行细致化的实质性立法，由于需要考量因素的复杂性，难以条件化、模型化，所以，只会增加环境法律系统的负担，很难达到实际调整的规范目的。而且这种通过立法限制自由裁量权过大的设想，与卢曼认为的趋势不同，即容许行政在评判上有较大的游戏空间。[6]也许，我们应改变思路，不再拘泥于规范内容，转而寻求目的法律模式，不再谋求限制自然保护区管理机构"妥善处理"的自由裁量权，而是追求实施结果，将"妥善处理"定位为能够同时实现生态保护利益与社区村民经济利益目的的任何具体实施措施。参照卢曼的破解之策，这些具体措施

[1]鲁曼.生态沟通：现代社会能应付生态危害吗？[M].汤志杰，鲁贵显，译.台北：桂冠图书股份有限公司，2001：120.

[2]卢曼.法律的自我复制及其限制[J]//韩旭，译，北大法律评论，1999，2（2）：465-466.

[3]贡塔·托依布纳.魔阵·剥削·异化——托依布纳法律社会学文集[M].泮伟江，高鸿钧，等，译.北京：清华大学出版社，2012：301-302.

[4]鲁曼.生态沟通：现代社会能应付生态危害吗？[M].汤志杰，鲁贵显，译.台北：桂冠图书股份有限公司，2001：120.

[5]鲁曼.生态沟通：现代社会能应付生态危害吗？[M].汤志杰，鲁贵显，译.台北：桂冠图书股份有限公司，2001：120-121.

[6]鲁曼.生态沟通：现代社会能应付生态危害吗？[M].汤志杰，鲁贵显，译.台北：桂冠图书股份有限公司，2001：121.

应是能够实现自然保护区与社区沟通协商的合作机制即社区共管。正如埃里克森对夏斯塔县畜牧业中存在的社会规范进行研究后得出的结论：法律制定者如果对那些促进非正式合作的社会条件缺乏眼力，他们就可能造就一个法律更多但秩序更少的世界。[1]而且，该合作机制建基于社区参与权，并无任何法律上的障碍。

（二）新程序主义

由于法律限制而出现的合作倾向，已具有了反思性法的维度。反思性法的内部理性不再拘泥于条件纲要和目的纲要的二择其一，而是对形式的法律理性与实质的法律理性提出完全不同的选择，从而倾向于更为抽象的程序纲要。该程序纲要退回到规整过程和组织结构的元层面上，退回到分配和重新界定控制权和决定权限上，[2]因而不同于形式法中空洞的内容贫乏的单纯程序形式，[3]而是一种新程序主义，其具有实质性内容或者道德含义。[4]在此，需要注意的是，法律系统的反思并不意味着法律对有待调节的问题已然束手无策，法治国已经没有出路。[5]事实上，针对有待调节的问题，通过法律的反思，新程序主义的法律范式应运而生，有效破解了法律对社会子系统内部控制能力不足的困境。从而，立法者可以在形式法、实质法及程序法之间进行选择。[6]程序法或新程序主义是针对形式法、实质法对社会系统调整的能力问题而发展出来的，属于一种新的法律范式。因此，法律并未丧失社会调整功效，新程序主义或程序性法律范式并非不需要法律控制而只是改变了法律控制的方式，由对子系统的内部直接规范控制转变为外部间接调整。在此，法律不是作为"控制媒介"而是局限于规范社会化领域的"外部宪章"。[7]而且，外部宪章仍需法律系统的规范。由于要产生程序合法性，其在不同的社会情境中也需要不同的商谈组织形式，其他社会系统需要法律系统为组织、程序、管理和权限发展

[1]罗伯特·C.埃里克森.无需法律的秩序——邻人如何解决纠纷[M].苏力，译.北京：中国政法大学出版社，2003：354.

[2]贡塔·托依布纳.魔阵·剥削·异化——托依布纳法律社会学文集[M].泮伟江，高鸿钧，等，译.北京：清华大学出版社，2012：280.

[3]哈贝马斯.在事实与规范之间[M].童世骏，译.台北：三联书店，2003：548.

[4]季卫东.法律程序的形式性与实质性[J].北京大学学报：哲学社会科学版，2006（1）：122.

[5]哈贝马斯.在事实与规范之间[M].童世骏，译.台北：三联书店，2003：537.

[6]哈贝马斯.在事实与规范之间[M].童世骏，译.台北：三联书店，2003：541.

[7]贡塔·托依布纳.魔阵·剥削·异化——托依布纳法律社会学文集[M].泮伟江，高鸿钧等，译.北京：清华大学出版社，2012：300.

出规范，以作为民主的自我管理和自我调节的前提条件。[1]由此，通过经由法律授权谈判地位、通过一个同时易受民主控制和公共注意的非常间接的国家调整形式，保障实质的规则制定领域中的社会自治。[2]

综上分析，法律通过反思理性的建构，改变了形式理性、实质理性对社会子系统的调整方式，不再对社会结构采取直接的法律规制，而是转而采取程序化策略。按此策略，法律系统本身关注于自己为其他社会子系统内的自我规制提供结构前提。[3]该结构性前提与程序相联系，是更间接的法律控制形式，是新程序主义所关注的组织结构。这种组织结构，按照哈贝马斯的观点，可能指向程序主义范式所重视的公共论坛或自主公共领域的建制化。[4]在该组织结构内，不同意见者能够充分表达自己的观点，实现自我规制，即按照法定的程序自我调节他们自己的事务。

因此，该程序主义范式之所以新，还在于该程序性规范所追求的不仅是程序所体现的形式正义，还有"外部宪章"保障下的民主自决。这种社会子系统的自我规制，只要符合程序规则，并在法律规定的组织结构内进行决策，就具有合法的正当性基础，体现了实质正义。因此，新程序主义的核心不是解决问题的实质调整规范而是通过民主协商促成自我解决的程序条件，其将法律从对社会系统的直接调控功能中解脱出来，专注于社会子系统自我调控的外在组织机制与程序规范。总之，程序性法律范式不同于通常所讲的程序法，自主公共领域的培育、公民参与的扩大、传媒权力的约束等才是该法律范式的核心。[5]

在自然保护区管理领域，要达到"妥善处理"的法律目的，管理机构需要协调生态保护系统与经济系统等社会子系统。通过实质性立法，直接规制自然保护区管理机构的妥善处理行为，由于法律限制等考虑，显然是不妥当的。但有关自然保护区的立法，可以当地社区村民的参与权为基础，反思性构建程序性法律范式。按照新程序主义，欲达"妥善处理"目的，需建构自然保护区社区共管的法律机制。由于新程序主义关注组织和程序，而且民主的组织结构尤在首位，故为了沟通国家管理系统与当地社区的经济系统，需要具有集体行为能力的正式组织。该组织能够跨越两系统的边界，为成员的协商论证提供结构

［1］贡塔·托依布纳.魔阵·剥削·异化——托依布纳法律社会学文集［M］.泮伟江，高鸿钧，等，译.北京：清华大学出版社，2012：306.

［2］贡塔·托依布纳.法律：一个自创生系统［M］.张骐，译.北京：北京大学出版社，2004：104.

［3］图依布纳.现代法中的实质要素和反思要素［J］//矫波，译，北大法律评论，1999（2）：617.

［4］哈贝马斯.在事实与规范之间［M］.童世骏，译.台北：三联书店，2003：515，543-545.

［5］哈贝马斯.在事实与规范之间［M］.童世骏，译.台北：三联书店，2003：545.

性前提。该结构性前提就是由各权利代表组成的自然保护区社区共管委员会。由于社区共管指向一种民主的自决程序，在社区共管委员会中的社区村民代表与政府、自然保护区管理机构代表具有平等发言权、决策权，因此，通过社区共管委员会共同决策决定的自然保护区管理事项，必然会充分考虑当地社区村民的经济发展利益，从而，达到保护社区村民合法权益的目的。

（三）相对法律领域的自治

基于程序性法律范式，建构自然保护区社区共管的法律机制具有理论上的正当性，但在自然保护区管理实践，相关明确规定仅出现在环境保护部的规范性法律文件之中。相关的实践活动，也主要基于世界环境基金、世界自然基金等非政府组织的推进。那么，社区共管能否在整个法律系统中进行独立的制度设计，而无须过分关注法律秩序的统一性问题。

按照法社会学的分析，法律系统的内部分化仅仅是社会内部的功能分化的反映。[1]环境治理的刚性要求、生态文明的政治需求，导致了高度专门化和相对分离的环境法领域以及相应专门化的环境保护专家群。在中国社会主义法律体系中，环境法的发展历史较短，但其调整的环境法律关系却非常复杂。相较于传统的民法、行政法以及刑法，环境法的专业性、技术性强。尽管作为新兴的法学学科，法学界会有这样那样的看法，甚至会被边缘化，然而，环境法不应该成为法律人眼中的"怪物"。再好的法律设计，如果社会发展不需要，也只能是纸上的法。相反，日趋严重的环境污染、生态破坏，迫切需要环境法的规制调整。由于需求，环境法不但注定要从"新"发展到成熟、完善，而且会不断创新，成为真正引领法学时代潮流的"革命先锋"，实现对法学的"造血"功能。[2]我国修订的环保法以及我国台湾地区水污染防治法、空气污染防治法，关于按日计罚的规定；生产者延伸责任；美国《综合环境对策、赔偿及责任法》对土地污染治理的连带责任规定[3]等均对传统民法、行政法的责任体系进行了拓展或再造。理论上，吕忠梅、陈泉生分别对民法、宪法、行政法的绿化或生态化进行了分析和理论重构。然而，近期有学者认为环境法应该重回民法、行政法、刑法、国际法等"传统法"群体。对此观点应该认真对待，毕竟，

［1］贡塔·托依布纳.法律：一个自创生系统［M］.张骐，译.北京：北京大学出版社，2004：124.
［2］怪物、革命先锋、造血等词汇，源引自吕忠梅，刘超.多种博弈与诉求下的剑走偏锋——关于"环评风暴"的法社会学分析［J］∥吕忠梅.环境资源法论丛，2007（7）：2.
［3］黎莲卿.亚太地区第二代环境法展望［M］.北京：法律出版社，2006：116.

环境法的发展需要不同观点的碰撞。但不同法律之间，概念和价值的冲突可能存在。环境管制有利于环境利益的保护但会限制以民商法为规范基础的市场经济发展；为了节约能源，需要公民低碳生活，然而为了刺激经济，需要刺激公民消费、拉动内需。这使恢复"法律秩序的统一性"，通过法律教义学建立概念的或价值论的整体注定要失败。[1]两种观点都有合理性，也许华尔兹的"相对的法律领域的自治"的思想似乎既是现实的又是规范地可接受的。他的初始原则是，专门化的法律领域基本上是独立的，并且只有在碰巧有关"公共秩序"的情形中受限制。每一个法律领域都将根据涉及的社会部门的需要发展出他自己的学说结构，但是如果"公共秩序"的问题出现，那么具体的法律领域必须尊重其他法律领域的根本原则和政策。[2]

针对风险社会的特点，环境法已经发展出环境影响评价制度、三同时制度、区域限批等独特的法律制度。除此之外，公众参与制度虽不是环境行政管理所特有，但在环境管理领域发展迅猛。甚至，新修订的环境法设专章规定了公众参与。在中央生态文明体制的总体设计下，为了应对日趋严峻的环境污染，公众参与的内容、途径、实质影响力等均应得到进一步拓展。社区共管是在自然保护区管理领域，对公众参与制度的深层次建构，不仅赋予社区村民代表发言权而且赋予其决策权。按照"相对法律领域的自治"，社区共管只要不与"公共秩序"原则相抵触，可以根据自然保护区环境管理的需求，进行特定区域的优先制度变革，甚至使当地社区村民获得自然保护决策的共同决定权力。

四、合作语境下的社区共管：传统管制模式的变革

自然保护区及周边社区村民享有的实体性基本权利与程序性参与权利，构成了自然保护区社区共管的权利基础。由于法律限制，新程序主义即程序性法律范式倡导的"外部宪章"式的调整模式，要求构建社区共管法律机制，以达到"妥善处理"的法律目的。而且，社区共管可以按照"相对的法律领域的自治"的思想，进行大胆的制度设计，无须过分关注法律秩序的统一性问题。然而，为了从实践层面更好地建构社区共管法律机制，尚需从行政管理视角，对合作语境下的社区共管进行分析。

合作，意味着对他人的实际关心和真诚照顾，意味着对其他社会成员的让

---

[1][2]贡塔・托依布纳.法律：一个自创生系统［M］.张骐，译.北京：北京大学出版社，2004：125.

利或互惠互利，意味着人与人之间的相互尊重和平等相处。[1]昂格尔认为，"协作的核心是个责任感问题，是对那些其生活以某些方式影响到我们自己的人的责任以及我们对或多或少的愿意与之共命运的人的责任。协作是具有社会面孔的爱，这是把他人当作人来关心，不是仅仅把他当作形式上平等的权利和义务的承担者给予尊重或是欣赏他的天赋、成就。"[2]20世纪以来，尤其是第二次世界大战以来，与人们对利益关系的基本估价相一致，合作精神成为法所体现的精神。[3]狄骥认为，法的唯一任务或目标就是实现社会连带关系即利益一致关系，而实现利益一致关系与增进相互合作是同一意义的概念。合作是为实现利益一致关系而进行的合作，利益一致关系的实现需要合作，也意味着合作。[4]庞德也指出，今后法学思想的道路似乎是一条通向合作理想而不是通向相互竞争的自我主张理想的道路。而且，这种关于合作的观念远比我们用以衡量事物的竞争性的自我主张的观念，更接近于今天的城市生活的现实情况。[5]

（一）合作行政：管制模式变革

这种法的合作精神也引发了国家管制模式的变革。由于国家任务的不断扩张和政府失灵，为了提高管制效率，传统的命令式管制模式渐为合作管理模式所取代。在合作国家，从任务主体的角度来看，不再强调国家之中心地位，而毋宁是分散的、多中心的任务实现结构。对主体的反省也不限于国家方面，也包括私人方面与第三部门。[6]透过对任务主体的反省也可以发现，在此涉及的重点其实不是任务之主体，而是不同之任务实现逻辑。在合作国家中，管制模式的改变不再拘泥于国家的中心地位，而是去考虑如何利用或搭配这些不同的任务实现逻辑，从而实现所谓的分散的脉络管制或工具化的社会自我规制。或者，简单地说，乃是从高权的管制模式转变为合作的管制模式。[7]我国台湾学者詹镇荣就认为，现代瘦身国理念并非仅以国家自行单方面独自地删减行政任务，而是更进一步与合作国理念相结合，期借由私人与社会力量之参

[1]卢建军.警察权软实力的建构［J］.法律科学，2011（5）：53；葛修路，李爱国.论行政管理与行政法的人文精神：服务［J］.济宁学院学报，2010，31（2）：45-49.
[2]R.M.昂格尔.现代社会中的法律［M］.吴玉章，周汉华，译.南京：译林出版社，2001：199.
[3]葛修路，李爱国.论行政管理与行政法的人文精神：服务［J］.济宁学院学报，2010，31（2）：45-49.
[4]崔卓兰，赵静波.中央与地方立法权力关系的变迁［J］.吉林大学社会科学学报，2007，47（2）：66-74.
[5]叶必丰.行政法的人文精神［M］.北京：北京大学出版社，2005：66，69.
[6]［7］黄学贤，陈峰.试论实现给付行政任务的公私协力行为［J］.南京大学法律评论，2008（Z1）：52-63.

与，公私协力的实践特定之公共目的，并同时避免强制性法规范管制成效不彰之危机。[1]

在美国，在国家与社会合作理念的指导下，为了避免纵向命令型的管制和正式的行政法律程序的局限，人们已经发展出解决创新性管制问题的各种形式的弹性机构—利益相关人网络。管制机构不是试图单方面地对受管制者发号施令，而是总结出一些策略来吸引各种政府和非政府的人员来参加管制政策的制定和实施。例如，在产业界、公共利益团体和州或地方政府代表之间进行在管制机构监督下的管制协商，从而在正式的行政法规章制定程序之外就新的行政机关规章达成共识；有关政府和非政府组织在提供家政服务和管理医疗看护等方面进行合作安排；联邦自然资源管理局、私人土地所有者、开发商、州和地方政府根据处罚严厉的濒危物种保护法的规定，对制定有关地区性栖息地保护计划所进行的协商等。[2]

（二）环境合作原则或环境民主原则：环境管理需要合作

在环境行政管理中，环境法的贯彻实施需要国家与社会的合作。环境公共政策在很多方面都依赖于个人生活方式中负责任的决定。如果公民不愿在自己家里节约，再利用并回收资源，国家就不能保护环境。[3]在环境领域，如果没有合作与自制，自由社会成功运转的能力将持续减弱。[4]叶俊荣就认为，在这个以自然环境资源为主轴所构成的"生命共同体"，于环境立法上，应特别讲究相关当事人间的协同合作。[5]在德国，合作原则就是环境法的基本原则之一。[6]受德国环境法的影响，我国台湾学者陈慈阳也将合作作为环境法的基本原则，其认为，合作原则本身实为在环境政策上较不具强制性，且是一种较温和达成环境保护的措施及要求。此一原则之内容主要在说明环境保护并非仅是国家的责任，也非仅靠经济或社会单一方面的力量就可以达成，欲达此目的主要还是需要所有相关之力量的共同合作。只有相关当事人之共同负责及

[1]詹镇荣.民营化后国家影响与管制义务之理论与实践[J].东吴大学法律学报，2003，15（1）：28.
[2]理查德·B.斯图尔特.二十一世纪的行政法[M].苏苗罕，译，毕小青，校，《环球法律评论》2004年夏季号.
[3]李喜英.制度祛魅与德性复兴——关于公民培育理论的一个反思[J].南京师大学报：社会科学版，2012（4）：80.
[4]威尔·吉姆利卡，威尼·诺曼.公民的回归[M]//毛兴贵，译，许纪霖.共和、社群与公民[M].南京：江苏人民出版社，2004：247-248.
[5]叶俊荣.环境政策与法律[M].北京：中国政法大学出版社，2003：92.
[6]蔡守秋.环境资源法教程[M].北京：高等教育出版社，2004：101.

共同参与环境保护事务，才能达到个人自由及社会需求一定的平衡关系。[1]
我国大陆学者虽不主张合作为环境法的基本原则，但其主张的环境民主原
则、[2] 依靠群众保护环境原则[3] 或公众参与原则[4] 仍是以合作精神为底蕴
的。如环境民主主要是指：自然和社会的相互作用，应该主要受行使管理权力
的管理阶层和获得公共利益的公众的影响；公众和国家权力机关应该联合起来
共同作出那些影响环境质量的管理政策和措施；公众应该和政府部门一起参加
鉴定那些规定公共环境的目标和价值的过程；公众应对已经形成并正在处理当
代环境资源危机的国家行政管理作出合乎需要的选择。[5] 而依靠群众与公众
参与乃是以公众与政府之间的合作为前提的，因为，若没有合作，将无群众可
依靠，公众也不会参与。

　　在环境管理实践中，基于环境民主原则的非正式环境协商行为已然存在。
所谓非正式环境协商是指环境行政主体在作出某一行政决定、行政指导或缔结
行政合同前，事先与相对人进行的沟通性的协商程序。非正式环境协商不具有
法律效力，在外表上，双方并没有接受协商之合意（否则就可缔结环境行政合
同），所以此种协商就是类似一个君子协定。[6] 但这并不排除非正式环境协
商具有事实上的约束力和强制力。非正式环境协商与协商式民主的要求相一致，
其具有法律上的容许性。首先，非正式环境协商的根据是宪法上近年来承认的
行政机关听取公民意见的义务。其次，非正式环境协商的根据是调查原则。该
原则要求行政机关全面查明案件事实，而这通常离不开公民的协助。最后，非
正式环境协商的根据是行政机关的这个任务：作出全面考虑公共利益和个人权
益的、公正的决定。虽然从这些义务中不能推导出广泛协商的义务，但是，在
协商过程中产生的相互理解却使协商具有可接受性。[7] 另外，非正式环境协
商是环境行政主体实施的事实行为，其仍应遵循依法行政原则，受到法律的限
制。只不过，由于非正式环境协商不具有法律效力，法律对其的限制较为宽松，
只要环境行政主体未超出职权范围，并且未侵犯相对人的合法权益，其可以享
有所谓的法外空间。[8] 因此，原则上，其无须明确的法律授权，由环境行政

［1］陈慈阳. 环境法总论［M］. 北京：中国政法大学出版社，2003：189.
［2］蔡守秋. 环境资源法学教程［M］. 武汉：武汉大学出版社，2000：420；吕忠梅，等. 环境资源法学［M］.
　　　北京：中国法制出版社，2001：98.
［3］韩德培. 环境保护法教程［M］. 北京：法律出版社，1998：77.
［4］王灿发. 环境法学教程［M］. 北京：中国政法大学出版社，1997：79-80.
［5］蔡守秋. 环境资源法学教程［M］. 武汉：武汉大学出版社，2000：420-421.
［6］陈新民. 中国行政法学原理［M］. 北京：中国政法大学出版社，2002：234.
［7］哈特穆特·毛雷尔. 行政法学总论［M］. 高家伟，译. 北京：法律出版社，2000：400.
［8］哈特穆特·毛雷尔. 行政法学总论［M］. 高家伟，译. 北京：法律出版社，2000：392.

主体在职权范围内自由裁量。

（三）社区共管：合作环境管理的结晶

在自然保护区管理领域，合作尤为重要。自然保护区一般地域广阔，如果当地社区村民不能自愿守法，甚至公开对抗，那么，自然保护区管理机构将很难实施有效管理，所付出的执法成本也是十分高昂的。更何况，自然保护区的生态管理问题既是经济问题也是社会问题、政治问题。[1] 在自然保护区，国家不仅仅有生态保护职责，还有扶贫任务、维护当地社区和平稳定的职责。生态环境保护的绝对化策略、命令—控制型的高权管理模式，已无法满足国家在自然保护区需要履行多重职责的重任。生态保护的绝对化管制，不考虑当地社区的传统文化、风俗习惯、传统的生产生活方式等，在许多自然保护区已然引发管理机构与当地社区村民的矛盾冲突，甚至发生集体上访事件。而且，自然保护区的管理在涉及干预当地社区生产生活方式时，命令控制型的强制管理模式并不符合我国《自然保护区条例》的规定精神。因为，一刀切式的绝对化强制管理不应是行政法规规定的"妥善处理"的应有之义。相反，"妥善处理"的授权性立法，与那些高度规定性的法律相比，由于未规定实现目标的具体行政手段，更有可能鼓励合作性的试验。在美国，即便没有法律的明确规定，但以目标为焦点而且根据结果做出判断的自由，就让环保署能够在杰出领袖工程中授权进行跨介质交易。[2] 考虑到执法信息的不对称、执法效力等问题，自然保护区管理机构宜以环境民主原则为指导，顺应管理模式变革之趋势，建构合作管理模式以达到"妥善处理"的法律目标。该合作管理模式可以借鉴诺内特的政府"第四部门"模型，在该模型中，法律权威被广泛授予；它们拥有广泛的自由裁量权，更多涉及的是谋取合作而非规定行为；每一个机构的运作与它自身的参与团体关系密切。[3] 这种模型与自然保护区的管理实践相结合，就是本研究着力建构的自然保护区社区共管模式。社区共管的组织结构即共管委员会，由自然保护区管理机构、地方政府、当地社区等机构或团体的代表组成。在该共管委员会，法律权威被平等授予各个机构、团体及其代表，所有代表无论是来自社区还是政府或管理机构，均有平等的发言权、决策权等权利。通过

---

[1] 蔡守秋.环境资源法学教程［M］.武汉：武汉大学出版社，2000：12-18.
[2] 朱迪·弗里曼.合作治理与新行政法［M］.毕洪海，陈标冲，译.北京：商务印书馆，2010：126-127.
[3] P.诺内特，P.塞尔兹尼克.转变中的法律与社会：迈向回应型法［M］.张志铭，译.北京：中国政法大学出版社，2004：115-116.

充分论证沟通，所有代表均有合作意向，并为所代表团体争取最大利益，且最终达成一致合意或多数合意。

作为合作行政、合作管理在自然保护区领域具体应用的一种国家环境管理模式，社区共管接近程序性法律范式或新程序主义所要求的民主自决，真正实现了国家与社会的共同决策、民主决策。因此，也可以说，社区共管是合作管理的深度建构与进一步升华、结晶。

（四）合作的实效展望：社区共管能够兼顾环境公共利益与经济私益

在环境管理实践中，合作不是万能良药，并非对所有行政机关都是可行的选择，[1]但就自然保护区"妥善处理"的立法目的来说，社区共管是最适当的选择。然而，理论上的选择并不能完全消除人们的质疑：社区共管的实效如何，能否实现立法目的？这种质疑不无道理，因为公众参与的效果可能是矛盾的，其既可以削弱机构的效能也可以有助于机构的效能。[2]

一方面，根据公共选择理论中的经济人假设，公民因利益作为利害关系人参与环境决策与管理，可能会因为追逐各自特殊的私利益，而导致更广泛的公共利益缺失。[3]通过分析环境信访事项的具体内容，也证实了上述经济人假设，即公众参与的目的并不在社会公益，而是自身利益。[4]村民针对环境污染而提出的诉求，经济赔偿是主要目的，要求停止污染行为的主张往往作为提高赔偿数额的手段。这也符合集体行动的逻辑，相对于污染赔偿，停止污染行为的主张需要付出的成本更高而受益却具有非排他性。于是，群众维权陷入"维了再污，污了再维"的恶性循环。[5]

然而，另一方面，也有理论证明公众参与中存在社会理性决策行为。通过对社会场域公共参与的特点分析，发现"就总体而言，人们在社会场域的参与是肯定性参与高于否定性参与。""就总趋势而言，是社会理性选择高于个体理性选择。"[6]奥斯特罗姆关于自主治理的研究，已然证明社会具有一定的自组织能力，能够达成一定范围内的社会公共秩序。存在实质性的证据，人类

[1] 朱迪·弗里曼.合作治理与新行政法［M］.毕洪海，陈标冲，译.北京：商务印书馆，2010：132.
[2] P.诺内特，P.塞尔兹尼克.转变中的法律与社会：迈向回应型法［M］.张志铭，译.北京：中国政法大学出版社，2004：113.
[3] 约翰·克莱顿·托马斯.公共决策中的公民参与［M］.孙柏瑛，等，译.北京：中国人民大学出版社，2010：19.
[4] 吴向阳.北京城市环境治理的公众参与［J］.国家图书馆皮书数据库，2015-10-4.
[5] 环境污染案原告诉求多被驳 宁夏高院：维权面临三大障碍［N］.法制日报，2011-12-1.
[6] 戴烽.公共参与——场域视野下的观察［M］.北京：商务印书馆，2010：101.

因继承而得到能力，学习如何运用互惠和社会规则，以便克服日常生活中各种各样的社会悖论。[1] 用哈贝马斯的交往理性去解释公共参与，也说明在公共领域中，公共参与行为是基于人与人之间的相互理解、协调和互动，而不是为了争夺各自的利益。[2] 在多元利益博弈的环境保护领域，哈贝马斯的交往理论也许过于理想化，但对环境管理实践并非没有指导意义。在厦门 PX 项目事件中，厦门小鱼网等网站成为发表有关 PX 项目言论的公共领域。在该公共领域中，意见通过互动交流，形成了反对 PX 项目的共识，并呼吁进行"集体散步"的行动。体制内的"集体散步"抗议，反馈到厦门市政府，构成了政府环境决策管理的事后参与。这种参与形成了政府与公众的交流互动、协调，并最终达成一致意见，停建 PX 项目并迁址漳州。[3] 当然，利益的交流互动并不意味着私益的牺牲，应该是环境公共利益在协商的基础上充分考虑了私益。利益是公众参与的内在驱动力和现实基础。这种利益既包括以财产权及其延伸权利为内容的经济利益或环境私益，也包括环境公共利益。为了更好地促进公众参与中环境公共利益的实现，有必要对传统经济人进行反思并提出生态人假设，即以生态意识、生态良心及生态理性为内涵，追求环境利益、经济利益、社会利益最佳化、最大化的理性人。尽管该假设在实践中可能遭到质疑，但正如哈贝马斯所言，"一种理论观念的强大之处就在于，一旦越来越多的人认识到它的正确性，它就会顽强地存在于人们的意识之中，无论遇到的障碍有多大，它总有一天会变成现实。"[4] 2003 年中国人民大学进行的社会调查发现，被访者还是比较倾向于牺牲自己的部分经济利益以支持环境保护的，并且，相当多的人有着参与环境保护的意愿。[5] 在雾霾横行的今天，公众参与环保的意愿只会有增无减。

在环境保护公众参与这样的大背景下，在自然保护区管理中，当地社区村民基于日益增长的环境意识以及传统环境习惯、地方政府与自然保护区管理机构基于扶贫任务与社会利益冲突的信访压力，在充分沟通协商后，均有通过社区共管达成合意的积极性。因此，我们应信心百倍地展望合作管理的实效，相信社区共管能够兼顾环境公共利益与经济私益。

---

[1] 埃莉诺·奥斯特罗姆. 公共事务的治理之道 [M]. 余逊达，陈旭东，译. 台北：三联书店，2000：4.

[2] 戴烽. 公共参与——场域视野下的观察 [M]. 北京：商务印书馆，2010：18.

[3] 周海晏. 新社会运动视域下中国网络环保行动研究 [M]. 上海：华东理工大学出版社，2014：76-100.

[4] 章国锋. 哈贝马斯访谈录 [J]. 外国文学评论，2000（1）：32.

[5] 洪大用. 中国民间环保力量的成长 [M]. 北京：中国人民大学出版社，2007：69.

第二章

自然保护区社区共管委员会的法律地位

自然保护区社区共管委员会的法律地位为何？自然保护区社区共管委员会作为一个社会团体，是法人吗？自然保护区社区共管委员会如果是法人的话，是公法人还是私法人？这些问题是自然保护区社区共管委员会理论研究和法律实践中关注的焦点问题之一。本章拟对上述问题进行论述探讨，另外，本章还探讨了自然保护区社区共管委员会的违法行为以及侵害社区、社区居民的救济措施以及自然保护区社区共管委员会的刑事犯罪主体适格问题。

一、 自然保护区社区共管委员会的法人属性

（一）"法人"的内在规定性

界定自然保护区社区共管委员会是否为法人，首先要甄别清楚法人的内在规定性。而要甄别清楚法人的内在规定性，就应当考察法人概念制度的发展历程。

1. 西方法人理论考察

法人，本质上乃是一种团体人格。古希腊法律之中，就有了人格制度萌芽的现象，城邦制度的兴起破坏了家庭、氏族组织，形成了"城邦家庭"的二元社会结构，此背景下诞生的"市民"的概念，兼具身份和人格双重属性，人格是城邦赋予市民的法律上的主体资格。在古罗马时期，实体人（或生物体人）被分为若干不同的等级并根据不同的等级享有不同的公权与私权，这些不同的

等级实际上是法律上的人格。另外，某些实体人（或生物体人）不能享有权力或权利，没有获得法律上的人格，例如奴隶。在古罗马，实体人（或生物体人）与法律上的人格实现了分离，使得人格作为一个抽象而脱离于生物体人这样一个实体，实体人（或生物体人）与人格实现分离，这也是罗马法对法律人格理论的最为辉煌的理论贡献。罗马法学家认为，团体不过是处于一定关系之中一定数量的个人，罗马法孕育了初级团体人格理论。

当代多数法学研究者认为，"法人"一词可以上溯至古罗马的法律。罗马法以自然人的概念界定理论为基础，形成了原始的"法人"概念。古罗马法在不同场合讲自然人时有三种不同的表述，即 Homo、Caput 和 Persona。在不区分自由人与奴隶的身份的场合，纯粹从生物学意义上讲人时，用 Homo 一词，以该词来界定自然法意义上的统一的人类主体。[1]拉丁语中 Caput 一词的原意是指头颅或书籍的开始章节，引申到法律上用以表示人，则是指处于某一群体中的单个的人之义，蕴含着个人与群体（如家族、社团等）的归属关系，由此引出了罗马法上的人格概念。在表述人的身份特征时则用 Persona 一词，Persona 由戏剧中的假面具之义引申为法律上的权利义务主体的各种身份，人在社会中都是以不同身份出现的，如家长、官吏、监护人等。随着罗马法的发展，Persona 与 Caput 的区别逐渐消失，后来都用来指代具有某种身份或地位的人，并由此派生出"人格"的概念。[2]古罗马法中人的身份主要有三种，即自由人、市民和家庭成员，这三种身份的有无和高低直接关系到人格的丰实程度。也因此有学者说，罗马法上的人格，是一个公私法兼容，将人格、身份并列，融合财产关系和人身关系为一体的概念。[3]早期的罗马法虽然有了"人""身份""人格"等概念，但是，其并没有将具体的"人"和抽象的"人"区分开来。不过，这些概念的出现，为后来民事法律中关于民事法律主体类型的区分奠定了基础。

1900 年施行的《德国民法典》正式在立法上确立法人制度，法人制度体现了法律对法律人格范围的扩展。作为一种法律技术手段，这种制度赋予社会组织民事主体法律资格，被赋予法律资格的这些组织要求以一定的自然人组合为基础或以一定的财产为基础。法人制度的立法例首先出现在《德国民法典》，其中一个重要原因在于日耳曼法体系立法受到社会本位和团体主义思想的影响，体现了集体意志、团体观念以及主体观念。在德国，法人被认为是一个法技术概念，属于纯形式的和纯工具性的，仅仅被理解为一种法律主体，民事义务、

[1] 桑德罗·斯奇巴尼.民法大全选译·正义和法 [M].黄风，译.北京：中国政法大学出版社，1992：37.
[2] 周枏.罗马法原论：上册 [M].北京：商务印书馆，1994：9.
[3] 姚辉.人格权的研究 [J]//民法总则争议问题研究 [M].台北：五南图书出版公司，1998：94.

民事权利均归属到这一主体之下。[1]我国有学者指出，法人制度，既是一种法技术问题，同时也体现了立法者的立法态度与价值取向，是特定历史时期条件下法律对社会政治经济生活等客观事实的反映。[2]

关于法人本质的学说中，否认说观点已被理论学术界和立法界所抛弃。此外，主要有两种学说影响较大，一是法人拟制说，另外一个是法人实在说。

发达的人格拟制技术源自罗马法。教皇英诺森四世首先提出了拟制说。一般认为，法人拟制说由萨维尼创立，其法人拟制说也源自罗马法。萨维尼继承罗马法所秉持的对团体赋予人格的团体人格拟制的观点，提出"人格人和或法律主体的源初概念必须与人的概念相一致"。普赫塔（Puchta）认为，"人为人格人"。根据法人拟制说的观点，法人并非一种实在，而是"想象的共同体"。法人在被法律创始之前并不存在，仅仅是一定数量的人或财产的聚合。法人的创设取决于国家的意志和立法态度，国家并据此对法人行为进行调控。法人本身不具备行为能力，其行为必须由自然人以其名义代为实施。

法学研究应当具有问题意识。"一般而言，'问题'意指人作为社会主体需要发现和识别的当前状态与人们所希望达到的目标状态之间的差距。"[3]法人拟制说面向解决的问题，主要是工业化社会公司兴起所带来的挑战。按照法人拟制说的观点，法人制度之基础既非公民的结社权，也非个人团体的自治，而是基于国家对之的认可。国家设立法人完全依赖国家的意志与立法态度，体现了国家对社会团体可能对国家控制力带来损害的风险的恐惧、警惕与防范，尽管法人的设立实体条件、设立程序以及行为组织准则都依赖于国家公法规范，但法人的权利范围仍被牢牢地限定于私法范畴而不得享有公法权力。法人拟制学说利于国家对法人设立与运行的控制，国家采用特许主义或者准则主义＋法人登记主义等模式，掌握着对法人创设、变更的绝对控制权力。

19世纪中晚期，欧洲法学开始重视国家和团体的存在价值。德国法学家贝斯勒以人的社会性为出发点，推论出法人的实在性。德国法学家基尔克，创设了法人实在说理论，认为团体是由作为团体的成员——人所组成的组织体，这种组织体不是法律上拟制而出的，而是真实的实在体，无论国家承认也罢、不承认也罢，团体作为法律上的人格乃是团体本身所固有的。根据法人实在说，

[1]谢鹏飞.论民法典法人性质的定位——法律历史社会学与法教义学分析［J］.中外法学，2015（6）：150.

[2]马俊驹.法人制度的基本理论和立法问题之探讨：上［J］.法学评论，2004（4）：3-12；尹田.论自然人的法律人格与权利能力［J］.法制与社会发展，2002（1）：122-126.

[3]柯坚.环境法的生态实践理性原理［M］.北京：中国社会科学出版社，2012：22.

法人乃是真实存在的社会实体,其与自然人一样具有主体所要求的实在性。法人先于法律而存在,法律的作用在于发现或确认法人而并非创设法人。另外法人有全面法律能力,法人具有法人意思和法人能力,享有公法上的权利能力。法人实在说预设的法人原型并非公司,而是家庭合作社、部落和自治团体,它们以血缘和地缘为纽带,是非营利的,以集体合作与团结以及集体利益、公共利益为基调。法人实在说要求法律放宽对社团的监管,强调社团的自治。鼓励兴办企业,满足社会创新需要,符合了现代法人发展的现实需求。现代社会法人制度发展的一个重大变化就是非营利法人的兴起。非营利法人在组织社会资源、增强组织动员能力、提供社会公共产品、沟通国家与社会等方面具有重要的意义。

有关法人人格取得的认识上,法人拟制说和法人实在说两种学说观点存在巨大的差异。法人拟制说认为法人的法律人格是国家和法律所赋予的,法人实在说认为法人的法律人格是法人所固有的,不是国家和法律所赋予的。在法人人格的认识上,法人拟制说和法人实在说也存在根本差异。法人拟制说认为,法律上的人格只能是人,团体最终还是要还原为个人。法人的意志最终是个人的意志,法人的行为最终是个人的行为。法人实在说认为,法人团体具有独立法律人格,法人团体拥有自己的意思,能够通过法人机关自主从事活动。法人拟制说与法人实在说的这种对立,实际上是个人主义与共同体主义的对立。从比较法层面考察各国的法人理论和法人立法体例,都没有采取单纯的法人拟制说或单纯地采用法人实在说,而是以其中一种为主兼顾采用另外一种学说。

2. 我国现行法人制度考察

我国现行的法人理论和法人制度借鉴了《苏俄民法典》理论,并为了适应我国 20 世纪八九十年代经济体制改革中"政企分开"的需要而发展确立起来。

苏俄民法典理论认为,法人一方面,有其团体特征而别于公民(自然人),另一方面也是法人最重要的特征——法人有自己独立的财产并且独立承担法律责任。法人有自己独立的财产意指法人的财产别于法人成员的财产、别于其他团体的财产,法人财产归法人所有而非归法人成员所有,也非归其他团体所有。法人独立承担法律责任,是指法人以自己名义承担法律责任,以法人财产对法人行为承担责任,法人成员不对法人行为承担责任,法人成员不以自己的财产对法人行为承担责任,法人独立承担责任的潜台词是法人成员的有限责任。我国民法法人理论和法人制度建立于法人独立承担法律责任的理论基础之上。

考察我国法人制度之历史,早在《大清民律草案》中就有专章规定法人制度，并把法人分类为社团法人与财团法人。民国时期的《民法总则》也规定了法人制度。1949 年，中共中央发布了《关于废除国民党〈六法全书〉和确定解放区司法原则的指示》，随着中华人民共和国的成立，法人制度随着国民党旧法一同被废除。1950 年的《私营企业暂行条例》虽然将私营企业分为独资企业、合伙企业和公司三种形式，但未明确规定公司是法人。中华人民共和国成立以后，我国借鉴苏联经济模式，确立了计划经济体制。计划经济体制下，一方面企业生产经营按照计划而非市场进行运作，不具有实质充分的市场主体地位，严重依赖政府，另一方面，政府是企业的"上级"，对企业的一切生产经营活动负完全的责任。十一届三中全会确立了改革开放的国策。第五届全国人民代表大会第四次会议于 1981 年 12 月 13 日通过了《中华人民共和国经济合同法》，并自 1982 年 7 月 1 日起施行。《中华人民共和国经济合同法》首次使用了"法人"的概念。[1] 1984 年，中共十二届三中全会审议通过了《中共中央关于经济体制改革的决定》，该决定提出要改变"政企不分"的状况，提出了目标企业改革就是要对之进行改革，使企业作为经济实体要相对独立，自主经营、自负盈亏，"成为具有一定权利和义务的法人"。在此改革的背景下，1986 年《民法通则》制定时，专章（第三章）规定了"法人"，具体规定了法人的概念、法人的构成条件、法人的民事权利能力和民事行为能力、法人的分类、法人的法定代表人、法人的住所等内容。如《民法通则》第三十六条规定了法人的概念"法人是具有民事权利能力和民事行为能力，依法独立享有民事权利和承担民事义务的组织。"《民法通则》第三十七条规定了法人的成立条件：要依法成立，有必要的财产或者经费，有自己的名称、组织机构和场所，能够独立承担民事责任。该规定的核心在于成立法人要有必要的财产或者经费并且能够独立承担民事责任。《民法通则》对法人的规定，着重在于从立法上强调法人独立承担法律责任，在这一时期的《民法通则》中并没有规定法人成员的有限责任，即法人成员以其投入到法人的财产为限对法人的债务承担责任。所以，这一时期的《民法通则》在立法上解决了法人独立承担法律责任的问题，而没有在立法上解决作为法人成员对法人债务的有限责任问题。法人独立承担法律责任与法人成员对法人债务承担有限责任两者之间的联系在 1993 年制定的《公司法》中得到凸显。中共十四大报告提出要理顺产权关系，实行政企分开，使企业成为自主经营、自负盈亏、自我发展、自我约束的法人实体和市场竞争的主体。

---

[1] 参见《中华人民共和国经济合同法》"第二条　本法适用于平等民事主体的法人、其他经济组织、个体工商户、农村承包经营户相互之间，为实现一定经济目的，明确相互权利义务关系而订立的合同。"

1993 年中共十四届三中全会通过的《中共中央关于建立社会主义市场经济体制若干问题的决定》进一步提出了"国有企业实行公司制"的改革任务，要求具备条件的国有大中型企业改组为独资公司、有限责任公司或股份有限公司。该项改革措施直接促成了 1993 年《中华人民共和国公司法》的制定，第八届全国人民代表大会常务委员会第五次会议于 1993 年 12 月 29 日通过了《公司法》，并于 1994 年 7 月 1 日起施行。该法第三条明确了该法所规定的有限责任公司、股份有限公司属于企业法人，同时规定了公司法人独立承担法律责任（公司以其全部资产对公司的债务承担责任）以及公司法人的成员承担有限责任（股东以其出资额或以其所持股份为限对公司的债务承担责任）。

2019 年 3 月 15 日通过的《民法总则》第五十七条，2020 年 5 月 28 日通过的《民法典》第五十七条均原文沿用了《民法通则》第三十六条的规定，法人的立法概念在我国民法体系中未发生任何变化。

上述情况表明，我国的法人制度是在借鉴学习苏俄民法中法人理论和法人制度的基础之上，为适应我国经济体制改革需要、为适应我国"政企分开"、建立现代企业制度的现实需要而确立和发展而来的。我国法人制度的核心是法人拥有独立于法人成员的财产和法人独立承担法律责任。

3. 独立承担责任作为法人内在规定性观点之检讨

独立承担责任是法人的内在规定性吗？我国法学传统通说观点认为独立承担责任是法人的内在规定性。但这种观点越来越受到理论界质疑。[1]

"法律责任是与法律义务相关的概念。一个人在法律上要对一定行为负责，或者他为此承担法律责任，意思就是，他做相反行为时，他应受到制裁。"[2]"法律义务是设定或隐含在法律规范中、实现于法律关系中，主体以相对抑制的作为或不作为的方式保障权利主体获得利益的一种约束手段。"[3]张文显先生根据义务间的因果关系把义务分为第一性义务和第二性义务，"第一性义务是由法律直接规定的义务或由法律关系主体依法通过积极活动而设立的义务"，第二性义务"其内容是违法行为发生后所应负的责任"。[4]"法律责任是由于侵犯法定权利或违反法定义务而引起的、由专门国家机关认定并归结于法律关系主体的、带有直接强制性的义务，即由于违反第一性义务而招致的第二性

[1] 柳经纬. 民法典编纂中的法人制度重构——以法人责任为核心 [J]. 法学，2015（5）：12-20.
[2] 汉斯·凯尔森. 法和国家的一般理论 [M]. 沈宗灵，译. 北京：中国大百科全书出版社，1996：73.
[3] 张文显. 法哲学范畴研究：修订版 [M]. 北京：中国政法大学出版社，2001：309.
[4] 张文显. 法哲学范畴研究：修订版 [M]. 北京：中国政法大学出版社，2001：319.

义务。"[1] 违法行为是法律责任产生的原因和依据，法律责任是违法行为的后果。法律责任本质上乃是法律义务。权利能力是法律主体依法享有权利和承担义务的法律资格，包括承担义务的资格，也包括享有权利的资格。凡是法律主体，都需要以自己的名义享有权利和以自己的名义对外承担法律义务。

法人作为法律主体，也以自己的名义享有权利和以自己的名义对外承担法律义务。如《民法通则》第三十六条规定"法人是具有民事权利能力和民事行为能力，依法独立享有民事权利和承担民事义务的组织。"第三十七条规定法人应当"（四）能够独立承担民事责任。"《公司法》第三条规定"公司是企业法人，有独立的法人财产，享有法人财产权。公司以其全部财产对公司的债务承担责任。"《民法典》第六十条规定："法人以其全部财产独立承担民事责任。"《中华人民共和国企业法人登记管理条例》第七条规定："申请企业法人登记的单位应当具备下列条件：（一）名称、组织机构和章程；（二）固定的经营场所和必要的设施；（三）符合国家规定并与其生产经营和服务规模相适应的资金数额和从业人员；（四）能够独立承担民事责任；（五）符合国家法律、法规和政策规定的经营范围。"

尽管法人独立承担法律责任，但法人独立承担法律责任不是法人的内在的本质性规定。原因在于根据法人独立承担法律责任这一特征，无法将法人同其他法律主体如自然人、合伙、个人独资企业、合伙企业等加以区分开来。从民事私法领域看，自然人、合伙、个人独资企业、合伙企业都是以自己的名义对外独立承担民事法律责任，在这一点上，法人与个人独资企业、合伙企业以及自然人、合伙并无二致。在公法领域，如犯罪嫌疑人、被告人、自诉人等，其在刑事诉讼中自始至终以自己名义从事诉讼活动，其从事诉讼活动的法律后果也完全是以其自己的名义来承担的，其中也包括刑事诉讼法律责任。独立承担法律责任也不能将法人同公法中的犯罪嫌疑人、被告人、自诉人等法律人格相加以区别开来。

从法人设立的实务操作方面来看，尽管《民法通则》《公司法》以及其他法律法规规定了作为法人必须对外独立承担法律责任的构成要件，但是在具体的法人设立实际操作之中，登记机关无法依据社会团体是否符合法人必须对外独立承担法律责任这一构成条件而对于法人设立申请作出准予登记与驳回登记申请不予登记的行政决定。法人登记机构也不会在法人成立之后，根据已经设立的法人不具备对外独立承担法律责任这一法人构成条件而作出撤销法人登记

---

[1] 张文显. 法哲学范畴研究：修订版 [M].北京：中国政法大学出版社，2001：122.

的行政决定。法人设立登记实际操作层面的事实情况表明，法人人格的取得与是否"能够独立承担责任"没有关系。

独立承担法律责任不是法人所特有之特征，而是所有具有权利能力的法律人格所共有的特征，故独立承担法律责任不是法人内在的本质性规定。独立承担法律责任只是一个法律人格权利能力的问题，而不是法人区别于其他法律人格的内在规定性问题。"将能够独立承担民事责任作为法人人格的先决条件，完全扭曲了权利主体与独立责任的关系"。[1]获得法律人格的自然后果就是独立承担法律责任，而非独立承担法律责任是获得法人这种团体人格的先决条件。

4. 法人成员的有限责任作为法人内在规定性之检讨

我国《公司法》与《农民专业合作社法》明确地规定了公司法人的法人成员与农民专业合作社法成员的有限责任。《公司法》第三条第二款规定"有限责任公司的股东以其认缴的出资额为限对公司承担责任；股份有限公司的股东以其认购的股份为限对公司承担责任。"《农民专业合作社法》第五条规定："农民专业合作社成员以其账户内记载的出资额和公积金份额为限对农民专业合作社承担责任。"社团法人中，社团法人的成员以自己投入到法人的财产为限对社团法人承担责任。与财产法人相对应的是社团法人，财团法人以财产为基础而非以社团成员为基础而设立，财团法人一经成立之后并无法人成员，所以根本也不存在财团法人和财团法人成员之间关系的问题。因此不存在财团法人成员对财团法人债务承担有限责任的问题。社团法人以社团成员作为法人成立的基础，社团法人除了法人本身对社团法人的债务独立承担无限责任之外，还存在社团法人成员对社团法人债务承担的有限责任问题。据此，社团成员的有限责任，仅仅是社团法人的特征，而并非财团法人的特性。易言之，法人成员的有限责任不是法人的特征，即法人成员的有限责任也不是法人内在规定性。

5. 法人的内在规定性界定

法人的内在规定性是法人单独具有的特性、特质，是法人区别于非法人法律人格如自然人的本质性特征。通过上述分析，法人的内在规定性包括法人的团体性，法人具有财产或经费，法人具有特定的社会目的性，法人的行为依赖于其成员的行为或其代表人的行为。

第一，法人具有团体性。这种团体性，或者表现为特定的财团即财产的聚合，此种情况下法人乃为财团法人（在我国为基金会）；或者表现为一定社会

---

[1] 柳经纬.民法典编纂中的法人制度重构——以法人责任为核心 [J].法学，2015（5）：16.

成员的聚合，包括自然人的聚合，自然人与法人的聚合，法人与法人的聚合，此种情况下乃为社团法人，如××大学的工会；或者表现为一定社会成员和财产的聚合，此种情况下为中间法人。无论财团法人、社团法人或者中间法人，法人都具有团体性，这种团体性是自然人法律人格所不具备。

第二，法人必须具有一定财产或经费。无论何种类型的法人，其必须具有一定的财产或经费，这是法人为实现自己的社会目的、保持自身作为法律人格存续的基础。萨维尼坚持认为法人概念只是私法上的概念，甚至还主张法人概念只和私法中的财产有关系。他认为法人的含义就是民事权利的归属者，并且主要是作为财产权利的归属者。法人的财产或者来自捐赠，或者来自法人成员的投资，或者来自国家的财政拨款，或者来自法人财产的增值，无论财产来源，法人必须具有一定的财产或经费，这是和自然人法律人格的重大区别，自然人可以有财产或者没有财产，无论是否拥有财产，现代法律都不因此而影响自然人具有法律人格，具有享有权利和承担义务的权利能力。

第三，法人具有特定的社会目的性。法人不是自然人实体，乃是法律上抽象出的法律人格。法律是社会性的，所以法律抽象出的法律人格——法人也具有社会性。无论是何种法人形态，法人之成立都具有目的性，否则，法人则无成立之必要性。营利法人以赚取利润为目的，如我国的有限责任公司和股份有限公司。非营利法人则不以营利为目的，但并非表明非营利法人名义如基金会作为非营利法人，《基金会管理办法》第二条的规定："基金会的活动宗旨是通过资金资助推进科学研究、文化教育、社会福利和其他公益事业的发展。"

第四，法人的行为依赖于其成员的行为或其代表人的行为。法人不是自然人实体。对于法人意思的形成、法人意思的表达以及法人行为的实施，法人不像自然人一样，其必须依赖于法人成员的行为或其代表人的行为。

法人除了以上四个内在规定性以外，还具有和其他法律人格相同的一些特征，我们把它称之为法人的非内在的规定性。这些非内在的规定性不是区别法人与自然人的特征，但却也是构成法人不可或缺的特征。如法人具有权利能力，法人以自己的名义享有权利和承担义务。

（二）自然保护区社区共管委员会的法人属性

自然保护区社区共管委员会是当代社会在保护自然保护区生态利益，维护平衡自然保护区管理机构、自然保护区所在地地方人民政府以及自然保护区范围内原住民三者之间的利益过程中产生和建立起来的。自然保护区社区共管委员会的产生，是在社会管理创新的政治背景下解构了自然保护区管理机构的管理权力，通过分权与赋权，重构了社区与管理机构在自然保护区的权力结构，最终实现了社区与保护区管理机构保护自然资源与环境的合力。实现权力解构与重构的社区共管，既不同于传统的政府管理，也不同于私权利管理性质的企业管理、个人事务管理，它是介于国家公权力管理与公民（企业）的私权利管理之间的社会管理。[1] 在社区共管的管理结构中，社区居民不再被当作资源保护的威胁因素而是作为合作力量，不再成为权力的实施客体而是作为权力的主体参与其中。自然保护区社区共管委员会作为社会组织，享有法律权利和承担法律义务，符合法人的内在规定性和法人的非内在的规定性，具有法人的属性。

第一，自然保护区社区共管委员会具有团体性。自然保护区社区共管委员会是人的聚合，自然保护区社区共管委员会的组成人员中包括自然保护区管理机构的人员代表、自然保护区所在地地方人民政府的人员代表以及自然保护区范围内原住民代表。此外，还包括环境保护组织的代表人员、环境保护领域技术专家、经济发展领域专家等非正式成员。自然保护区社区共管委员会体现为典型的人的聚合，团体性特征明显。在这些组成人员中，起重要和核心作用的是自然保护区社区共管委员会的组成人员，包括自然保护区管理机构的人员代表、自然保护区所在地地方人民政府的人员代表以及自然保护区范围内原住民代表。他们既代表着不同的利益方，自然保护区管理机构的人员代表代表着自然保护区环境与自然资源保护的环境公共利益，自然保护区所在地地方人民政府的人员代表主要代表着地方行政区域的经济社会发展利益，自然保护区范围内原住民代表代表着众多自然保护区范围内原住民个体以及集体的生产生存和发展利益。

自然保护区管理机构的人员代表、自然保护区所在地地方人民政府的人员代表以及自然保护区范围内原住民代表不仅代表着三种存在冲突需要协调平衡的利益，而且还是三个存在需要进行合作以实现环境公共利益、经济社会发展利益、个体及集体生存发展利益协调发展的合作方。这种利益平衡行为与合作治理行为就是通过自然保护区社区共管委员会组成人员的团体行为来加以进行的。自然保护区社区共管委员会的这一特征符合法人团体性的内在规定性。

第二，自然保护区社区共管委员会具有一定的经费。自然保护区社区共管

---

[1] 莫于川. 行政法治视野中的社会管理创新 [J]. 法学论坛, 2010（6）: 19.

委员会除了具有包括自然保护区管理机构的人员代表、自然保护区所在地地方人民政府的人员代表以及自然保护区范围内原住民代表等人的聚合之外，具有一定财产或经费也是自然保护区社区共管委员会存续和活动的必不可少的物质基础。自然保护区社区共管委员会的经费来自自然保护区管理机构以及自然保护区所在地地方人民政府的国家财政拨款、中央的财政转移支付专项资金，生态补偿金中用于自然保护区合作治理部分的金额以及社会捐助资金。自然保护区社区共管委员会通过获得以上资金来源作为经费，保证自身的存续和活动的开展。自然保护区社区共管委员会符合法人必须具有一定财产或经费的内在规定性。

第三，自然保护区社区共管委员会具有特定的社会目的性。成立自然保护区社区共管委员会在于实现环境公共利益方和非环境公共利益以外的其他利益方的合作治理。一方面实现自然保护区管理机构对自然保护区的环境与自然资源的保护，实现环境与自然资源保护的公共利益，另一方面，实现自然保护区所在地方政府的经济社会发展利益，还有另外一个方面，就是实现自然保护区区域内居民的生存、生产和发展利益。自然保护区社区共管委员会作为三者的合作治理机构，担负着综合协商三种利益协调实现的社会治理目标，自然保护区社区共管委员会具有的这种特定的社会目的性符合法人具有特定的社会目的性这一内在规定性。

第四，自然保护区社区共管委员会的意思与行为依赖于自然保护区社区共管委员会成员及代表的行为。自然保护区社区共管委员会不是自然人，不具有自然人的意思形成器官和行为器官，自然保护区社区共管委员会的意思形成需要自然保护区社区共管委员成员按照一定的程序规则来形成，自然保护区社区共管委员会的意思表达和行为执行，也离不开自然保护区社区共管委员成员及代表的行为。自然保护区社区共管委员会的意思与行为依赖于自然保护区社区共管委成员及代表的行为这一特征，符合法人的行为依赖于其成员的行为或其代表人的行为这一内在规定性。

另外，自然保护区社区共管委员会还符合法人的非内在规定性。自然保护区社区共管委员会在形成意思、开展活动、享有权力、权利以及承担义务、责任时，既非以自然保护区管理机构的名义，也非以自然保护区所在地地方人民政府的名义，也非以自然保护区范围内原住民的名义，更非以环境保护公益组织的名义或环保、经济专家的名义。自然保护区社区共管委员会以自己的名义形成意思，以自己的名义行使权力、权利，以自己的名义从事活动和承担责任。

二、自然保护区社区共管委员会的新型法人属性

（一）公法和私法划分是法人分类为公法人与私法人的基础

大陆法系国家与地区，法人被根据一定的标准分为公法人和私法人，将法人分为公法人和私法人的基础在于大陆法系国家的法律分类——即法律分为公法和私法两大类。

公法与私法的二分理论，是西方大陆法系法律文化的重大成果，影响了大陆法系从古罗马时代到当代的法律思想与法律理论。其最早由古代罗马法学家乌尔比安创立，在中世纪的日尔曼王国中曾一度沉寂，到后来随着罗马法的复兴得以续延。将法律分为公法与私法，是大陆法系国家与地区对法律进行分类中最重要的分类。英美法系国家和地区对法律并无公法与私法这样的分类，将法律分为公法与私法，也是大陆法系与英美法系的一个极为重要区别特征。

古罗马法学家乌尔比安首次将罗马法划分为公法（Jus publicum）和私法（Jus privatum）两个部门，他认为，"公法"是调整和保护整个国家和社会利益的法律，其中包括调整国家机关活动的规范，也包括调整宗教祭祀活动的规范。"私法"是指保护一切私人利益的法律，主要是指调整所有权、债权、家庭婚姻与继承关系的规范，这是关于个人利益的事情。并且乌尔比安还试图在司法实践中证明"公法"与"私法"确实是两个"各自独立""互不干扰"的法律部门。为罗马法学家首创的这种公法——私法两分理论，不仅仅在当时获得社会的普遍认可，为国家以立法形式所采纳，而且流传后世，在大陆法系的国家与地区，它的影响一直持续到现在。在古罗马法学家眼中，法律因其调整对象、法律关系性质、调整方法、适用的原则、法律的效力以及引起的法律后果均有所不同而应当被划分分为公法与私法。例如，罗马法理论认为，公法规范不具有任意性但具有强制性，必须加以遵守，当事人不得通过协商采用协议的方式对公法规范加以变更，而私法规范不具有强制性但具有任意性，不要求当事人必须遵守，当事人可以通过协商一致的意志对私法规范的规定加以变更，对私法主体来说，协议就是法律。[1]尽管罗马法被分为公法和私法，但在古罗马，公法和私法的地位及发展程度却还是有很大差异，私法始终受到罗马统治阶级重视得到长足发展，罗马的私法非常发达。《十二铜表法》和《国法大全》

---

[1]周枏.罗马法原论：上册［M］.北京：商务印书馆，1994：84.

的主要内容都是私法。罗马公法的发展相较于罗马私法来说，其发达程度要逊色很多。

西罗马帝国灭亡后，在西欧大陆，日尔曼法替代罗马法，日耳曼法由氏族习惯演变而来，和罗马法差别很大，日耳曼法主导西欧中世纪法律，从5世纪到11世纪，罗马公法和私法划分理论失去了存在的条件、基础和价值。[1]11世纪罗马法的复兴运动实质上是罗马私法的复兴，公法与私法划分理论并未在这一时期引起广泛关注。

资产阶级革命后，在经济层面，资本主义商品经济得到快速发展，在政治层面，近代法治国家纷纷建立，强调政治民主。这些经济政治社会背景使得公法与私法划分理论的价值和功能重新获得重视与肯定。资产阶级革命的胜利和民主国家的成立，使得公法理论与公法立法取得很大进步与发展，公法开始独立立法，宪法和行政法立法出现。19世纪，随着法典编纂活动开展，公法与私法的划分在大陆法系中得到普遍认可和广泛应用。在司法实践层面，19世纪大陆法系国家与地区，纷纷先后建立起普通法院和行政法院并存的法院审判系统，公法与私法的划分确立了不同案件的诉讼管辖权，私法案件归普通法院管辖，行政法院则受理公法案件。步入垄断资本主义阶段以后，大陆法系公法与私法划分理论出现新发展趋势。公法和私法的立法也出现了新现象，就是公法与私法之间开始相互依赖、相互渗透，公法私法化和私法公法化成为这一时期公法与私法发展的显著特征。除此以外，还有着介于公法和私法之间的社会法立法的出现。社会法因为兼具公私双重特征而无法单纯归入公法或私法之列。

在公法与私法的划分标准上，主要有三种观点：一是利益说，该标准由古罗马法学家乌尔比安首倡，依据法律保护之利益是公利益或私利益来将法律区分为公法与私法。二是隶属说或意思说，由德国法学家拉邦德首倡，该标准以法律调整的社会关系是隶属关系抑或平等关系来将法律分为公法与私法，调整隶属关系的法律是公法，调整平等关系的法律是私法。三是主体说，该学说由德国法学家耶律内克首倡，该标准以法律关系主体将法律分为公法与私法，法律关系中至少有一个是国家或者国家授予公权的组织，调整该法律关系的法律就是公法，反之则是私法。三种标准各有自己的优势与合理之处，但也都存在着自己的局限与不足。相对利益说来讲，公法往往也调整私人利益，如宪法和刑法当中对私有财产保护的规定。相对隶属说来讲，其无法解释民法中存在隶

---

[1] 叶秋华，洪荞.论公法与私法划分理论的历史发展[J].辽宁大学学报：哲学社会科学版，2018（1）：143.

属关系的亲权仍然属于私法范畴。主体说的局限在于无法解释我国机关法人参与平等民事活动。

在对公法与私法划分探讨中，我国理论界长期认为法无公法、私法之分，法学理论界坚持列宁不承认私法存在的观点，认为经济领域的所有活动均属于公法的调整对象，任何法均是统治阶级的统治工具，都是以绝对国家主义或集体主义为观念基础的"公法"。在这种理论氛围背景下，公法与私法分类的思想与观点没有存在的认识基础，法人也无所谓存在分类为公法人与私法人的可能性。及至社会主义市场经济体制的建立，我国理论界已经基本接受了公法与私法分类的观念。认为公法适用于政治社会，私法适用于市民社会，从调整对象来看，公法以社会为本位，涉及国家组织原则、组织方式、政府的运作程序以及公民的权利救济等诸方面，对公权力进行控制是公法的一项基本原则，公法主体是国家机构或是行使国家权力之社会组织，公法主体的利益具有一致性，公法的精髓在于国家干预；私法以个人为本位，涉及平等主体之间，私法在于保障权利，乃是权利法，私法的精髓在于个人意思自治，私法主体的利益具有对立性。[1]

（二）公法人和私法人划分

亚里士多德将概念分为事实性概念和目的性概念，法人这一概念属于目的性概念，它是人类理性思维创造出来的概念，其作用在于解决特定问题。在大陆法系国家和地区，一般认为根据法人设立所依据法律是公法抑或私法、法人组织活动的目的、法人从事活动的性质以及法人取得能力性质的不同，将法人分为公法人和私法人。[2]依据布莱克法律词典的定义，公法人是由国家依公共利益所缔造与所有的工具，其由公共预算支助并由国家之权威所管理；私法人乃是由私个体为私人之目的所成立，非基于政府目的并且不具有国家或政府之权利或责任。另外依据布莱克法律词典，公法人与私法人之区别在于：①公法人与私法人最为主要之区别在于两者设立目的的差异，公法人乃为政府目的所设立，私法人乃非为政府目的所设立，而是为个体私人利益所立。公法人中的"公"字，乃是"政治的"意思，而非指"公众的"或"公共的"意思。私法人不具有政府权力或政府职能。②从公法人与私法人成立来看，公法人乃是

［1］叶秋华，洪荞.论公法与私法划分理论的历史发展［J］.辽宁大学学报：哲学社会科学版，2018（1）：141-146.
［2］吴庚.行政法的理论与实用［M］.台北：三民书局，1996：151.

国家行使公权力，为履行职责设立，私法人则是私人个体为追求私人事业而基于私法自愿设立。拉伦茨认为私法法人同公法法人的区别在于，私法法人根据私法的设立行为而成立，公法法人大多数基于公权力行为成立或法律认可而承担公共事业。私法法人成员基于其私法上的意思、行为取得成员资格，而公法法人成员则是根据法定事由取得成员资格，大多数情况下并不取决于成员个人的意思或行为。[1]

法人正式出现后，因其调整范围存差异，对其进行分类不仅成为理论研究需要，也是法律规范的需要，于是，人们又依据法人设立的依据、目的、集合基础等对法人进行了分类。传统民法依据法人设立的依据将法人分为公法人和私法人，依据集合的基础将法人分为社团法人和财团法人，依据法人设立的目的将法人分为营利法人和公益法人。我国《民法通则》将法人主要区分为企业法人和非企业法人两大类，企业法人又区分为全民所有制企业法人、集体所有制企业法人、私营企业法人、联营企业法人、中外合资经营企业法人、中外合作经营企业法人、外资企业法人等，非企业法人又区分为机关法人、事业单位法人、社会团体法人等。《民法总则》《民法典》将法人分为一般法人与特别法人，其中一般法人分为营利法人与非营利法人。可以看出，我国目前还没有公法人和私法人的概念。在此，姑且不论其他类型的法人，单就公法人与私法人展开讨论。

大陆法系传统的民法理论认为，凡是依据公法而设立的，以执行社会公共事务（或者国家管理事务）为目的，并以公法的调控手段为保障的为公法人，其具体表现形式有国家机关、公共社团、地方自治组织以及国家机关授权产生的专门事务的管理机构等。凡是依据私法（如民法、公司法）而设立的，以实现组成成员个人私益为目的的为私法人，其表现形式有公司、私立银行、私立学校、研究机构、教会、寺庙、基金会、慈善团体等。从某种角度意义上说，私法人是人类社会性本能在经济生活领域的延伸和再现。[2]人的社会性决定了人类必须过群居的生活，而群居的生活不是简单地与他人生活在一起，而是为完成某项单个的人无法完成的事务，与该事务有关的个体会组织起来形成一个团体，利用团体的力量达成目的。这种团体形成后能代表其成员进行经济活动，还需要法律赋予其与自然人相似的主体人格而成为法律上拟制的人（即私法人），实际上，私法人的主体人格是组成成员人格的另一表现形式（或称之

---

[1] 卡尔斯腾·施密特.德国法人制度概要[J]//郑冲译，孙宪忠.制定科学的民法典——中德民法典立法研讨会文集[M].北京：法律出版社，2003：179.
[2] 王泽鉴.民法总则[M].北京：中国政法大学出版社，2001：149.

为集体人格）。自然人基于民商事法律上的意思表示行为，通过参加设立或加入而取得私法人的成员资格，私法人的终极价值是其组成成员追求目标的实现，所以从这个角度上说，私法人的权利与义务实际上就是自然人权利和义务的再现。这从民法对私法人的调整规范中可窥见一斑，各国民法通过对私法人内部关系（如法人的设立、组织机构、法人变更、法人的解散和清算等）的调整，为法人的组成人员设定了行为规则和行为边界，也就是说，所有的这些内部调整实际上就是对法人组成成员，即自然人的权利与义务的调整。而且，也正是通过对私法人内部自然人行为的调整，实现了规范私法人对外的行为，维护了与私法人相关的各方利益。[1]

与私法人的形成过程不同，公法人一般不以其成员的自由意愿一致为基础，其成员通常是根据法定的事由而自动取得成员资格。[2]公法人的这种形成过程，决定了基于当事人意思自治的民法规范对其调整是十分有限的。根据传统的法学理论认知，公法人中的"公"字并不含有"公共的、公众的"的意思，而是指"政治的、国家的"，基于此，公法人可以理解为，国家为了社会公共利益（有时用国家利益替代）对一些公共事务进行行政管理，而由此产生的管理组织既是所谓的公法人，它是国家进行行政管理的工具。公法人既然是基于行政管理的需要而组成，当然就不会以社会成员的意思自治为基础，其成员在某些时候可能并不知晓其资格的存在。公法人组成的非自愿性，决定了其成员不可能对其进行直接的投资和管理，往往是由国家提供全部或部分公共资金予以支持，国家通过法律授权赋予公法人的管理职权，公法人的活动过程实质上是国家意志的实现过程，其组织机构的设立、变更、撤销等只能用公法去调整。当然，虽然公法人的主要活动是行政管理，调整的法律是公法，但是，并不能由此就说公法人不存在民事活动，实际上，公法人在运行中常会因办公用品的购置、办公场所的建造或维修、办公人员的聘用等方面的事务，而以民事主体的身份参与市场交换，由此产生出民事债权、债务关系，甚至因侵权而承担民事责任，在这些事务上，私法规范就可以适用。

公法人与私法人在组成方式、运行资金的来源、管理权的产生等方面存在的差异，决定了二者在法律实务中也多有不同。如因公法人的管理行为具有单向性，所以一旦产生管理纠纷，被管理者只能提起行政诉讼。还如，在一些民事活动中，如果是公法人的侵权而造成其他民事主体权益的损害，则其他民事

---

[1] 邵薇薇.论法人的分类模式——兼评民法典草案的有关规定 [J].厦门大学法律评论，2004（7）：235-250.

[2] 卡尔·拉伦茨.德国民法通论 [M].王晓晔，等，译.北京：法律出版社，2003：179.

主体也多以行政诉讼来维权，而如果是公法人因其他民事主体的行为而遭受损害，则又多以行政处罚为手段，如因民事交换产生纠纷，则民事诉讼来解决，解决纠纷的途径不同，归责原则也就不同，公法人的侵权行为多适用专门的归责原则，而私法人的侵权行为多适用一般的归责原则。再如，二者行为的目标也存差异，公法人所从事事务的政治性和公共性，决定了其目标是实现和维护公共利益，而私法人则是以私人利益为归宿。最后，二者的设立、变更、撤销的程序也不尽相同，公法人必须由国家权力机关或权力机关的授权机关依据严格的法律程序来进行，其组成成员或公民无决定权，私法人正好与此相反。

　　大陆法系如此区分公法人和私法人，是有其一定的理论基础和现实意义的。资本主义传统的法律观念是这种区分的理论基础，而资本主义传统法律观念的形成与自由资本主义的社会经济发展密切相关。在自由资本主义发展初期，社会生产的社会性与财产的私有制之间存在矛盾，这一矛盾自然会引发社会公共利益与公民个人利益之间的冲突。法律的工具性价值要求，法律必须对此种矛盾与冲突进行调整。而法律在调整公私利益矛盾的过程中，因公共利益与私人利益存有质的区别，所以要求法律首先必须区分开公共利益与私人利益，由此形成了调整公共利益的法律和调整私人利益的法律的区分，随之便有了将调整社会性经济及管理活动，保护社会公共利益的法律称之为公法，如常见的宪法、刑法、行政法等；而将调整私人性的经济活动及个人事务，保护私人利益的法律称之为私法，最为常见的有民法、合同法、公司法等。又因为公共利益和私人利益在内容上、实现方式上存在差异，公法与私法在调整对象、调整方法上也就自然相异。公法所保护的是公共法益，调整的是公民个人与整体社会之间的关系，一般是通过公权力的强制性为手段来达到调整的目的，而私法所保护是其组成成员个人的法益，私法人法益的产生、变更、灭失都与其组成成员个人的自由意志有关，所以私法的调整手段以公民的个人平等与意志自由为前提。有了公法与私法的区分之后，便有了与两种法相对应的法律主体，即与公法相对应的公法人，与私法相对应的私法人。在这些观念形成后，一些国家为区分调整国家社会的经济和社会活动与调整公民个人的私行为，便在立法上将这种区分法定化，如德国民法典直接将其第一编第二节第三目的标题标为"公法人"；意大利民法典也在其第十一条和十二条中对公法人和私法人进行了界定；还有一些国家虽然没有在立法上明确使用公法人与私法人的概念，但却将国家、地方政府、公共管理机构等行政机关与普通的社团、财团及个体经济形式区分开来，并规定了不同的调整规范，实际上间接地将公法人和私法人作出了规范。

从社会生活实践上看，公法人与私法人的区分亦有必要，单从两种法人的权利取得的方式上看，如果不将二者区分开来，则很难正确适用对其进行调整的法律。因私法人权利的取得以自由意志和平等的法律地位为前提，其权利多以明示的方式取得。而公法人的权利以法律的授权为基础，公法人权利的取得除通过特别立法或一般立法特别授予的明示方式外，还存在一些因实现其明示权利而所必需的默示性权利，因其自身持续存在而必需的固有性权利。[1] 而这些默示性的或固有性的权利是私法人所不能行使的，这就要求既要有调整这些权利的特别规范，也要赋予公法人不同于私法人的法律地位或主体身份。

大陆法系国家所提出的公法与私法的区分理论，一直以来都是学界热衷讨论的问题，就目前的学术发展（特别是民法学）来看，公法与私法的区分逐渐成为大陆法系国家的一种共识，几乎所有相关著述均强调公法与私法的区分，甚至开始讨论二者在国家法律体系中的地位问题，一些学者提出了私法优位主义的论说。[2] 但是，与大陆法系国家的逻辑进路不同，基于公法与私法之上的公法人与私法人的区分却没有得到其他法域社会的普遍认同。这不仅反映在立法上，一些国家的民法甚至不再使用公法人与私法人的表述，而且一些学者也提出，公法人的概念本身并无实际意义，只有在民事法律领域为区分其他性质的私人团体时，才具有理论和实践的价值。[3] 所以，一些民法学家虽然也用公法人与私法人作为法人分类的模式之一，但通常是在作理论分析或介绍传统民法时使用。以我国为例，从立法上看，法律上虽然将机关法人界定为公法人，但并没有对公法人的概念进行界定。从学术研究上看，在20个世纪八九十年代，有学者认为公法人与私法人的分类是建立在对法律区分为公法和私法的基础上的，将法律区分为公法与私法的意义仅在于建立起公法人和私法人纠纷解决的不同机制，但是，在法律体系中，公法与私法还没有明确的分类标准，自然，公法人和私法人的分类也不可能明确，于此，很多学者否定以"公"和"私"来区分法人。[4] 近年来，一些学者又提出，现代社会"私的领域"与"公的领域"的界限日趋模糊，"公法的私法化"和"私法的公法化"趋势也日趋明显，公法与私法已经不存在明晰的界限，传统意义上的基于公法与私法相对应的公法人与私法人也就不可能清晰地区分开来。于是，一些学者就公法人与私法人的区分以其设立时所依据的法律为标准的说法提出了质疑，有学者认为，法人设

[1] 江平. 法人制度论 [M]. 北京：中国政法大学出版社，1994：44.
[2] 梁慧星. 民法总论 [M]. 北京：法律出版社，2001：32-36.
[3] 王利明，郭明瑞，方流芳. 民法新论 [M]. 北京：中国政法大学出版社，1988：234.
[4] 佟柔. 中国民法学·民法总则 [M]. 北京：中国人民公安大学出版社，1990：156.

立时所依据的法律本身存在模糊的界限，不可能准确地区分开两种不同类型的法人，所以应依据法人本身的性质来作区分的标准，即以"国家机关""公共团体""私人团体"为标准；也有学者提出依据法人与国家之间的关系为标准，看其是否存在与国家的特别利害及是否受到国家的特别保护，如果存在则为公法人，否则为私法人；另外还有一些学者依据法人的职能和权力来区分公私法人，如果行使或分担国家社会的权力，实现的是政府职能，则为公法人，否则为私法人。[1]实践中也大量存公法人与私法人与传统意义上的公私法人不统一的现象，现代社会中，公法人以合同等私法的方式实施行政管理的情况日益普遍，而私法人也大量通过国家的特许、委任、授权等方式参与行政管理活动，并行使一定的行政管理权力，履行公法人的部分职能，这些私法人实际上具有公法人和私法人的双重身份和地位。这些质疑及实践中存在公私法人身份与地位混同的现象，促使我国区分公法人和私法人的法学理论研究不断地深入，也为准确区分公私法人提出了更高要求。

虽然大陆法系传统的公法人与私法人的区分理论没有在现代社会得到广泛的认同，但是从社会发展来看，划分公法人与私法人不仅具有立法意义，是立法精细化、准确化的要求，而且在权利与义务分配及法律适用方面具有重要的实践价值。如，因公法人与私法人的设立方式不同，二者权利与义务产生的法律依据明显不同，公法人的权利与义务来源于社会公共管理性质的法的授权和要求，而私法人则是依据民法、合同法等私法而设立权利或形成义务。又因公法人与私法人权利与义务产生的法律依据不同，二者的行为性质自然存在差异，公法人行为的公共性是区分私法人行为的关键，行为性质的不同，决定了解决行为所引起的纠纷在裁决机制和适用法律上亦有差异，因公法人的活动中直接或间接地有公权力的介入，所以，相对人对公法人的行为所造成的侵害只能提起行政诉讼，多适用行政性质的法律规范，民事性质的法律规范在很多场合是不能适用的。而私法人的行为所引起的纠纷只能诉诸私裁机制（提出仲裁或民事诉讼），适用的是民事性质的法律规范。基于此，笔者认为应当将公法人与私法人进行明确地区分。

首先从法人的分类理论看，将法人从"公"与"私"两方面进行区分是所有法人分类理论的基础，虽然一些学者不主张区分公私法人，一些国家的立法也不使用公私法人的概念，但是，并不代表他们不区分法人的"公"与"私"的性质。如一些学者用机关法人、事业单位法人、社团法人等与企业法人相对

---

[1] 江平. 法人制度论［M］. 北京：中国政法大学出版社，1994：41.

称，以法人的行为目的是公益性的抑或是私益性的，将法人分为营利性的和非营利性，实质上他们暗含有"公"与"私"理论分类依据。其次，从立法与司法实践上看，现代民法中对法人的分类仍旧以公法人与私法人为基础，如果否认存在公法人与私法人的区分，则难以建立起现代法人的体系。最后，对法人进行公私法人的区分，是彰显民法之私法属性，强化民法的社会功能的重要方面。将法人区分为公法人和私法人的目的在于，揭示依据不同法律而设立的法人所具有的不同法律主体地位，进而规范不同法人的行为性质与方式，为最大限度地实现法人的设立目标提供保障，从而促进不同性质法人民事交往活动的顺利进行，最大限度地实现民法的社会功能。正如一些学者所担忧的，如果没有明确的公私法人的分类，民法的社会功能将会被削弱。民法作为现代市民社会的基础性法律，其首要功能就是明晰社会公共生活（特别是政治生活）与普通市民生活的界域，将国家或社会公共生活的架构从一般市民私生活的架构中剥离开来，以稳定社会公共生活秩序，维护公民的基本权利，促进社会公共生活与市民私生活的和谐。而进入不同社会生活领域，从事不同社会活动的前提是相应社会活动领域的法律主体身份的获得，法人制度也正是基于这一需要而出现的。法人制度的基础内容就是明确不同法人的法律地位与身份，严格设定不同法人进入民事活动领域的主体资格。在民事法律中区分开公法人与私法人，严格限定公法人的民事活动，这是限制公共权力机关涉足一般民事活动、干预市民私生活，实现对私法人的行为自治保护的重要方面。[1]就我国目前来看，完善社会主义市场经济的构建，一方面必须明确从事具有社会公共性质或政治性质的社会活动的主体的法律地位，以此来设定具有"公共"性质的社会政治团体或机构的活动范围和方式，从而真正地将其从普通民事生活领域中分离出来；另一方面，也正是因为将一些从事公共性质活动的主体从普通民事生活领域分离出来，才保障了民事生活领域的私益性，而这民事生活领域的私益性又是通过具有私益性的民事主体的活动来实现的，所以，必须承认私法人的存在，并赋予其法律主体地位。

从上述分析，可以看出关于公法人和私法人的分类标准，截至目前，在理论界仍然没有形成统一公认的认识。关于公法人和私法人的分类标准也众说纷纭，形成了很多观点，这些观点都从不同的侧面反映了公法人和私法人的一些区别。对于公法人和私法人的区别方式主要有以下这些观点：①根据设立法人的目的不同将法人分为公法人和私法人。法人设立目的是促进公共利益和公共

---

[1] 马俊驹.法人制度的基本理论和立法问题之探讨：上［J］.法学评论，2004（4）：11.

福利的，是公法人；法人设立目的不是直接促进公共利益和公共福利，而是促进私人利益或私人事业的，为私法人。②以法人的设立主体不同加以区别。法人的设立人为国家或代表国家的机构的为公法人。法人的设立人中不含国家或代表国家的机构，而是私法主体的，为私法人。③以法人是否享有国家权力或承担公共职能为标准不同将法人分为公法人和私法人。法人享有国家权力或承担公共职能的，是公法人。法人不享有国家权力或承担公共职能的，是私法人。④以法人设立的法律依据属于公法抑或私法将法人分为公法人和私法人。法人依据公法设立的属于公法人，反之，法人依据私法设立的属于私法人。⑤以法人从事行为受公法抑或私法调整，以及法人从事的行为是公法行为抑或私法行为不同将法人分为公法人和私法人。⑥依据社会一般观念将法人分为公法人和私法人。依据社会一般观念被认为是公法人的是公法人，依据社会一般观念被认为是私法人的是私法人。

公法人与私法人一般情况下具有以下差别：公法人设立的目的主要是实现社会公共利益和促进社会公共福利，私法人设立是为了实现私人利益或私人事业；设立的法律依据属于公法抑或私法不同，公法人依据公法设立，私法人依据私法设立；公法人由公主体设立，私法人由非公主体设立；法人成员获得的途径与方式不同，因财团法人不具有社团性，没有法人成员，私法人中的社团法人的成员因设立行为而取得原始成员资格，公法人成员的取得往往基于法律的规定或公法人设立主体的指定而起的公法人成员身份；公法人享有公权力，履行公众职能，私法人不享有公权力而只是享有私权利，不履行公共职能；法人行为发生纠纷的纠纷解决与救济途径不同，因公法人行为发生的纠纷，通过立法审查、行政复议或行政诉讼加以解决，私法人行为引发的纠纷，通过和解、民事诉讼或民事仲裁等加以解决。

（三）自然保护区社区共管委员会属于新型法人类型

传统的公法人——私法人分类理论已经无法对自然保护区社区共管委员会法人类型做注脚来解释其法人人格的类型分属。自然保护区社区共管委员会的设立目的、设立主体、设立依据、自然保护区社区共管委员会的权力（权利）以及自然保护区社区共管委员会行为的模式等方面具有的特征，已经不能将自然保护区社区共管委员会简单地归入公法人或私法人之列。

从自然保护区社区共管委员会设立的目的来看，其既非单纯为了促进公共环境与自然资源保护的公共利益与社会公共福利，也非单纯地为了促进自然保护区社区居民的生存、生产、发展等私人利益，在自然保护区社区共管委员会设立目的方面，既包括公共利益、公共福利之促进，也包括私人利益之促进，即既含公的因素，也含私的因素在内，不能据此而将自然保护区社区共管委员会简单地归入公法人或私法人之列。

从自然保护区社区共管委员会设立的主体来看，其设立的主体既包括自然保护区管理机构，也包括自然保护区所在地的地方人民政府，还包括自然保护区所在的社区，即自然保护区社区共管委员会设立的主体中，既包括公主体，也包括私主体。不能根据自然保护区社区共管委员会设立的主体而将自然保护区社区共管委员会简单的归入公法人或私法人之列。

从自然保护区社区共管委员会实现的职能来看，自然保护区社区共管委员会是在保护环境与自然资源环境公共利益和社区居民私人利益过程当中的公私协作机构，其担负着实现自然保护区管理机构保护环境与自然资源环境公共利益、促进社会公共福利的部分职能，同时自然保护区社区共管委员会也承担着自然保护区所在地的地方人民政府保护环境与自然资源、实现当地经济社会发展的公共职能，另外自然保护区社区共管委员会还承担着保护和实现自然保护区所在地社区居民的生存、生产和发展的个人事业的任务。不能根据自然保护区社区共管委员会承担的职能与任务而将自然保护区社区共管委员会简单的归入公法人或私法人之列。

从自然保护区社区共管委员会设立的法律依据来看，目前我国还没有关于自然保护区社区共管委员会设立的法律依据。但从将来的立法趋势来看，自然保护区社区共管委员会的设立应当是根据国家关于环境管理和保护的行政法律规范，但不能据此就将自然保护区社区共管委员会简单的归入公法人之列。

从自然保护区社区共管委员会的行为模式来看，自然保护区社区共管委员会一方面要依据环境与自然资源保护的公法规范来进行，另一方面也要依据关于自然保护区所在地社区居民的权利规范来加以进行。自然保护区社区共管委员会行为的实施既非单纯的依据公法来进行也非单纯的依据私法来进行，既非单纯的依照公法的命令与服从的方式，也非单纯地依据私法主体之间意思自治平等协商的方式来进行，不能据此将自然保护区社区共管委员会划分为公法或私法之列。

公法与私法的划分乃是法人分类为公法人与私法人的基础与前提。截至目前，在立法实践中早已经出现了公法与私法界限模糊化的趋向，出现了公法与私法互相转换的公法私法化与私法公法化现象，甚至出现了既含公法也含私法的公私法兼有的社会法。在关于公法—私法分类的理论领域，关于公法人与私法人的分类，也存在着反对的观点。如萨维尼坚持认为法人只是私法上的概念，甚至还主张法人概念只和私法中的财产有关系。他认为法人的含义就是民事权利的归属者，并且主要是作为财产权利的归属者。江平教授认为，"法人的人格仅限于市民社会的生活而不及于政治国家的生活，"公法人参与私法法律关系时具有法人之主体身份，参与公法法律关系时不具有法人主体身份。[1]龙卫球教授在《民法总论（第二版）》一书中就认为，公法人之作为法人是指公法人在私法领域的主体性身份，而非是指其行使公权力的主体身份。张力教授则认为，公法人与私法人共同上位的"法人"概念根本就不存在。[2]过去传统公私两分，界限泾渭分明的公私法两分理论以及公法人与私法人两分的理论"剥夺人类的发问能力，继而导致此领域理论发展的停滞的路径锁定"需要加以修正与进行理论更新。[3]苏永钦教授则在《寻找新民法》一书中提出了"公私法接轨论"，认为当代公法与私法都不是自治的封闭系统，可以相互支援而且也必须相互支援，公法与私法可以实现相互工具化。

在传统的公法人——私法人分类理论已经无法对自然保护区社区共管委员会法人类型做注脚来解释其法人人格的类型分属的背景下，我们一方面要承认自然保护区社区共管委员会的法人人格，也要认识到自然保护区社区共管委员会既不同于传统的公法人，也不同于传统的私法人。自然保护区社区共管委员会在设立目的、设立主体、设立依据、自然保护区社区共管委员会的权力（权利）以及自然保护区社区共管委员会行为的模式等方面都具有其不同于传统私法人和公法人的特征，自然保护区社区共管委员会是属于一种兼有公私因素的公私合作社会组织，属于一种新型的法人类型。

（四）社团法人与自然保护区社区共管委员会的社团属性

传统民法理论根据私法人成立的基础是人的集合还是财产的集合将私法人分为社团法人和财团法人。财团法人不以设立人为基础，而以财产为基础，体现为财产集合体。尽管社团法人也有财产，但其却以作为法人成员的人的集合为基础。社团法人一经成立，原法人设立人即成为法人的成员。和财团法人只能以公益为目的不同，社团法人既可以公益为目的，也可以营利等私人利益为

[1] 江平.法人制度论［M］.北京：中国政法大学出版社，1997：22.
[2] 张力.法人制度中的公、私法调整方法辨析——兼对公、私法人区分标准另解［J］.东南学术，2016（6）：160-171.
[3] 蒋学跃.法人制度法理研究［M］.北京：法律出版社，2007：33.

目的。自然保护与社区共管委员会从成立的基础、设立的目的以及法人成员的来源来看，均符合社团法人的特征和要求。笔者认为，社团法人作为私法人的理念应予革新，只要法人以社团成员为成立基础，设立人在法人设立后自动成法人成员，就是社团法人，而无论法人设立目的是公益或私益，也无论其是否为私法人还是公法人与私法人以外的新型法人。

三、自然保护区社区共管委员会行为侵害的法律救济

自然保护区社区共管委员会的运行，包括自然保护区社区共管委员会成员资格的确定，自然保护区社区共管委员会实施的行为，做出的决定、决议等，若损害社区或社区居民的权利与合法利益，法律应当给予社区或社区居民救济的途径，此是因为如英国法法谚所云"有权利必有救济"，无救济必无权利。

（一）对自然保护区社区共管委员会成员资格异议的救济

自然保护区社区共管委员会正式成员包括自然保护区管理机构的代表、自然保护区所在地地方政府的代表以及自然保护区社区居民的代表。自然保护区社区或居民对自然保护区社区共管委员会成员资格有异议的，法律应当给予救济。在救济途径涉及上可以考虑非诉与诉讼两种救济途径。非诉救济途径应当包括要求自然保护区社区共管委员会设立人或自然保护区社区共管委员会对成员名单、成员个人信息事前予以公示，自然保护区社区或居民可以查询或要求对上述信息予以公示。自然保护区社区或居民对拟任自然保护区社区共管委员会成员的成员资格有异议的，可以向自然保护区社区共管委员会设立人或自然保护区社区共管委员要求作出解释与答复。对拒绝作出解释和答复的或对解释和答复仍有异议的，可以以自然保护区社区共管委员设立人或自然保护区社区共管委员与自然保护区社区共管委员会成员为对象向自然保护区共管委员会所在地法院提起诉讼。我国十八届四中全会审议通过的《中共中央关于全面推进依法治国若干重大问题的决定》指出，要"改革法院案件受理制度，变立案审查制为立案登记制，对人民法院依法应该受理的案件，做到有案必立、有诉必理，保障当事人诉权。"我国民事诉讼法也规定了选民资格案件的审判程序规定。这些表明，我国目前的法治建设完全有基础、有能力为自然保护区社区共管委员会成员资格案件提供法律规范和实践条件。

（二）对社区工作目标及规划、资源合理开发利用规划等侵害社区、社区居民利益的救济

社区工作目标及规划、资源合理开发利用规划是社区共管委员会的下一步行为的内容和方式，可能会损害社区和社区居民的利益，社区或社区居民有权要求自然保护区社区共管委员会对该内容进行公示，公示的内容包括这些事项的做出程序是否符合规范以及内容是否合法。社区或社区居民认为上述事项违法侵犯社区或社区居民利益的，可以自然保护区社区共管委员会为被告向自然保护区社区共管委员会所在地法院提起诉讼。若该事项被自然保护区管理机构、自然保护区所在地方人民政府批准，事项被转化为抽象行政规定或具体行政行为的，社区或社区居民可以依据《行政复议法》《行政诉讼法》的规定依法提起行政复议或行政诉讼。根据行政复议法的规定，公民、法人或者其他组织认为具体行政行为侵犯其合法权益，向行政机关提出行政复议申请，另外，除国务院部、委员会规章和地方人民政府规章外，公民、法人或者其他组织认为行政机关的具体行政行为所依据的国务院部门的规定、县级以上地方各级人民政府及其工作部门的规定、乡、镇人民政府的规定不合法，在对具体行政行为申请行政复议时，可以一并向行政复议机关提出对该规定的审查申请。《行政诉讼法》规定，公民、法人或者其他组织认为行政机关和行政机关工作人员的行政行为侵犯其合法权益，有权依照本法向人民法院提起诉讼，其中行政行为还包括法律、法规、规章授权的组织作出的行政行为。

（三）对与社区共管委员会参与的自然保护区内建设项目违法侵害社区、社区居民合法利益的救济

根据实践情况看，自然保护区的开发建设项目可以分为四类：一是新建铁路、公路穿越自然保护区实验区；二是水电站、风力发电站等直接利用自然资源能量的开发项目如黄安河李家坝水电站等；三是水厂、路桥等民生工程项目如宜宾市第二水厂工程及贵州赤水河特大桥工程。四是旅游建设项目等。在这些开发建设项目中，首先，穿越自然保护区的新建铁路、公路虽可能对社区居民权益产生直接影响，但为了国家建设发展大局，在进行适当补偿及采取自然保护措施后，宜由国家单向度决策。其次，水电站、风力发电站的建设与周边社区居民的利益密切相关，既有不利影响如部分河段脱水对附近村民生产生活的影响，又有惠益之处如用电带来的生活方便及相应带来的经济发展与收入提

高等。如何趋利避害、获得最大收益，社区村民应有发言权和决策权，因此，应采用社区共管模式进行决策。最后，水厂、路桥等民生工程项目事关社区居民福利，属于给付行政或服务行政。然而，社区居民的需求只有社区居民最清楚，政府不应好心办坏事，因此，应赋予社区居民决策权。同时为了防止行政官员在给付行政中的恣意行为，亦应给予社区居民参与权，以监督官员遵守平等权原则。对于这些自然保护区社区共管委员会参与的建设项目的具体行为若侵害社区或社区居民的合法利益，社区或社区居民可以以建设单位和自然保护区社区共管委员会为共同被告提起诉讼。

（四）对自然保护区社区共管委员会犯罪行为的法律救济

我国《刑事诉讼法》规定，任何单位和个人发现有犯罪事实或者犯罪嫌疑人，有权利也有义务向公安机关、人民检察院或者人民法院报案或者举报，被害人对侵犯其人身、财产权利的犯罪事实或者犯罪嫌疑人，有权向公安机关、人民检察院或者人民法院报案或者控告。社区或社区居民对于自然保护区社区共管委员会及其成员行为构成犯罪的行为，有权向国家有关机关报案、举报和控告。

（五）自然保护区社区共管委员会犯罪的主体适格问题

普通法系追究法人刑事责任的传统源自 17 世纪，从 1635 年开始英国就因损害公共利益行为追究法人的刑事责任。对此问题。罗马法秉持"法人无犯罪能力"的立场，认为法人不能成为犯罪主体。从法人的本质来看，法人拟制说认为法人是个拟制的法律主体，法人的意思和法人的行为要还原为法人成员的行为，因此法人不能作为犯罪的主体。而法人实在说认为法人是实实在在的法律实体，法人的法律人格不是一种法律拟制，而是一种客观存在的实体，按照法人实在说，法人是可以构成犯罪主体承担刑事责任的。在关于法人能否构成犯罪主体承担刑事责任这一问题上，存在着法人犯罪肯定说和法人犯罪否定说两种针锋相对的观点。

我国 1997 年《刑法》首次规定了单位犯罪，《刑法》第三十条规定"公司、企业、事业单位、机关、团体实施的危害社会的行为，法律规定为单位犯罪的，应当负刑事责任。"这表明我国从立法上认同了法人犯罪肯定说。自然保护区社区共管委员会作为法人，如果实施了犯罪构成要件的危害社会的行为，《刑法》规定为犯罪的，应当承担刑事责任。

第三章
自然保护区社区共管的权力结构与利益分配

　　自然保护区社区共管委员会是自然保护区社区共管的权力机构，有权处理和决定与社区共管相关的资源管护、社区生计替代等事务。从应然的制度设计视角，共管委员会是一个多元权利主体的利益聚合体。由于行政权力下移并分散化，在共管委员会中，对共管事务的决策管理，自然保护区管理机构与地方政府的代表并不享有特权或一票否决权，其与社区代表或其他利益主体享有同等表决权。为此，共管委员会中有表决权的代表数量、比例及表决程序等将会直接影响共管决策，并最终可能影响社区与自然保护区之间的利益分配。对于社区居民来说，社区代表能否实质性影响决策并保障社区群体的利益，是其最为关注的事项。因此，本部分将着力分析共管委员会的设定、代表结构、决策程序及可能的利益分享。

一、共管委员会的设立

　　自然保护区管理机构与社区为了共同管理自然保护区，需要设立共管委员会，以便协商决策共管事务。但共管委员会的设立不能盲目借鉴国外经验，必须符合我国国情，与自然保护区的现有管理体制及地方政府结构有效衔接融合。按照自然保护区条例规定，自然保护区行政主管部门应当设立专门的管理机构，管理和保护自然保护区的生态环境。而主管自然保护区的部门主要有国务院的林业、农业、地质矿产、水利、海洋等有关行政主管部门。除了专门的管理机构外，与自然保护区管理密切相关的行政主体还有地方各级政府，尤其是其中的县、乡级政府。国家或省级自然保护区往往涵盖几个乡镇政府管辖的部分区域，甚至可能处于两个或两个以上的县区域交界之处。国务院林业等行政主管部门设立的自然保护区专门管理机构不仅不能排除地方政府对所辖区域村民、居民的管理而且还受到地方政府环保、公安、工商、税务、建设等部门的影响、制约。为此，共管委员会的设立首先面临选择：由地方政府、自然保护区管理机构抑或联合行政机构负责主持筹建。其次，共管委员会还应理性定位与参与筹建的行政机构之间的分工合作关系。同时，作为共管委员会的主要参与者的社区或行政村、自然村也有自己法定的自治组织即村民委员会或居民委员会。共管委员会中社区代表的选择不可能完全撤开村民委员会或社区委员会，而且共管委员会的决策也需要村民委员会或社区委员会的配合合作，因此，共管委员会应当妥善处理与村民委员会或社区委员会的关系。另外，自然保护区可能有多个自然村、行政村或社区，那么，共管委员会的设立是应该仅建立在村级还是参照科层制结构建立多层级。显然，这些关系的处理与层级问题，也是下面我们要着力研究的。

（一）共管委员会与行政权力机构的关系

自然保护区管理机构与县、乡级政府都对自然保护区依法享有管理权，两者之间既有目的上的冲突也有需协调之处。县、乡级政府对所辖区域包括与自然保护区交叉区域的社区或行政村、自然村具有经济发展、治安、环保、公共设施、社保福利等职责，尤其在中央提出的精准扶贫战略下，社区与行政村或自然村的经济发展与民生工程更显重要。而自然保护区管理机构的目的就是为了保护自然环境和自然资源，这必然会限制自然保护区及周边社区的生产生活等经济发展活动。于是，地方政府促进经济发展的策略便与自然保护区管理机构限制发展的管理措施相矛盾。但另一方面，两者也存在一致之处：地方政府的环保职能要求其保护自然环境与资源；而自然保护区管理机构"建设和管理自然保护区，应当妥善处理与当地经济建设和居民生产、生活的关系"。因此，为了实现自然保护区的有效管理，自然保护区管理机构应从协调之处着手，与地方政府联合管理，变掣肘之力为同心之力。在立法实践中，国家林业局制定的《森林和野生动物类型自然保护区管理办法》与广西壮族自治区人大常委会制定的《广西壮族自治区森林和野生动物类型自然保护区管理条例》均规定，自然保护区管理机构应当会同所在和毗邻的县、乡人民政府及有关单位，组成自然保护区联合保护委员会，制订保护公约，共同做好保护管理工作。然而，需要明确的是，该自然保护区联合保护委员会不是共管委员会，其组成成员应为相关的行政权力机构，而共管委员会必须有相当比例的社区或村民代表。有学者就曾误把联合保护委员会作为共管委员会，其认为，金光寺自然保护区由永平县政府、县林业局、县环保局等承担国家利益的相关群体共同组建的共管组织为共管委员会。[1]在自然保护区社区共管实践中，也有类似的做法，如盐池县人民政府2014年3月成立的宁夏哈巴湖国家级自然保护区社区共管委员会：主任为副县长，副主任为两位哈巴湖管理局副局长和县环林局局长，成员则由县政府下属相关局、中心的局长、主任以及乡镇党委书记、镇长和管理站站长、管理局分场场长、副场长组成。该共管委员会根本没有社区村民代表，仅有公权力代表，其实质上就是自然保护区联合保护委员会。[2]

按照国家现有的管理体制，共管委员会应当得到有关行政权力机构的承认、推进和有效组织，并拨付一定的经费。但同时，共管委员会的决策也应当受到有关行政权力机构的有效监督。原来的项目驱动型共管委员会很难制度化，毕竟，从制度设计视角，共管委员会主要是一个共同决策机构而不仅仅是通过外来项目投资进行运转的实施执行机构。但由全球环境基金（GEF）等基金组织投资推动的共管提高了社区参与的能力、积极性，为构建自然保护区社区共管法律机制奠定了良好基础。那么，自然保护区管理机构、地方政府或联合保护委员会中的谁更适合作为共管委员会的组织筹建者。在已有的共管实践中，社区共管大多是由自然保护区管理机构来发起的。从管理职责视角，妥善处理与社区经济发展的关系也是自然保护区管理机构的职责所在。为了管理好自然保护区，减少甚至避免与社区居民的冲突，自然保护区管理机构亦有动力促进实施社区共管。相应地，从担保责任视角，实施自然保护区社区共管不能摆脱自然保护区管理机构对环境资源保护的最终行政责任。当然，为了更好地实施共管，自然保护区管理机构应当与地方政府合作进行联合管理。实践中，自然保护区管理机构往往与地方政府共同建立共管领导小组，如陕西省在佛坪、太白山、周至3个国家级自然保护区进行社区共管，首先建立了由保护区领导和地方领导参加并负责的共管领导小组。[3]但也有自然保护区将村代表作为共管领导小组成员，如太白山国家级自然保护区成立的共管领导小组，小组组长由保护区管理局主管局长担任，眉县主管农林的副县长任副组长。成员则除了营头镇常务副镇长、篙坪管理站站长和项目办主任外，还有大湾村村长。[4]如

［1］王钰.自然保护区建设的社区参与共管实践［J］.江西林业科技，2007（4）：57.
［2］盐池县人民政府.关于成立宁夏哈巴湖国家级自然保护区社区共管委员会的通知［EB/OL］.新华网宁夏频道，2015-10-8.
［3］张金良.社区共管——一种全新的保护区管理模式［J］.生物多样性，2000，8（3）：348.
［4］张宏.自然保护区社区共管对我国发展生态旅游的启示——兼论太白山大湾村实例［J］.人文地理，2005（3）：104-105.

此组建领导小组虽扩展了民主的适用范围但却涉及领导小组的法律性质。由大湾村村长作为村代表加入的领导小组已具备了本研究所认定的共管委员会的形式上特征。类似的组成成员构成的共管组织在其他自然保护区则可能称为共管委员会，如在西洞庭湖自然保护区，由汉寿县政府、镇政府、汉寿县林业局、保护区管理局、汉寿县水产局、汉寿县公安局及社区村民代表组成了青山垸社区共管委员会。[1] 在这里，姑且不论社区代表的比例对决策的影响，之所以界分领导小组与共管委员会的关键是：领导小组与共管委员会可能具有不同的法律地位。领导小组作为行政联合机构，不仅领导、筹建共管委员会而且可能会享有审批、审核共管委员会决策的行政权力。（详细论述可见"共管与传统管理制度的效力衔接"部分）如果领导小组同时也是共管委员会，则不仅涉及共管委员会的层级问题，而且可能导致行政主体对共管委员会决策的监督缺位。然而，接下来的问题是，如果领导小组是共管委员会的监督机构，那么自然保护区管理机构保护环境资源的行政担保责任是否会虚置。因为，自然保护区管理机构虽是领导小组的成员，但可能无法起到决定性作用，这会给予自然保护区管理机构规避担保责任的合法事由。因此，相关的制度设计应从中国管理体制的实践出发，合理界定领导小组与自然保护区管理机构对共管委员会决策的监督职责。由领导小组作为共管决策的审核主体，能够更好地平衡经济发展与自然保护的关系，但地方政府的官员在领导小组中可能具有优势话语权，这会使共管决策更偏向经济发展。显然，这与自然保护区设立的目的背道而驰。为此，应当加重自然保护区管理机构的话语权重。在实践中，领导小组可将办公室设在自然保护区管理机构，日常事务由自然保护区管理机构负责，并赋予自然保护区管理机构对共管决策享有初步审核权，对严重影响自然保护的共管决策可直接否决，对影响较大的共管决策可建议发回重新决策进行相应修改。

共管委员会虽然由自然保护区管理机构、地方政府或其联合机构筹建成立，但自其成立之日就享有独立的行为能力。共管委员会在最初设立之时，由于项目驱动，更多的是推动社区的项目实施。然而，共管委员会并不只是领导小组决策的实施执行机构，其更重要的意义与价值乃在于对共管事务的自主决策。因为，共管的原则之一就应该平等地分享决策权，也就是说共管委员会同样可以根据实际工作的情况提交决策，供领导小组审核批准。[2] 领导小组是专为社区共管而设立的联合行政机构，原则上，其可以审核共管委员会的决策但不

［1］刘超.自然保护区的社区共管问题研究［D］.长沙：中南大学，2013：16.

［2］韦惠兰，何聘.森林资源社区共管问题初探——以甘肃白水江国家级自然保护区为例［J］.林业经济问题，2008，28（2）：114.

能抛开共管委员会单独决策，否则，将丧失社区共管的根本价值。如上所述，共管委员会与领导小组之间不存在决策分权问题，但对于自然保护区的管理来说，自然保护区管理机构与共管委员会之间则存在分工合作问题，即共管委员会有权决策哪些管理事务（本部分详细论述参见第四章第三部分）。

（二）共管委员会与村民委员会的关系

共管委员会最初是由外来资金以项目形式推动建立的，这可能产生误区：共管委员会仅是项目实施的执行机构。这种观点不仅会影响共管委员会的代表组成，还会直接影响共管委员会与村民委员会的关系。以实施执行为主还是体现权利的决策为主，直接决定了共管委员会的性质。最初指向实施执行的共管委员会将重心放在项目的实施上，对村民或社区居民的沟通仅限于自愿性的理解执行。这时的共管委员会仅具有工具性价值即决策实施的手段。由此，初期的共管委员会代表组成主要为村民代表或村委会干部。甚至，有学者认为，除非现有的村民委员会没有管理社区资源管理计划和社区投资基金的能力，一般可以直接将现有村委会作为共管委员会[1]。从这个视角分析，共管委员会的角色与村民委员会部分重叠、冲突。然而，村民委员会是法定的村民自治机构，项目实施与资源管理也是其职能的部分体现。同时，共管委员会尚缺乏法律的定位与规范。为此，村长们强调共管委员会无权同外界协商，能做的仅是收集有关协商方面的信息。[2]这可能会导致共管委员会的独立价值丧失，因为共管委员会对行政决策的实施执行相对于村民委员会来说，并不具有优势，甚至可能远远不如。这也难怪有学者会将村委会直接作为共管委员会。

毫无疑问，多元利益主体的协商决策是社区共管的核心价值，这也是共管委员会与村民委员会相区别的根本所在。但这并不意味着共管委员会与村民委员会毫无关系。共管委员会的独立存在，并不能截然割裂共管委员会与村民委员会的关系：一方面，共管委员会的村民利益代表可能是甚或主要是村委会干部；另一方面，共管委员会需要与村民委员会充分沟通并获得支持，否则，对村公共事务拥有法定话语权的村民委员会的反对，将使社区共管工作寸步难行。为此，有必要理性分析共管委员会与村民委员会的关系。实质上，共管委员会与村民委员会沟通的最好方式是将部分村委会委员作为共管委员会的村民利益

---

[1] 张宏.自然保护区社区共管对我国发展生态旅游的启示——兼论太白山大湾村实例［J］.人文地理，2005（3）：104.

[2] 森林共管开发：中欧天然林管理项目森林共管现状和启示.［EB/OL］.中国林业网，2018-6-15.

代表。毕竟，一方面，村委会委员是村民选举产生的，应是村民利益的代表，这与共管委员会的村民利益代表本质上并无冲突。另一方面，共管委员会的决策不会因为村民委员会的反对、阻碍而擅自改变，这会增加事后沟通的难度。显然，最好的办法是决策前协商，即作为利益代表。但是，现实情况的复杂性，需要共管委员会在妥善处理与村民委员会关系时，慎重选择村民利益代表。下面，将分情况进行详细分析：

1. 等同：仅将村委会委员作为共管委员会的利益代表

村民委员会是村民自我管理的基层群众性自治组织，是法定的村民自治机构。按照村民委员会组织法，村民委员会有权办理本村公共事务和公益事业，有职责促进农村生产建设和经济发展、引导村民合理利用自然资源保护生态环境。由此，村民委员会的职责、功能与共管委员会的多元利益调整目标相一致。将村委会委员作为共管委员会的组成成员有利于社区共管的目标实现。不仅如此，仅将村委会委员作为共管委员会中的村民利益全权代表，还将节省选举等社会成本并有效促进共管决策的顺利实施。而且，村民委员会的委员由村民直接选举产生，将其作为共管委员会的村民利益代表是符合民主原则的。更进一步分析，相对于普通村民来说，村民委员会的委员具有较多的社会资本，不仅参与的积极性更高而且为村民争取利益的能力与技巧也较强。因此，从理论上分析，由村委会委员全权代表社区村民更有利于村民利益的获取。在自然保护区社区共管的实践中，部分自然保护区就仅将村委会作为村民利益代表构建共管委员会，如陕西太白山自然保护区社区共管委员会就以社区村委会为中心，由保护区等相关利益者代表参加。[1] 也有学者提出类似的建议，如要求哈巴雪山自然保护区管理站站长与所在辖区内的 5 个村委会干部分别联合成立 5 个社区共管委员会，办公室设在各村委会。[2]

2. 回避：原则上村委会干部或委员不得作为共管委员会代表

村委会作为村民自治机构，已经成了管理乡村社会的最主要力量，已基本实现了对于过去的家族势力、村庄精英等成分的全面取代。[3] 按照村民委员

---

[1] 任琳，等. 公众参与自然保护区管理的实践与思考——以太白山自然保护区为例 [J]. 现代农业科技，2011（22）：238.

[2] 潘大东，等. 哈巴雪山自然保护区与周边社区发展的冲突及对策 [J]. 安徽农业科学，2012，40（8）：4670.

[3] 陶传进. 草根自愿组织与村民自治困境的破解：从村庄社会的双层结构中看问题 [J]. 社会学研究，2007（5）：139.

会组织法的规定，村民委员会具有人民调解、治安保卫、公共卫生与计划生育、经济发展及生态环境保护等诸多职责，这与法律赋予的县级政府第五项、乡镇级政府第二项的主要职权基本一致。县乡政府的相关管理决策、计划如果要在自然村、行政村实施，显然需要通过村民委员会加以落实，由此可能导致村民委员会的"行政化"。[1]但由于村民委员会组织法等法律的限制，村民自治的法定形式影响并部分约束了村委会由自治组织向基层政府科层单位的转变，最起码在形式上是如此。因此，村民委员会的自我管理仅能称之为"半行政化"。这种半行政化的村级治理导致了村庄治理者脱离村民，形成悬浮性治理。[2]有学者通过调查也发现，村委会这样一个几乎无所不包的权力体系，并没有与村民的草根社会很好的弥合，它们在一定程度上凌驾于村民社会之上。[3]也正因为如此，乐施会在西南地区的扶贫过程中以及国际计划组织在西北开展的项目活动中，其所建立的社区发展组织都要求尽量避开村委会。[4]显然，一些国际机构已经开始认为，村委会并不能代表草根社会一般村民的利益。实质上，村级治理的半行政化已经使村委会干部在事实上实现了从"经纪"到官僚的转变。既然如此，由村委会干部或委员作为共管委员会村民利益代表已然不合适。从这个视角分析，共管委员会对村委会干部或委员采取回避原则更有利于村民利益的反映和保护。在自然保护区社区共管实践中，由于资料所限，尚未发现共管委员会的代表组成中明确排除村委会干部或委员的事例。也许，村委会在其他事项上不能代表一般村民利益，但在经济发展与生态保护的选择上，村委会、村民甚至乡镇政府的立场可能是一致的。

3. 混同：村委会干部与村民代表同时作为利益代表

村委会干部作为共管委员会的村民利益代表既有益处也有弊端，其不足之处主要在于村委会的半行政化所导致的不能完全代表村民利益问题。既然如此，共管委员会可以辩证处理村委会干部的代表性：一方面，为了增加沟通促进决策实施，仍然吸纳村委会干部作为利益代表，但仅是部分代表而非全权代表；另一方面，通过选举、推荐等多种方法重新选择新的村民代表作为利益代表。

---

[1]徐勇，赵德健.找回自治：对村民自治有效实现形式的探索[J].华中师范大学学报：人文社会科学版，2014，53（4）：5.

[2]王丽惠.控制的自治：村级治理半行政化的形成机制与内在困境[J].中国农村观察，2015（2）：59，65.

[3]陶传进.草根自愿组织与村民自治困境的破解：从村庄社会的双层结构中看问题[J].社会学研究，2007（5）：139.

[4]陶传进.草根自愿组织与村民自治困境的破解：从村庄社会的双层结构中看问题[J].社会学研究，2007（5）：140.

如此处理，将村委会干部与村民代表同时作为共管委员会村民利益代表，既利用了村委会的优势又解决了村民利益代表性不足的问题，从而，更有利于共管委员会的决策管理。但其难点在于如何细化处理村委会干部与村民代表的数量比例、表决权重等问题，对此，在分析共管委员会的权力结构时会进行详细论述。在自然保护区社区共管的实践中，部分自然保护区的社区共管就采取了与此类似的村民利益代表组成方式，如四川唐家河国家级自然保护区阴平村社区共管委员会由管理局内部职工、村委会和村民代表及世界自然基金会（WWF）项目组成员组成；甘肃白水江国家级自然保护区李子坝社区共管委会由管理局、村委会与村民代表、北京山水自然保护中心及兰州大学社区与生物多样性保护研究中心组成；[1]云南高黎贡山国家级自然保护区、腾冲县上营乡大田坡村社区共管委员会由大田坡村干部、村民代表、教师、护林员、乡林业站代表、自然保护区管理站代表共同组成。[2]

4.无差别选择：村委会干部与村民可以同等身份竞选共管委员会利益代表

除了上述三种情况之外，有的自然保护区在成立共管委员会时，并未将村民委员会进行特殊对待：既没有排除也没有专门吸纳。在这些自然保护区，村委会干部与村民可以同等身份竞选共管委员会利益代表。对于村委会干部的竞选，共管委员会既不优待也不歧视。实质上，这些自然保护区的共管委员会对村民委员会采取了一种较为漠视的态度，并不特别重视村委会对共管委员会可能产生的阻力或助力。最起码，就现有查阅的资料所限，这些自然保护区社区共管委员会的组织构成上并未明确要求村委会干部或委员的参加。如湖北后河国家级自然保护区在水滩头、后河共管示范村成立的村级共管委员会由社区村民民主协商选举的社区代表和后河保护站管理人员组成；[3]汉寿西洞庭湖自然保护区青山垸社区共管委员会由社区村民代表和相关镇政府及行政部门组成。[4]这些自然保护区社区共管委员会并未要求社区村民代表中必须有村委会干部。

［1］吴服胜.森林资源社区共管机制的比较研究——以四川唐家河、陕西太白山和甘肃白水江国家级自然保护区为例［D］.兰州：兰州大学，2011：19.

［2］张家胜.社区成立共管委员会的尝试［J］.林业与社会，2000（2）：21.

［3］蒲云海等.参与式社区管理技术在湖北省自然保护区管理中的应用——以湖北后河国家级自然保护区为例［J］.湖北林业科技，2015，44（2）：42.

［4］刘超.自然保护区的社区共管问题研究［D］.长沙：中南大学，2013：16-17.

5. 小结

共管委员会通过利益聚合而使多元主体的利益尽可能得到考虑，从而促进自然保护区协调可持续发展。但是，共管委员会作为新成立机构，如果有效发挥功能则必须与现有政治经济体制相融合，妥善处理与自然保护区管理机构、地方政府等行政机关以及村民委员会等体制内机构的关系。与行政机关的衔接涉及共管委员会的决策效力，而与村民委员会的沟通协调则涉及共管决策的实施效果。村民委员会拥有管理社区公共事务的诸多职责，其是否支持共管委员会决策将直接影响决策执行效果。因此，采取回避或漠视村委会关系的策略并不明智。为了实现与村委会的事前有效沟通，将村委会干部作为共管委员会的利益代表是一条可取路径。尽管乡村治理的半行政化可能引发对村委会干部的利益代表性质疑，但村委会对共管委员会决策实施的作用毋庸置疑。为此，采取混同策略，将村委会干部与村民代表同时作为共管委员会村民利益代表是最优选择。

（三）共管委员会的层级

共管委员会除了要与现有行政体制有效衔接、融合以及妥善处理与村民委员会关系之外，还必须解决其内在的纵向层级结构问题。部分自然保护区的地域范围可能涉及几个县、多个乡镇以及相应县乡管辖范围内的数个村庄或社区，如贵州梵净山国家级自然保护区位于贵州省东北部的江口、松桃、印江三县交界处。如果自然保护区实行社区共管，则共管委员会应在哪个或哪些层面上设立，即共管委员会仅应建立在村级、乡级、县级或整个自然保护区还是逐级建立多层级共管委员会。显然，这需要根据自然保护区的地域、保护类型、文化传统等多因素特征，对社区共管的纵向层级进行论述分析。如果确需构建多层级共管委员会，则还应准确定位各层级共管委员会之间的关系并妥善处理与现有行政体制的效力衔接。最后，综合多方面因素，对共管委员会的层级进行反思性分析与构建。

（四）共管委员会的设立模式

我国有森林生态、草原草甸、荒漠生态、内陆湿地等多种类型的自然保护区，其涵盖的地域范围、民族文化差异较大。自然保护区是否设立多层级共管委员会不能一概而论，应具体情况具体分析。最初，自然保护区社区共管委员会的设立是由 GEF、WWF 等国际基金组织推动的，由于以项目为引导进行试点，故共管委员会首先建立在村级社区。如云南高黎贡山国家级自然保护区、腾冲县上营乡大田坡村社区共管委员会；汉寿西洞庭湖自然保护区青山境社区共管委员会等。也有在村级社区设立共管小组，而在乡镇或流域建立共管委员会，如云南省云县后菁乡执行"云南省山地生态系统生物多样性保护示范项目"（简称 YUEP 项目）建立的共管组织。[1]

　　根据查阅的文献资料，结合理论分析和实践做法，共管委员会的设立主要可分为两种模式：一是单层级共管委员会模式即共管领导小组 + 同层级社区共管委员会。共管领导小组由自然保护区管理机构与地方政府组成，可以是由保护区牵头的联合保护委员会。首先，共管领导小组的成员由保护区、地方政府或其组成部门的行政管理人员构成，属于行政联合机构，其作出的决定是行政决定，对保护区及相应县乡政府具有拘束力。共管领导小组与现有行政管理体制并无冲突，其决策实质上属于两个或两个以上的行政机关以共同名义作出的行政行为，按照行政复议法与行政诉讼法的规定，行政相对人均可以获得相应的法律救济。其次，共管领导小组能够作出有利于可持续发展的决策。自然保护区管理机构职责所在更侧重于自然保护，而地方政府有责任促进地方经济发展和实施民生工程，尤其是现在的扶贫重任，因此其更重视社区发展。由此，两者联合作出的决策将会统筹兼顾社区经济与自然保护区的生态保护。最后，共管领导小组在社区共管运行机制中具有重要功能，被赋予审批权。其通过审批社区共管委员会的决策，一方面把握总体方向，避免决策过分偏向自然保护或社区经济发展；另一方面使共管委员会的决策具有法律效力，以便共管委员会与现有行政体制有效衔接。在实践中也有相关的事例支持，有学者认为，由共管委员会制定的社区资源管理计划（CRMP），报领导小组审批同意后方可正式开始实施。其将共管委员会决策与领导小组之间的关系具体描述为图 3.1。

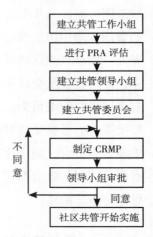

图 3.1　共管委员会决策与领导关系图[2]

　　同层级共管委员会可建立在村级也可建立在乡级、县级或自然保护区，实践中，建立在村级居多。这主要有两方面原因：一是国外基金推动社区共管的

　［1］邹雅卉.云南省云县后菁乡社区共管组织组建过程案例［J］.林业与社会，2003（3）：23-26.
　［2］张宏.自然保护区社区共管对我国发展生态旅游的启示——兼论太白山大湾村实例［J］.人文地理，2005（3）：104.

最终实施大多在自然村、行政村或社区层面；二是根据委托代理理论，共管委员会设立的层级行政级别越高，选举产生的村民或社区利益代表能够真实、全面反映村民或社区居民利益需求的可能性越小。甚至按照公共选择理论，代表为了追求自身利益可能会扭曲原初委托人意志。因此，如果仅建立单层级共管委员会，建立在村级能够更好地反映村民利益，从而减少因委托代理而产生的寻租及信息不对称问题。在实践中，湖北后河国家级自然保护区就成立了由五峰县委、县政府、林业局、农业局、水电局、民政局、交通局、财政局、后河保护区等多部门代表组成的社区共管县级领导小组，水滩头、后河共管示范村成立了由社区村民民主协商选举的社区代表和后河保护站管理人员组成的村级共管委员会。[1]

二是多层级共管委员会模式。根据自然保护区的不同情况，共管委员会可能进行多层级管理。具体多少层级及各层级共管委员会的代表委员组成情况，则视实践而定，各省或自然保护区可能有所差异。实践中，可能存在两种倾向：一种分层级管理将共管委员会设在乡级（或流域）及县级，而在村级，则仅在自然村设立村民共管小组，具体关系如图 3.2 所示。

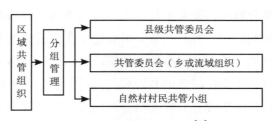

图 3.2 区域共管组织图[2]

村民共管小组是由村民自我组织管理团队通过竞选产生，其成员包括组长、副组长、组织协调兼会计、文书兼出纳、宣传员及机动人员等均为村民[3]。从社区共管权利构成的视角分析，共管小组并不是村民与自然保护区管理机构或乡镇政府的共同治理机构，其仅是共管委员会的决策实施机构或由下至上的信息咨询机构，其反馈的信息有利于乡级或流域共管委员会正确决策，同时共管委员会的决策又需要村民共管小组的推行。另一种多层级管理则参照科层

[1] 蒲云海，等.参与式社区管理技术在湖北省自然保护区管理中的应用——以湖北后河国家级自然保护区为例 [J].湖北林业科技，2015，44（2）：42.
[2] 杨莉菲，等.自然保护区社区共管的发展问题研究——以云南自然保护区为例 [J].林业经济问题，2010，30（2）：153.
[3] 邹雅卉.云南省云县后箐乡社区共管组织组建过程案例 [J].林业与社会，2003（3）：23-24.

制中的行政级别分层设立共管委员会，最低级共管委员会设在行政村。详见表 3.1。[1]

表 3.1　共管委员会多层级管理表

共管委员会级别	共管委员会成员	共管委员会成员人数
行政村级	3 名来自自然村的村代表＋政府利益相关者（依据主题）	45+
乡镇级	6 名村民＋政府利益相关者（依据主题）	10
县级	3 名村民＋政府利益相关者（依据主题）	5
省／国家级	2 名村民／政府利益相关者（依据主题）	5

两种分级管理的区别主要有：一是共管委员会设立的最低层级，前者设在乡级后者设在村级。二是与现有行政体制的衔接程度，前者具有一定灵活性，可能按照流域设立共管委员会，并且村民共管小组建立在自然村也不依赖原有的村委会组织；后者完全契合现有行政管理体制，村级共管委员会也是建立在行政村而非自然村。综合分析，两种分级管理各有利弊：前者按流域设立共管委员会可能更有利于自然保护区的管理，同时，村民共管小组的重新选举能够更好反映民意并部分摒除村委会半行政化带来的弊端。但因此可能带来与现有行政体制衔接不畅的问题，并且共管委员会建立在乡或流域而不是村级，也可能带来委托代理困境。后者与现有行政体制高度契合，能够减少社区共管有效运行的摩擦，同时，建立在村级的共管委员会可能制定出更切合社区实际的决策。但完全按照行政级别设立共管委员会可能在协商过程中导入过多的行政元素，从而可能影响社区共管的多元协商。总之，权衡利弊，结合自然保护区社区参与的积极性及能力不足等现状，即便进行多层级共管，最底层的共管委员会也宜设在村级。至于乡级是否按照流域进行构建，则可以视自然资源状况或保护的需求而定。

（五）多层级共管委员会的设立困境

分层级共管与现有行政管理的层级基本一致：村级共管委员会可以设在自然村或行政村，自然村的自治性更强而行政村则有半行政化倾向；公权力方面的代表可由自然保护区管理机构的管理站或保护站及地方政府的乡镇政府选派官员构成。乡级共管委员会原则上由保护站站长或其代表、乡镇长或其代表、

---

[1] 森林共管开发：中欧天然林管理项目森林共管现状和启示 [EB/OL]. 中国林业网，2018-6-15.

本乡自然保护区范围内的村民代表构成。县级共管委员会视自然保护区涉及县界区域范围，可有一个或多个。涉及多县交界的自然保护区也可以仅建立一个县级共管委员会。其代表可由相应县政府派遣代表、自然保护区管理机构派遣代表及全保护区范围内的村民代表组成。这种共管委员会的多层级设立，能够实现与现有行政管理体制的有效对接，从而有利于管理的有效性，使得各级部门各司其职，使共管可以真正地落实下去。[1]然而，共管委员会的法律性质与各级政府及其行政机关不同。共管委员会的决策是多元利益协商的结果，不是行政机关贯彻执行国家方针政策或上级行政机关决策而针对管理事项自主作出的单方决定或命令。因此，各层级共管委员会之间的关系原则上不能参照上下级行政机关之间的关系，这就带来了多层级共管无法回避的第一个困境，即如何处理各层级共管委员会之间的决策冲突及相互关系。除此之外，多层级共管的第二个困境是共管委员会的决策效力问题，即共管决策是否直接发生外部效力，如果不是的话，如何实现与行政机关的效力衔接。

（六）各层级共管委员会之间的关系

各层级共管委员会均是多权利构成的民主决策机构，显然不同于上下级政府或行政机关之间的领导与被领导关系。按照地方各级人民代表大会和地方政府组织法的规定，地方政府应当执行上级国家行政机关的决定和命令，领导所属各工作部门和下级人民政府的工作，改变或者撤销所属各工作部门的不适当的命令、指示和下级人民政府的不适当的决定、命令。然而，共管委员会的决策是多元利益和价值衡平的结果，已不仅仅是国家政策、决定和命令的执行。共管委员会不能根据传统的政治—行政二分法被简单定位为行政执行机构，其具有了民主代议机构的性质。从法律性质分析，各层级共管委员会更应该借鉴同具代议性质的地方各级人民代表大会之间的关系定位。按照宪法及相关法律，上级人民代表大会与下级人民代表大会是法律监督关系、业务指导关系和工作联系关系。[2]根据地方各级人民代表大会和地方政府组织法第四十四条第七项规定，上级人民代表大会常务委员会有权撤销下一级人民代表大会及其常务委员会的不适当的决议。共管委员会虽无立法权，但多元权利主体通过协商作出的决策与民主立法的性质相近，而非单纯决定、命令的执行。由此，县、乡、

[1]杨莉菲，等.自然保护区社区共管的发展问题研究——以云南自然保护区为例[J].林业经济问题，2010，30（2）：153.

[2]戚建庄，等.正确处理地方各级人大之间的关系[J].人大建设，2016（4）：15、16.

村三级共管委员会之间可以定位为监督、指导关系。同时，上一层级共管委员会可以撤销下一层级共管委员会不适当的共管决策。尽管如此，各层级共管委员会之间的关系仍需要进一步细化规范，不能简单照搬各级地方人大之间的权利义务关系。实践中，相关的研究论述受行政官僚体制的影响较深。如有学者认为，乡级和县级共管委员会是村民自主管理的拓展和延伸，分级对下一级管理部门制订资源管理计划，分配管理任务，统一监督管理。[1]虽然该论述将县、乡级共管委员会作为村民自主管理的延伸，但对各层级共管委员会之间关系的定位仍然更侧重管理而非监督，如分级制订资源管理计划、分配管理任务等均是直接管理行为的体现。除此之外，也有研究深入探讨了县乡级共管委员会应该具有的工作职责，如负责所有在行政村级"共管委员会"无法解决的关于自然资源管理的事宜和问题；解决较低级别"共管委员会"中出现的冲突；支持当地"共管委员会"，例如制定相应的规章制度、争取所需基础设施的建设等，为行政村吸引资金和项目机会等。[2]由此，上下层级共管委员会之间可能还存在担保与支持关系。所谓担保关系，类似于行政机关进行民营化改革中所承担的担保责任，上一层级共管委员会对下一层级共管委员会能够自主决策解决的事务，原则上不予干预，只有在下一层级共管委员会的共管出现问题如上述冲突或遇到无法解决的自然管理事务时，上一层级共管委员会才介入进行共管管理。上层级共管委员会的担保责任虽借鉴于行政机关在民营化改革时所应承担的责任，但总体来说，有利于自然保护区社区共管机制的有效运行。所谓支持关系，是指上一层级共管委员会为下一层级共管委员会所争取提供的物质如基础设施等、资金和项目支持。这实质上是下层级共管委员会能够运行的重要保障。综上分析，如果设立多层级共管委员会的话，结合我国自然保护区的管理实践，可以将多层级共管委员会之间的关系定位为监督、指导、担保和支持关系。

（七）各层级共管委员会与行政机关的效力衔接

共管委员会的决策是否直接发生法律效力，对其所属范围内的村民、自然保护区管理机构、地方政府产生拘束力。实际上，不管是否发生效力，都会导致共管委员会与现有管理体制的衔接问题。按照地方各级人民代表大会和地方

[1] 杨莉菲，等.自然保护区社区共管的发展问题研究——以云南自然保护区为例[J].林业经济问题，2010, 30（2）：153.

[2] 森林共管开发：中欧天然林管理项目森林共管现状和启示[EB/OL].中国林业网，2018-6-15.

政府组织法的规定，地方政府受上级政府领导，执行上级政府的决议、决定和命令，接受同级人大监督，同级人大或常委会可以撤销其不适当的决议、决定和命令。自然保护区管理机构也是相应所属政府的行政机关，然而，共管委员会既不是地方各级政府及其所属行政机关，也不是地方各级人民代表大会。如果共管委员会的决策直接发生效力，则必然遭遇实施困境。尽管地方政府、自然保护区管理机构也许有执行的动力，即为了自然保护与地方发展的利益兼顾，但地方政府及其行政机关、自然保护区管理机构在现有制度框架内也不会直接执行、认可。对于共管委员会的决策，地方政府、自然保护区管理机构需要重新审议：是否与上级政府的决议、决定、命令不一致，是否与国家的法律政策相违背，是否利益关系重大需要同级人大的讨论决定等。然而，如果通过法律直接赋予共管决策的法律强制效力，则可能改变现有国家管理体制的框架，这绝非一日之功，需要协调各方关系，对共管委员会的制度设计来说，这并非明智选择。为此，我们需要寻觅其他可行方式实现效力衔接，从而融合于现有管理体制之中。这种可行方式就是赋予相应政府或行政机构的审批权。

对于单层级共管委员会的管理模式，共管领导小组通过对共管决策的审批，转变成行政决议、决定或命令，从而使社区共管与现有管理体制相融合。然而，对于多层级共管委员会的管理模式，则较为复杂，尚需确定与各层级共管委员会相对应的行政审批机关。按照前述各层级共管委员会之间的关系定位，各层级共管委员会的决策如要发生法律效力，并不需要上一层级共管委员会的审批同意，原则上，上层级共管委员会仅能撤销下层级共管委员会不适当的决策。由此，低层级共管委员会的决策并不一定需要居于自然保护区管理顶层的自然保护区管理局、相应县级政府及其行政机关组成的联合保护机构或共管领导小组的审批。各层级共管委员会的决策可以选择由同级或上级的联合保护机构或共管领导小组审批。其中，村级共管委员会决策的审批，由于同级没有行政机构，故只能由上级的联合保护机构或共管领导小组进行。县级共管委员会的决策一般由自然保护区管理局与县级政府及其行政部门组成的联合保护机构或共管领导小组审批。然而，并不排除在进行制度设计时，各层级共管委员会的决策仍统一由自然保护区管理局与县级政府及其行政部门组成的联合保护机构或共管领导小组审批。当然，各层级共管委员会的决策由同级或上级的联合保护机构或共管领导小组审批，更契合我国现有的行政管理体制。

（八）小结：共管委员会设立层级的反思

设立多层级共管委员会，与现有行政管理体制相对应，能够使各级部门各司其职。甚至有学者认为，组建由县、乡政府及其职能部门、保护区管理机构、村委会、村民代表等组成的社区共管委员会，进而在县、乡、村三个政府级别层面上分别组建共管委员会的分级管理体系，有利于调动多方利益相关群体的积极性，从根本上解决保护区与社区之间的矛盾冲突。[1] 然而，多层级共管委员会的设立也有其难以回避的劣势，需要从以下几方面进行反思，以便进行理性构建。

一是多层级机构建立的成本。任何新机构的设立，都需要相应的人、财、物等成本的投入，机构越多成本也越高。县、乡、村等多层级共管委员会与相应联合保护机构或共管领导小组的设立与运行均需成本的支出，同样，层级越多财政成本也越高。自然保护区管理机构及保护区范围内的县乡政府多数处于偏远地区、并不富裕，财政本就紧张，很难有能力设立多层级机构。也许，将有限的财力集中用于单层级共管，会有更大成效。

二是多层级机构设立的效用与必要性反思。一方面，虽然多层级共管契合现有管理体制、能够调动各方利益积极性，但委托代理问题仍会大幅消减县乡级共管委员会设立的成效。之所以进行社区共管，其根本目的乃在于通过自然保护机构、地方政府与村民代表等多方利益的协商，找到能够兼顾自然保护与社区经济的行为方式与资源管理计划。对于社区周围的自然资源与生态环境，社区村民最为熟悉，如何在社区发展中进行有效保护也最有发言权。然而，由于社区共管不能进行全部村民协商，故只能通过选举，由村民选出最值得信赖、最有权威的代表进行协商。对于村民自己直接选出的代表，村民具有较高的信赖度和关注度，监督也更直接。相应地，村民代表也能够从村民利益出发据理力争，探讨可持续性的保护与发展决策。其协商作出的决策，村民认可度也较高，自愿执行力度强。但对由其间接选出的乡级、县级村民代表则信赖认可度并不高，相应地，村民代表由于相对远离自己的村民再加上官方压力、自身私利寻租等多方面外在因素影响，并不一定真实反映村民利益。为此，县乡级共管委员会的决策可能偏离共管目标，成效必然会受影响。另一方面，县乡级共管委员会对村级共管委员会的监督、指导、担保与支持，完全可以由自然保护区管理局与县级政府及其行政部门组成的联合保护机构或共管领导

---

[1] 刘静，等.自然保护区社区管理效果分析 [J].生物多样性，2008，16（4）：396.

小组来代替。联合保护机构或共管领导小组属于行政机构，既有能力也有资源，而且相对于县乡级共管委员会也更有优势进行相关的监督、指导、担保与支持。实质上，这也是该联合机构或共管领导小组的职责。由此，设立县乡级共管委员会的必要性确需商榷。综上所述，无论从成效还是职责的必要性来分析，增加县乡级共管委员会的多层级共管并不优于仅有村级共管委员会的单层级共管管理。

三是新制度最好由简入繁，过于复杂的制度设计不一定有利于社区共管的制度构建。由于国际基金组织的推进，社区共管已在我国部分自然保护区进行试点。环保部有关自然保护区的建设规范中，也将社区共管作为规范化管理的内容之一。但是，有关自然保护区社区共管的理论与实践上的具体制度建构并不成熟。从国家立法角度来看，社区共管还处在一个制度不断探索的过程之中，国家法律法规尚未对其明确界定。在这样的背景下，社区共管的制度设计不宜过于复杂，否则，事倍功半，并不利于社区共管的制度构建。然而，多层级共管委员会的制度设计，不仅成本高而且涉及更为复杂的上下层级共管委员会之间的关系以及相应的行政审批机构的确定，毋庸置疑，这会增加新制度建构的难度。

通过以上这些反思，本研究认为，对自然保护区进行单层级共管管理是实行自然保护区社区共管的最佳选择。

二、共管委员会的代表结构

共管委员会作为社区共管的决策机构，其享有表决权的代表委员对决策有决定权。因此，共管委员会有表决权的代表结构即代表的身份（或资格）、比例、数量等对决策的利益趋向至关重要。为了保障共管委员会的决策真正体现自然保护利益与社区经济利益的协调发展，共管委员会代表的结构比例必须合理确定，不能想当然的分配代表名额，否则，可能打击村民本就不高的参与积极性，也影响社区共管的效果。

（一）代表资格

资格是参加某种工作或活动所应具备的条件或身份。那么，共管委员会的代表资格就是代表应具备的条件或身份。共管委员会的决策主要涉及自然保护利益与社区经济利益，因此，共管委员会的代表应当是对自然保护利益或社区经济利益享有权利、职责或直接利益关系的人。在此，对利益关系进行狭义解释，排除间接利益关系人。因为，自然保护利益是公共利益，惠及全社会，故所有自然人、法人或其他组织都可以声称有利益关系。这可能会导致主体泛化，不利于社区共管的制度建构。对此，可以将自然保护区管理机构及负有自然保护职责的地方政府或其机关作为全民的公共利益代表。从而间接排除其他利益关系人对有关自然保护利益所享有的决策权。实践中，有将国际基金组织、民间环保组织、科研院所或相关领域专家等作为利益相关者。国际基金组织提供资金援助、民间环保组织保护自然环境、专家提供生态、市场、社区等相关领域的专业性建议等确实有利于自然保护与社区协调发展，但如果作为利益关系人而成为共管委员会代表，则显然是不适当的。"有利于"与"有权决定"是含义差别非常大的两个词汇。能够促进自然保护与社区协调发展，并不意味着其有权决定相关事务。共管委员会代表享有平等的表决权和话语权，是有权决定的人。但国际基金组织、民间环保组织、科研院所或相关领域专家等利益相关者，仅是自然保护区进行社区共管的外在重要影响因素，不具有自然保护利益或社区利益的代表资格。在共管过程中，这些利益相关者可以列席共管委员会的会议，对资金、技术或环境意识进行解释、宣讲、宣传和呼吁，但最好回避投票或其他最终决策程序。原则上，相关社区的村民或居民、自然保护区管理机构的管理人员、地方政府或其下属机关的官员，享有作为共管委员会代表的资格。

（二）代表份额的分配

代表份额是指由共管委员会筹建机构分配给每一利益团体的代表数量占代表总数量的比例。决策权的大小不是由代表的绝对数量而是由各个利益团体代表的份额决定的。每个共管委员会代表享有同等的表决权，按此规则，暂不考虑其他政治、社会因素的影响，某一利益团体的代表份额越多则决策时的优势就越大。不管共管委员会采用怎样的决策程序，社区村民或居民的代表份额越多就越有利于社区利益的维护。因此，代表份额的分配可能直接影响共管委员会的决策结果。另外，在代表份额确定之后，代表的总数量也会对共管决策的形成产生重要影响。共管委员会的规模越大，代表的总数量越多，共管委员会通过协商达成一致意见的可能性就越小，进行充分协商的成本也会越大。为此，我们应当综合考虑各方面因素，最终确定代表份额与数量规模：

首先，应当明确有资格进行共管决策的利益团体及其性质。

　　不确定有资格进行共管决策的利益团体，就无法进行代表份额的分配。实践中，有的共管委员会的成立并不严谨，其没有事先划定有权参与决策的利益团体的范围，如云南高黎贡山国家级自然保护区在腾冲县上营乡大田坡村成立的社区共管委员会由大田坡村干部、村民代表、教师、护林员、乡林业站代表、自然保护区管理站代表共同组成。[1]其中，村干部、村民代表是社区利益的代表，乡林业站代表是地方政府管理部门的代表，自然保护区管理站代表是自然保护区管理机构的代表。然而，教师、护林员作为共管委员会代表确实存在疑惑：一方面，教师如果作为专家，如上分析，则不具备代表资格；相反，如果不是作为专家，其所代表的利益团体也应无权选派代表参与决策。另一方面，护林员如果是社区村民或自然保护区管理机构的管理人员，其应归属至相应的利益团体而不应单列为特殊性代表；相反，如果不是，则其所代表的利益团体同样无权选派代表进行共管决策。

　　从自然保护区社区共管的目的进行分析，有权进行决策的利益团体主要为三个：社区、自然保护区管理机构和地方政府。自然保护区管理机构与地方政府虽同为公权力机构，但地方政府并非单纯的自然保护者，其还担负着地方经济发展职责。实质上，地方政府可能是利益衡平者。社区所在的地域划入自然保护区，并没有割裂或改变原有县乡政府对该区域及相应社区的管理格局或职责。地方经济发展、社区脱贫致富是县乡政府的重要职责，甚至是长期以来最重要的政府绩效考核指标。不难想象，地方政府可能会选择地方保护策略、较少考虑代表全民利益的自然保护职责。但近年来，随着中央对环保的重视，国务院对全国主体功能区的重新规划，国家级自然保护区已成为禁止开发区域。同时，与环保相关的对行政领导的生态问责机制逐渐健全。如果以牺牲环境为代价发展经济，从而发生违反主体功能区定位等情形，造成生态环境和资源严重破坏的，即便得到提拔重用，也可能终身面临被生态追责的潜在危险。为此，双重考虑下的地方政府最有动力追求兼顾自然保护与社区经济的管理模式。理性的地方政府可能会根据中央或上级政府的政策、决策为导向，进行实时的利益权衡。因此，在进行代表份额分配时，不宜将地方政府与自然保护区管理机构作为相同性质的利益团体，不能简单统称为政府利益相关者。

　　其次，应适度考虑自然保护区管理机构与地方政府对社区的现实影响力。

　　随着市场经济的发展，我国公民的权利意识越来越强。但是，自然保护区大多地处偏远地区，官本位思想对保护区及周边社区村民的影响很深，怕官畏

---

［1］张家胜.社区成立共管委员会的尝试［J］.林业与社会，2000（2）：21.

官情绪严重。一般村民不敢得罪官员，不敢大胆发表自己的意见。另外，按照传统管理模式，自然保护区管理机构与地方政府对管理事务拥有绝对的话语权，掌握着强大的行政资源，再加上村委会的半行政化，也都促使社区村民习惯于服从。因此，在这样的社会背景下，构建自然保护区社区共管委员会就必须考虑社区利益的弱势，村民代表面对官员可能有的软弱表现。在分配代表份额时，就应当对社区进行倾斜保护，给予村民代表较大比例。在实践中，也有类似的做法，如四川省松潘县白羊国家自然保护区的每一个共管委员会由 10 名成员组成（自然保护区官员 2 位，乡政府 2 位，村委员会 2 位，选举产生的村民代表 4 位）。[1]

最后，共管委员会代表的数量规模应有利于共管协商与决策的最终形成。

自然保护区管理机构、地方政府都是行政机关，其派出的代表属于国家公务人员，负有特别的公法服务及忠诚义务。这些代表虽有一定的自由裁量权，但原则上应服从自然保护区管理机构与地方政府的领导并完成上级交代的任务。因此，这些代表往往能较好地贯彻所代表机构的意志。故这些代表的人数多少不会影响自然保护区管理机构与地方政府在共管协商中的意愿表达。然而，对于社区则完全不同。在我国，社区实行村民自治，但村民委员会的半行政化已不能使村干部完全代表本村村民利益。而且，同一行政村的不同自然村、同一自然村的不同村民可能有不同的利益与意愿表达。为此，社区村民代表的人数越多，所反映的利益、意愿就越全面。相反，若代表人数太少，则可能出现利益、意愿反映的片面化。综上分析，共管委员会代表的人数规模主要与社区关系较大，与自然保护区管理机构、地方政府关系并不大。因此，共管委员会代表的数量规模应当首先考虑被代表村民的利益、意见、建议能否得到充分反映。村民代表的人数越多，村民利益、意愿得到反映的程度可能会越高。但共管委员会代表的数量并非越多越好，其还应受到代表进行共管协商的时间、利益协调的可能性等因素的限制。在此，我们可以借鉴彭真同志对全国人大代表名额问题的观点，"代表大会人数不要太多，既要包括各方面的代表，又要便于开会讨论、决定问题才好。代表人数过多，因为时间的限制，不可能都畅所欲言，不便召开讨论，甚至小组会上都不能比较普遍地发言，形式上看起来很民主，实际上并不一定能充分发扬民主。"[2]自然保护区社区共管的关键在于社区村民代表与自然保护区管理机构、地方政府的代表之间的沟通协商过程，

---

[1] 森林共管开发：中欧天然林管理项目森林共管现状和启示 [EB/OL]. 中国林业网，2018-6-15.

[2] 选举法将第 5 次修改，流动人口选举问题暂不作规定 [EB/OL]. 新华网，2016-8-24.

而非共管决策的最终结果。通过协商，社区与自然保护区管理机构、地方政府能够积极探讨共赢的自然资源管理方式，能够增进相互的理解、支持并有助于多方意愿的协调、认同与接受。然而，如果代表人数过多，完全的沟通协商过程将会很漫长。但共管委员会的决策会议不能没有期限也不能无限制的延长。会议时间过长，不仅会增加与会代表的时间成本，还会降低行政机关的管理效率与村民代表参与管理的积极性。毕竟，村民代表是兼职的，其还要从事农副业等生产生活活动。因此，共管委员会的决策会议应当限定期限，非规定情形不得延期。然而，正如彭真同志所言，在限制的时间内，代表的人数越多沟通协商的过程就越流于形式。为此，应统筹考虑共管委员会代表的数量规模，不仅要尽可能反映最广大村民的利益、意愿，还要有利于共管协商与决策的最终形成。

（三）代表的选举与挑选

共管委员会的代表，原则上，由其所属利益团体来决定。代表产生的方式可以借鉴人大代表的产生方式：人大代表由所在选区选举，如不履职，还可以由所在选区罢免。然而，共管委员会有其特殊性，其是行政权力与社区权利进行充分沟通协商的平台。因此，代表的产生不能按照同一形式进行。社区村民代表可由所在社区进行选举，但行政权力机构如地方政府或自然保护区管理机构则可由所在机构指派。由于实行科层制管理，上级领导有权决定谁可代表本机构。只要不违背组织原则，并不一定要用集体选举的形式。实质上，不管谁作为代表，只要是行政权力机构的官员，就属于国家公务人员，具有忠诚和服从义务。其虽可被赋予一定的自由裁量权，但应能忠实履行领导或上级机关交代的任务。当然，自然保护区管理机构与地方政府指派的代表最好是协调能力强的官员，在贯彻行政机关意志的同时能与社区村民代表进行较好的沟通协商。为此，共管委员会的筹建无须过多关注行政机构的代表。只有在自然保护区管理机构与地方政府的代表确实欠缺沟通能力或不愿与村民代表进行平等协商时，共管领导小组才能建议相应的自然保护区管理机构或地方政府进行更换。然而，对于社区村民代表的产生，则需共管领导小组进行重点关注并具体组织。

社区村民代表的确定，首先应当妥善处理与村民委员会或居民委员会的关系。村民委员会或居民委员会是社区进行自我管理的法定的自治组织。村干部一般是村委会委员，而村委会委员是由乡镇政府组织村民选举产生的。为此，村干部是否可以直接作为村民代表无须再另行选举，或者部分村民代表是村干部而部分村民代表通过选举产生，甚或完全排除村干部作为村民代表，相关的论述见前面部分。实践中，村委会干部是体制内精英，是乡镇政府在村庄贯彻执行国家政策或上级任务的得力助手。如果完全排除村干部参与共管委员会的沟通协商，则共管委员会决策的实施可能遭遇阻力，最起码，村干部没有带头实施共管决策的积极性。为此，可采取以下两种策略：一是不区分村干部与一般村民，均可参加选举与被选举。如果村干部平时确实从村民利益出发，为民办实事，则应能被选为村民代表。否则，有落选的可能性。然而，相对来说，村干部作为村内精英，还是具有相当威信的，当选的可能性比一般村民较大。故在实践中，控制村干部当选的比例是必要的。二是区分村干部与一般村民，确定村干部在村民代表中的比例，一般应占少数。然后，在征集村干部与村民意愿的基础上，分别由村民进行投票选举。村干部作为村民代表不应由村长或村支书指定，村民信赖的村干部也许更能代表村民利益，将来的共管决策也更能得到村民拥护。

其次，村民代表的确定还需兼顾弱势群体的意愿。在行政村或自然村，孤寡老人、妇女、儿童等均是弱势群体。由于在农村，出外打工的男性青壮年较多，在家从事生产生活的妇女、老人居多。然而，自然保护区大多地处偏远，男尊女卑的封建思想仍有余毒，往往在外打工的男性当家做主。辈分较高的老人虽有话语权，但实践中从事农副业生产的留守人群中主要是妇女。从自然资源管理与可持续利用视角，妇女更熟悉、也有相当的意愿进行自然资源的可持续利用。因此，在村民代表中，应至少确保不少于一名妇女代表。在云南省山地生态系统生物多样性保护示范项目中，云县后箐乡的几个自然村进行共管小组的选举中，为了保证妇女的参与，共管小组必须包括一名女性代表。[1]

再次，村民代表的选举应公开、公平、公正，实行差额选举和秘密投票原则，尝试引入累积投票制。原则上，每个年满18周岁的村民均享有选举权与被选举权。10个以上的村民可联名推荐候选人，村民自荐，也需10名以上村民的联名同意。正式选举时，应保证候选人人数多于要选举的村民代表人数，实行差额选举。为了真正发挥差额选举的作用，应引入竞争机制，变确认型选举为竞选型选举。[2]在选举现场，候选人应发表与社区共管相关的演讲，以争取村民的支持。然而，由于宗族势力、大姓势力的影响，大姓村民选举获胜的可能性较大，因此，选举程序的设计，应尽可能地照顾少数群体的利益，并

[1] 邹雅卉. 云南省云县后箐乡社区共管组织组建过程案例[J]. 林业与社会，2003（3）：23-24.
[2] 宋学成. 人大代表选举制度论析[D]. 长春：东北师范大学，2008：26.

尽量保障每位选民不受影响地选举自己心目中的代表。为了避免多数人的暴政，可以借鉴公司法第一百零六条的规定，尝试采用累积投票制。曾有学者从理论上探讨，在人大代表选举中引入累积投票制。其认为，累积投票制能够提高代表的代表性，增加代表占少数地位之选民的代表当选的可能性。[1]另外，也可以适用团体代表制，即对小姓势力或少数群体按比例分配代表名额。如规定，除大姓势力之外的其他小姓势力或少数群体应至少有一名代表当选。相比较而言，"累积投票制"要优越于"团体代表制"。因为，即便是为了弥补多种不平等的特殊情况，累积投票制的方式仍然包容一人一票和多数原则。更重要的是，它促进了公共领域的积极合作和参与，在不同群体中培养了协作关系，形成了联合，而这些是比例代表制所无法实现的。[2]同时，为了尽可能排除外界干扰，应进行秘密投票，即让选民在相对封闭的环境下填写选票，并简化填写形式如画圈或涂色等。秘密投票在一定程度上是匿名行为。这使投票者不受社会压力或更糟糕的情况影响，能够根据个人良知自由投票，同时为那些贿选者增加难度。[3]毕竟，大姓候选人如果没有威望，其同姓人未必都会真心选他。

最后，村民应有罢免权。借鉴地方各级人民代表大会和地方各级人民政府组织法的相关规定，村民有权罢免不能履行代表职责的村民代表。至于罢免程序，应进行严格设计，既要避免个别人打击报复又要维护大多数村民的利益。如可以规定，十分之一以上村民联名能够启动罢免程序，但应给予拟被罢免的村民代表申辩的机会，然后由全体村民投票决定。如果共管委员会代表多次缺席会议，也可以由共管领导小组或共管委员会建议罢免。在共管实践中，也有更换共管委员会成员的例子，[4]尽管也是根据村民意愿但并非村民按照程序进行的自发罢免。

三、共管委员会的议事规则

议事规则是当今法治国家普遍实施的一项会议运行程序规则，其着眼于代议机关的会议程序和议事程序，旨在消除或者弥补会议运行过程中可能产生的

---

[1]杜承铭,陶玉清.论人大代表选举中累积投票制的构建——一个理论上的探讨[J].太平洋学报,2008(3):48.

[2]詹姆斯·博曼.公共协商和文化多元主义[J]//陈志刚,陈志忠,译,陈家刚.协商民主[M].台北:三联书店,2004:94.

[3]詹姆斯·D.费伦.作为讨论的协商[J]//王文玉,译,陈家刚.协商民主[M].台北:三联书店,2004:10.

[4]司开创.浅谈社区共管中的参与问题[J].林业与社会,2001(2):5.

不良后果。[1]共管委员会的议事规则可以借鉴人民代表大会比较成熟的制度、程序或实践中的相应做法，并在此基础上，根据共管委员会自身特点和共管目的，进行相应的程序设计或建构。

（一）构建原则：充分协商后的票决

议事规则的设计至关重要，决策制度或过程的短暂变化就能够产生本质上不同的共管决策。[2]为此，共管委员会的议事规则应围绕共管目的进行慎重设计。自然保护区社区共管的目的是二元的，即兼顾自然保护与社区经济发展。因此，共管决策既应体现自然保护利益也应反映社区村民发展的意愿。然而，实现此二元目的的共管决策并不容易达成。自然保护利益是公共利益，由自然保护区管理机构代表国家进行管理保护，其享有法律授权的管理自然保护区的公权力；而社区村民的生产生活需求是私利益，应由村民选举的代表反映自己的利益诉求，其享有法定的私权利。在传统管理模式中，管理者的强势与村民的弱势是明显的。显然，仅从形式上确立公权力代表与私权利代表的平等地位，很难达致共管目的。要想共管决策体现两者的利益融合，还应从实质上促进两者的平等对话，促进自然保护区管理机构的代表与村民代表之间的理解、交流、沟通。这种对话能够使管理者和村民代表相互倾听、响应并接受彼此的观点，最终实现共管目的。学术上，将这种交流沟通的民主体制称为协商民主。这种决策不仅反映了参与者先前的利益观点，而且还反映了他们在思考各方观点之后做出的判断，以及应该用来解决分歧的原则和程序。[3]与其他民主模式相比，协商民主模式具有明显不同的优势：能够培养出维护健康民主所必需的公民美德；能够形成集体责任感；能够促进不同文化间的理解；可以促进多元文化国家的政治合法性。[4]

然而，公权力与私权利的对话还必须由相应的程序保障，否则，受传统官本位的思想影响，权利人的话语权可能无从谈起。因此，自然保护区社区共管应建构以协商民主为核心的议事决策程序。

---

[1] 韩荣. 全国人代表大会议事规则研究 [D]. 南京：南京师范大学，2011.

[2] 约翰·费尔约翰. 建构协商民主制度 [J] // 李静译，陈家刚. 协商民主 [M]. 台北：三联书店，2004：200.

[3] 陈家刚. 协商民主：民主范式的复兴与超越（代序）[J] // 陈家刚. 协商民主 [M]. 台北：三联书店，2004：3.

[4] 陈家刚. 协商民主：民主范式的复兴与超越（代序）[J] // 陈家刚. 协商民主 [M]. 台北：三联书店，2004：8-10.

1. 协商民主下的一致同意

协商民主作为一种治理形式，参与其中的公民是平等的、自由的，他们提出各种相关的理由，说服他人，或者转换自身的偏好，最终达成共识。[1]共识是协商民主的目标，协商民主强调通过共识形成决策的过程。在缺乏共识时求诸权威往往被看作协商的失败。[2]在实践中，最早为美国环保署和交通部尝试适用的协商式规则制定程序，并在 1990 年由美国国会通过而成为《美国协商式规则制定法》。根据该法规定，只有在"一致同意"的基础上，即法律上将其定义为"在协商式规则制定委员会所代表的利益间，形成一致的合意"，才能协商产生拟议规则。[3]因此，美国协商式规则制定法强调了将"一致同意"或"共识"作为决策形成或规则制定的前提或基础。然而，对于该法，有两点需要注意：一是并不是所有的规则制定均适用该法所规定的程序。是否使用协商式规则制定程序由机关的长官根据该法所规定的诸多因素综合决定。这些因素中就包含了这样两种重要的考虑，"就草案达成共识的可能性"与"协商的期限即规则协商制定程序是否不会不合理地耽误公告草案和发布最后的规则"。[4]如果草案达成共识的可能性较小，或协商的时间可能较长，机关的长官可能不会选择使用协商式制定程序。二是并不是所有使用该程序的协商，最终都能达成共识。根据该法第五百六十六条第六项关于委员会报告的规定，如果委员会就草案协商之后达成共识，委员会应向设立委员会的机关提交一个包含草案在内的报告。如果委员会没有就草案达成共识，委员会可以向机关提交在某一领域达成共识的专门性报告。为此，通过协商民主达成共识并不确定，即便是在达成共识可能性较大的协商中也有可能最终不能达成共识。那么，采取什么方法或是否有什么方法能够最终达成共识？有学者认为，通过讨论，可以揭示私人信息、减少有限理性并鼓励更具公共精神的建议，从而在改善集体决策质量的同时，更多的团体成员会达成一致。[5]确实，对协商民主来说，讨论是至关重要的，因为其更重要的作用在于汇集信息而避免其分配的不对称

［1］陈家刚.协商民主：民主范式的复兴与超越（代序）［J］//陈家刚.协商民主［M］.台北：三联书店，2004.

［2］约翰·费尔×　　　协商民主制度［J］//李静，译，陈家刚.协商民主［M］.台北：三联书店，2004：19　　

［3］基思·　　　　　"去法化"［J］//罗豪才.行政法的新视野［M］.北京：商务印书馆，2011：25.

［4］王贵松　　　　　　法第 563 条［EB/OL］.中国宪政网.2017-5-15.

［5］詹姆斯　　　　　［J］//王文玉，译，陈家刚.协商民主［M］.台北：三联书店，2004：

状况。但讨论能否改变其他代表的政策偏好,则仍值得商榷。讨论能够增进理解,但并不代表着其他人的偏好会因此改变,在多元社会尤其如此。多元社会的多样性意味着公共利益中的东西必将考虑社会中各种利益与观点的多样性,但是,即使经过充分的协商,就什么是最好行为过程而言还是经常不存在完全一致的意见。因此,多元主义的事实迫使我们承认,有时决策必将优先于协商共识的形成。[1]在这种情况下,多数决策起主导作用。

2. 聚合民主下的多数票决

聚合民主将个人偏好看作既定的,因而仅仅将这些偏好聚合成集体偏好。由于存在充分的个人偏好差异,聚合模式将产生武断的集体选择。[2]为了聚合不同的偏好,聚合模式往往通过多数票决的方式进行决策。与协商民主相比,聚合民主的多数票决是一个时间成本低廉的合作方式。而且,根据大多数人熟悉的基本公平观点:只要它们能够通过公平的多数原则程序产生,民主决策就是公平的,也是合法的。[3]在世界各国的民主实践中,多数票决的决策方式是最普遍适用的。在我国,有许多决策制度也是根据多数原则进行设计的,如法院合议庭的案件评议,由审判长主持,实行少数服从多数的原则。因此,多数规则是有吸引力的,因为它赋予每个公民平等的投票权,不容忍任何趋向特定选择的偏见,而且在其仅仅采用简单多数形成集体决策的意义上是决定性的。就此而言,多数规则似乎在结构和程序上都是合理的。[4]然而,多数票决也存在诸多难以克服的缺陷:多数人的暴政;投票悖论,即在运用多数规则进行方案选择时,易于出现投票结果随着投票顺序的改变而改变。[5]少数人操纵和贿选;人情冷漠,不容易形成共识。[6]也正是基于这些考虑,颇具包容性的协商民主更能吸引人的眼球。但协商民主的缺陷也是致命的,正如前面所述,并不是所有的协商都能达成一致意见。除了高昂的时间成本外,由于统一或共同的政治共同体缺位、认知和道德不可通约性、不同团体之间存在的不平等等

---

[1] 约翰·费尔约翰.建构协商民主制度 [J] // 李静,译,陈家刚.协商民主 [M].台北:三联书店,2004:195.

[2] 约翰·费尔约翰.建构协商民主制度 [J] // 李静,译,陈家刚.协商民主 [M].台北:三联书店,2004:198.

[3] 梅维·库克.协商民主的五个观点 [J] // 王文玉,译,陈家刚.协商民主 [M].台北:三联书店,2004:47.

[4] 约翰·费尔约翰.建构协商民主制度 [J] // 李静,译,陈家刚.协商民主 [M].台北:三联书店,2004:202.

[5] 周义程.票决民主中的票决困境解析 [J].学海,2009 (3):63.

[6] 王鉴岗.协商民主与票决民主的结合及模式的选择 [J].四川省社会主义学院学报,2014 (2):4.

实施上的现实困境，[1]协商同样需要非共识决策程序。否则，无法提供非共识决策程序等于赋予现状以不合理的优势，从而使那些在现状中占优势的人更加不愿意与他人进行协商。[2]为此，聚合民主的多数规则是必需的，但似乎更应作为替代性选择，即当合作不能取得协商一致的最优解时所寻求的一个满足多数人利益的次优解。[3]这涉及更为现实的协商民主构建问题，即如何将聚合模式更好地融入协商民主程序之中。

3. 充分协商后的多数规则

在多元社会或非同质社会，协商民主论者不能一味追求协商结果的一致性，否则，不仅不能推动反而会葬送协商民主的发展。任何有吸引力的协商民主形式都必须具有形成非共识决策的能力。不管什么原因，如果无法就某些紧急决策达成实际共识，那么，多数学者就会认识到有必要求诸某种形式的多数规则，或者是某些其他权威决策过程。[4]为此，协商民主的建构应当把握两个重要因素：一是相应充分的协商过程；二是作为底线的多数决策规则。不能未经协商直接票决，科恩曾明确指出，如果在对涉及问题进行公共协商后再投票，那么，投票结果的质量会更高，在某些认识论意义上，也更公正和公平。[5]然而，也不能久商不决，否则，高昂的时间成本会导致负效率。从两要素的作用分析，多数规则是多元利益主体进行协商的底线保障。如果通过协商，达成共识，则多数规则就无实施的必要。从效用分析，多数规则促使了协商者就冲突问题达成妥协。罗伯特曾说："民主最大的教训，是要让强势一方懂得他们应该让弱势一方有机会充分、自由地表达自己的意见，而让弱势一方明白既然他们的意见不占多数，就应该体面地让步，把对方的观点作为全体的决定来承认，积极地参与实施，同时他们仍有权利通过规则来改变局势。"[6]经常的妥协是必要的，但妥协不是协商一致，也不同于策略性的讨价还价或交易。道德妥协的

---

[1] 陈家刚. 协商民主：民主范式的复兴与超越（代序）[J]∥陈家刚. 协商民主[M]. 台北：三联书店，2004：11、12.

[2] 约翰·费尔约翰. 建构协商民主制度[J]∥李静，译，陈家刚. 协商民主[M]. 台北：三联书店，2004：196.

[3] 约翰·费尔约翰. 建构协商民主制度[J]∥李静，译，陈家刚. 协商民主[M]. 台北：三联书店，2004：196.

[4] 约翰·费尔约翰. 建构协商民主制度[J]∥李静，译，陈家刚. 协商民主[M]. 台北：三联书店，2004：193、195.

[5] 梅维·库克. 协商民主的五个观点[J]∥王文玉，译，陈家刚. 协商民主[M]. 台北：三联书店，2004：47.

[6] 亨利·M.罗伯特. 罗伯特议事规则[M]. 袁天鹏，孙涤，译. 上海：格致出版社，上海人民出版社，2008：16.

结构是对话性的，参与者没有修正共同框架以获得全体一致，他们修正的是对共同框架的冲突性解释。这种框架不是被假定为相同的框架，在这种情况下，它依然是多元的。[1]由于是多元的，利益各方可以在坚持自己观点的基础上继续合作。通过对话，妥协各方增进了理解，尽管一方仍不同意另一方的观点但却相信对方的观点是有合理性的。在此基础上，适用多数规则进行投票决策，少数人即使不同意但仍然可以理解、接受。与简单投票相比，充分协商使少数人的观点得到尊重，尽管最终的决策也许并没有支持其观点，但平等协商的公平程序会使他们更倾向于服从或支持决策。因此，自然保护区社区共管委员会的议事规则应当坚持充分协商后的多数票决原则，以使决策得到村民或居民的服从和支持。

（二）共管委员会的会议召开程序

共管委员会应定期召开会议。至于会议的间隔时间，不宜过长或过短，应根据自然保护区的共管事务、会议成本、代表的时间成本等因素综合考量。自然保护区的区域一般较广，交通并不发达，每次会议召开对于社区代表都需要承担较高的时间成本及费用。不同的自然保护区，区域面积不同，共管事项如旅游开发、替代生计项目、生态移民等也不同，故不宜统一规定每年召开的会议次数。各自然保护区社区共管委员会应根据本地区情况自主确定，但原则上不应超过半年召开一次。而且，每次例行会议的召开，应提前通知，将会议召开的时间、持续期限、会议议程、需要讨论的共管事项等以书面或条件允许时以电子形式送交所有共管委员会代表。提前通知的时间，应充分考虑社区代表就共管事项与所在社区村民进行沟通协商的时间，以便社区代表能够在会议期间将村民的观点充分表达。另外，会议的召开，还应充分考虑地处区域较远的社区代表的交通时间及费用损失，给予一定补助，以保证会议代表的到会率。

除了例行会议，还可以召开临时会议，但应符合特定条件如在特定情形下，经一定人数的代表提议或共管委员会的主任提议方可召开。至于特定情形，则应视情况而定，一般应包括时间紧急的重大决策、共管事项的突发性事件等应急性事务。至于有效提议的代表人数，不宜太少，以防止代表滥用提议权，具体可根据共管委员会代表的总人数在十分之一到三分之一以上的范围适当确定。另外，考虑到共管委员会主任驾驭全局的能力，可授予其单独的临时会议

[1] 詹姆斯·博曼. 公共协商和文化多元主义 [J] // 陈志刚，陈志忠，译，陈家刚. 协商民主 [M]. 台北：三联书店，2004：88、89.

提议权，以便及时协商处理突发事件。即便召开临时会议，亦应尽可能按照例行会议的程序履行通知义务，并考虑较远社区代表的交通时间及补助。

（三）共管事项的提出程序

根据引入的事务的性质不同，共管代表提交的动议可分为实质性动议与程序性动议。[1]实质性动议如养蜂项目等替代生计项目的动议，程序性动议如养蜂项目中发展基金的分配办法的动议。各共管主体，可以随时通过其代表向共管委员会秘书处或办公室提交需要决策的共管事项。在必要时，秘书处或办公室也可以向共管主体主动征求需要讨论的共管事项。原则上，有关确定讨论的共管事项的会议通知发出后，再提交的动议，除非事关紧急的共管事务，否则本次会议不再讨论。对于提交的动议，提交代表应尽可能进行详细论述、说明，并由共管委员会主任、副主任共同进行初步筛选。原则上，已提交动议未被列入会议讨论决策范围的，应给出正当理由如与共管无关事项或不属于共管决策的事务，并明确告知动议提交代表。在此，应明确界分行政主体、共管委员会、村民委员会或村民代表大会之间的权利（力），尤其不能由共管委员会代为决策应由村民委员会或村民代表大会决定的事务。如果提交的共管事项较多，在规定的会议期限内不能全部讨论的，可由共管委员会主任、副主任协商确定或报请共管领导小组科学选择需要共管委员会进行决策的共管事项。在本次讨论未列入的与共管有关的动议，可作为下次会议讨论事项。

（四）协商程序：充分的辩论

按照构建原则，动议的共管事项应经过共管委员会代表的充分协商。为此，协商程序是共管委员会议事规则的核心程序。而协商这个词本身就赋予每个代表以辩论权，在协商会议中，辩论特指就待决议题的利弊展开的讨论。[2]那么，设计什么样的程序才能保证各会议代表对动议事项进行充分的协商、辩论。对此，可以借鉴在世界上得到广泛适用的罗伯特议事规则。[3]

共管委员会每位参会代表具有平等的法律地位，应享有均衡的发言辩论机会。但由于社区代表在社会实践中的弱势，面对行政官员，这些代表的发言辩

---

［1］亨利·M.罗伯特.罗伯特议事规则［M］.袁天鹏，孙涤，译.上海：格致出版社，2015：46.

［2］亨利·M.罗伯特.罗伯特议事规则［M］.袁天鹏，孙涤，译.上海：格致出版社，2015：282.

［3］亨利·M.罗伯特.罗伯特议事规则［M］.袁天鹏，孙涤，译.上海：格致出版社，2015：276-292.

论会受到诸多无形压力的影响。根据罗尔斯的观点，自由、机会、收入等社会基本上的不平等分配应有利于最不利者，[1]因此，对于社区代表应给予更多甚或充分的发言辩论时间或机会。

为了更好地保证每个参会代表的发言机会以及发言、辩论的有序进行，共管委员会应当首先确定会议的主持人。在共管实践中，可以考虑由共管委员会秘书长或办公室主任担任会议主持人。但需要明确的是，按照罗伯特规则，即使主持人是共管委员会代表，主持人仍被限制参与辩论。即便在主持人认为辩论遗漏了非常重要的问题并确有责任提醒会议代表的情况下，主持人如要发表观点参与辩论，须首先让出主持人之位。[2]一般情况下，会议主持人具有"分配发言权"。对于动议事项，参会代表有"申请发言权"，是否准许，由主持人决定。但代表的申请发言只要不违规，除非多名代表同时申请发言，主持人应当准许发言。主持人不能随意剥夺或故意忽略代表的发言申请。对于社区代表的发言申请，尤其应当鼓励，甚至必要时，主持人可明确邀请社区代表发言。

一般情况下，所有提交共管委员会的动议，都是可以辩论的。但对于辩论内容，发言人应直奔主题，用较为明确的观点分析、论述议题，对事不对人，不得进行人身攻击。在动议讨论之初，主持人宣布会议讨论的议题后，提交该动议者应优先发言，对动议的共管事项进行详细说明。动议人发言后，其他会议代表可申请发言。发言应有时间限制，不能由强势代表无限制发言，每个代表每次发言原则上不超过5~10分钟。除非代表发言超过规定时间，主持人不应打断发言代表的发言。同时，辩论权利不能转让，原则上不允许代表将自己的发言时间转让给别的代表。为了促进代表对议题进行充分的协商辩论，会议主持人应赋予未在辩论中发过言的代表优先发言权，并尽可能让有关议题正反两方意见的代表轮流交叉发言，必要时可鼓励社区代表积极发表自己的观点。然而，充分协商辩论的时间不是无限制的，辩论不能无休止进行下去。一项议题的辩论时间，可能与议题的重要性、分歧的严重程度等因素有关。但对于同一议题，除了单纯地提问或简短的建议，每个代表的发言不能超过两次。[3]除非主持人认为议题非常重要，征得与会代表同意后，可增加代表发言次数，但仍应给予社区代表充分的发言机会与时间。

另外，需要特别说明，对于提交会议讨论的议题，如需要相关领域的专家学者、非政府组织如环保协会或旅游协会等的代表以及企业在会上就议题进行

[1] 约翰·罗尔斯.正义论[M].何怀宏，等，译.北京：中国社会科学出版社，1988：303.
[2] 亨利·M.罗伯特.罗伯特议事规则[M].袁天鹏，孙涤，译.上海：格致出版社，2015：289.
[3] 亨利·M.罗伯特.罗伯特议事规则[M].袁天鹏，孙涤，译.上海：格致出版社，2015：285.

特别说明或阐释的，经动议者申请，报共管委员会主任同意后，由会议主持人安排在动议者发言之后进行发言，并回答代表的提问。原则上，这些非会议代表应遵守发言时间限制，并在回答提问后离开会议现场，回避参会代表对该议题的辩论，并且无表决权。

（五）票决程序

发言辩论结束之后，进入投票程序。所有动议议题在经过充分协商辩论后，应由与会代表进行表决。是否通过，应根据参会的现场代表的同意票数来确定。那么，同意票数的具体数额是多少，才能视为一项议题的通过或一项决议的形成？根据构建原则，共管委员会的民主决策遵循充分协商后的多数规则。在此，需明确几点：一是每位参会代表均具有平等的表决权，且每位代表无论是行政官员还是社区村民都只有一票的投票权。二是未参会代表原则上不能委托参会代表代为投票。由于共管的核心在于讨论、协商、辩论，参会的现场代表参与辩论后，观点可能会发生改变。未参加会议的代表事前授权的观点是未经协商的观点，可能是不明智的，也违背共管协商自决的精神，但可委托参会代表在会场代为发表自己的观点。三是参会代表在充分协商辩论后，可以弃权。四是应明确多数规则的含义。相对多数、过半数、三分之二以上等均为多数，在一般情况下，共管委员会议题通过或形成决议的票数可以确定为过半数。在特殊情况下，如事关政府与村民之间重大利益分配、生态补偿等议题时，可以确定通过票数为三分之二以上。

至于投票方式，由于社区代表与自然保护区管理机构、地方政府等行政主体的代表在现实生活中政治社会地位与话语权的差别，宜采用匿名投票方式，这可以在一定程度上避免各共管主体利益冲突表面化，也更能反映各代表的真实意思表示。对于匿名投票，可采用书面无记名投票。在票面上，应明确区分赞成、反对及弃权三种情形，由各代表在相应意见下画"√"或"○"，并事先明确告知代表票面填写的方法。

四、自然保护区社区共管的利益分配

利益是人们寻求满足的需求、欲望或期望。[1]天下熙熙皆为利来，天下

---

[1] 罗斯科·庞德.法理学（第三卷）[M].廖德宇，译.北京：法律出版社，2007：14.

攘攘皆为利往。自然保护区社区共管也有其追求的利益目标，即实现生态保护利益与地方社区经济利益的平衡发展。然而，在实现该利益目标的过程中，各共管主体均有自身的主导性利益追求：自然保护区管理机构是生态保护利益，社区是经济利益，而地方政府是综合政绩如社会效益、扶贫、绿色 GDP、财政税收收入等。尽管存在主导性利益追求，但实践中的利益诉求却较为复杂。自然保护区管理机构主导性利益追求为生态利益，但基于经费紧张等原因，也可能追求经济利益。如在西洞庭湖自然保护区，社区合作组使用青山垸水域从事渔业生产，需要每年交纳 20 万元的资源保护费。[1] 同样，地方政府为了支持自然保护区及周边社区的可持续发展，可能直接投资设立生态旅游公司，从而具有了直接的经济利益追求。而社区在追求经济利益的过程中，由于资金、管理能力等的不足，可能需要更为专业的商业机制介入。[2] 由此，有关利益的制度设计往往较为复杂，自然保护区社区共管下的利益分配可能由于共管实践开展的不同而面临多重的模式选择。

（一）替代生计的基本利益分配模式

替代生计项目是共管委员会确立的能够兼顾生态利益与社区经济利益的可持续发展项目。该项目的发展所产生的利益，涉及自然保护区管理机构、地方政府与社区三方共管主体。该利益的分配，符合社区共管制度设计的初衷，即自然保护区管理机构获得的是生态利益、地方政府获得的是综合政绩、社区获得的是因替代项目产生的经济利益。并且，该利益分配模式指向的参与主体均为社区共管委员会的决策权力主体，并无共管之外的利益主体介入。为此，本书将该种利益分配模式称为基本模式。由世界自然基金或世界环境基金支持的共管实践中，该基本模式较为多见，如云南白马雪山自然保护区的松茸项目[3]、陕西太白山国家级自然保护区小尾寒羊项目等[4]。

（二）商业化机制介入下的基本模式

利益分配的基本模式构成了一个封闭的循环，在其中，共管委员会进行自

［1］刘霞，伍建平，宋维明，等.我国自然保护区社区共管不同利益分享模式比较研究［J］.林业经济，2011（12）：42-47.

［2］梁启慧，何少文.商业机制介入社区共管项目的初步探索［J］.陕西师范大学学报：自然科学版，2006，34（3）.

［3］肖迎.云南白马雪山自然保护区社区共管案例分析［J］// 李小云，等.共管：从冲突走向合作［M］.北京：社会科学文献出版社，2006：135-144.

［4］国家林业局野生动植物保护司.自然保护区社区共管指南［M］.北京：中国林业出版社，2002：174-175.

我决策、共管利益在共管主体之间进行分享。该基本模式未造成共管利益的外泄，但需要能量输入，才能使闭路循环运转起来。在此，能量包括生态补偿资金、世界自然基金或世界环境基金、替代项目所需的技术、社区村民的自我组织能力等。这些能量的可持续性输入并非易事，而且，资金的多少、技术与地方环境的契合程度等均可能影响共管的收益大小。甚至，个别情况下，还可能出现零收益或负收益，如陕西太白山自然保护区大湾村的小尾寒羊项目，由于气候原因，小尾寒羊体弱多病，效益甚微；而大湾村搭建的沼气池项目，由于光照短、原料匮乏，已无人使用。[1]这些零收益或负收益，反过来影响了社区村民参与的积极性及社区共管的可持续发展。因此，基本模式虽保证了共管利益的内部分配，但替代项目选择的不当却可能使共管失灵或不持续。退一步说，即便项目选择适当，社区主导的经济项目也往往受到规模限制，影响了共管所可能产生的利益总量。以云南梅里雪山雨崩藏族社区为例，在无外来利益主体介入下，仅靠社区内源式发展无法解决旅游资源发展深度不够、公共产品供给不足等问题，并由此带来旅游经济体量过小，经营风险大，交易成本高，难于拓展市场规模等一系列问题。[2]正如闭关锁国往往导致贫穷落后，自然保护区社区共管虽在决策权力的分配上应严格限定为三方共管主体，但在项目投资与经营管理上，可以适度引入商业机制或共管主体之外的民间资本、商业资本等。在我国自然保护区社区共管的管理实践中，也有商业机制介入社区共管项目的成功案例，如陕西佛坪自然保护区的养蜂项目。该项目通过引入佛坪县东方批发部，推广了先进的人工巢础蜂蜜技术，实现了养蜂项目的可持续发展，取得了各参与方多赢的结果。[3]

商业机制的介入，改变了利益分配的模式。企业以营利性为目的，企业的介入可能给开发项目带来更好的市场前景。企业的市场经验丰富，这是社区与政府无法比拟的，这些都会增加共管项目的可持续性。但也会因此带来项目经济利益的分配问题，如社区村民是否有权分成企业的利润。企业介入社区共管项目必然有其看重的商机所在。在上述佛坪的养蜂项目中，佛坪大熊猫保护区就是蜂蜜质量高的标志，具有极高的社会认同度。佛坪县东方批发部以"佛坪大熊猫保护区蜂蜜"作为品牌进行销售，在价格与销量上均有保证。根据《民

［1］张晓妮.中国自然保护区及其社区管理模式研究［D］.咸阳：西北农林科技大学，2012：98.

［2］陈志永，杨桂华.民族贫困地区旅游资源富集区社区主导旅游发展模式的路径选择［J］.黑龙江民族丛刊，2009（2）：58.

［3］梁启慧，何少文.商业机制介入社区共管项目的初步探索——佛坪自然保护区及周边社区基于保护的可持续养蜂［J］.陕西师范大学学报：自然科学版，2006，34（3），228-232.

法典》第一百二十三条第二款规定，佛坪大熊猫保护区作为地理标志，当地社区具有与该地理标志有关的知识产权。而且，佛坪自然保护区管理机构还申请了"熊猫乐园"牌蜂蜜商标，并在外包装上印有佛坪大熊猫保护区字样。根据《民法典》及《商标法》的相关规定，佛坪县东方批发部使用该地理标志及商标进行营销，应当经过地理标志权利人与商标权利人的同意，并支付费用。至于费用的多少，由当事人进行协商确定。在佛坪自然保护区，品牌使用费为销售额的3%，[1]并作为养蜂基金。该基金一部分为村民养蜂发展提供资金；一部分奖励反盗猎有功人员和遵纪守法村民。[2]由此，介入共管项目的企业获得了经济利益，而由于品牌使用费的支付，增加了共管的收益总量即养蜂基金，一方面社区村民的经济利益由于资助相应增加；另一方面自然保护区的生态收益由于养蜂基金的激励性刺激而提升。实质上，对于商业机制的介入，最大的难点在于企业获取的利益如何公平地与社区分享。

在自然保护区，生态旅游项目越来越受到重视，甚至被认为社区脱贫的重要支柱产业。商业机制介入生态旅游项目之后，社区村民的利益如何保护，生态旅游收益如何在社区、政府、自然保护区及公司之间公平分配变得日益复杂，对此，在下面部分再进行详谈。

（三）共管主体单独或联合下的公司化模式

生态旅游作为双赢之策，能够兼顾生态利益与地方社区发展的经济利益。而且，近年来，随着旅游业发展，生态旅游虽不能完全替代当地社区传统的生产方式，但发展潜力巨大，尤其在自然保护区，可能成为重要的支柱产业。由于生态旅游产生的经济利益远大于世界自然基金、世界环境基金或生态补偿基金所支持的养蜂、养羊、养猪等传统替代生计项目，地方政府、自然保护区管理机构、社区等共管主体均希望参与甚至主导本地生态旅游项目，以获取经济利益或地方政府希冀的财政税收。其中，自然保护区管理机构由于经费紧张，也迫切希望通过生态旅游增加保护及办公经费。自然保护区管理实践中，生态旅游项目的投资经营情况较为复杂：从初期的农户个体到公司化运营、从共管主体的单独投资独享到联合经营共享经济利益。按照草根派的观点，当地社区

[1] 刘霞，伍建平，宋维明，等.我国自然保护区社区共管不同利益分享模式比较研究 [J].林业经济，2011（12）：42-47.
[2] 张晓妮.中国自然保护区及其社区管理模式研究 [D].咸阳：西北农林科技大学，2012：98.

村民能够成功地经营和管理生态旅游。[1]事实上，湖南汉寿县的"鹿溪农家"与湖南益阳赫山区的"花乡农家"[2]确实有效引导了当地乡村旅游的发展。然而农户个体的规模与营销限制明显，这催生了由社区投资进行公司化运营。公司可以聘用专业化的经营管理团队，但旅游公司收益归社区集体所有，如由诸葛村集体所有的兰溪诸葛旅游公司。[3]也有社区在政府引导下，由社区集体、村民共同筹资入股，成立的具有集体性质的股份制公司。如武夷山市下梅村从2002年营业开始就实行股份制公司形式，下梅村所有旅游资源均由公司经营，利益由村民、古民居住户、村集体等共享。[4]这种由社区所有和管理的生态旅游，保证了社区的旅游经济利益不外泄，不被外来企业不公平的垄断。然而，自然保护区及周边社区往往生产力水平较低，缺乏公司运营所必需的资金，这仍然会限制社区主导旅游公司经营的规模与市场开发。

除社区之外，按照我国现有的法律规定与管理制度，自然保护区管理机构与地方政府作为共管主体也具有开发、管理生态旅游的法定权力与职责。而且，自然保护区管理机构或地方政府往往主导了当地生态旅游的发展。实践中，自然保护区管理局可能单独设立旅游公司如长白山自然保护区，或与政府部门联合如鸡公山自然保护区管理局与风景管理局共同设立旅游公司。[5]这些旅游公司的收益属于自然保护区管理机构或缴入政府国库。对于社区村民来说，只能通过参与服务项目、经营旅游产品、民风民俗展示来获得生态旅游附带利益或反射利益。这可能会加剧自然保护区与社区之间的冲突与矛盾，不利于生态保护目的的实现。毫无疑问，这种管理模式与自然保护区社区共管模式相悖。如果排除共管主体之外的利益主体参与生态旅游管理，按照共管模式，自然保护区管理机构或地方政府可与社区联合设立旅游公司，进行股份制管理。为此，社区村民可以按照约定比例获得旅游公司收益。这方面比较成功的案例为九寨沟自然保护区。1992年7月，九寨沟自然保护区管理局与社区村民共同成立了九寨沟联合经营公司。双方约定，在利润分配上，管理局占23%，村民占77%。[6]从而，最大程度维护了社区村民的经济利益，也保护了生态环境，取得了双赢。

---

［1］宋瑞.生态旅游：多目标多主体的共生［D］.北京：中国社会科学院研究生院，2003：73.

［2］郑群明，钟林生.参与式乡村旅游开发模式探讨［J］.旅游学刊，2004（4）：36.

［3］陈爱宣.古村落旅游公司利益相关者共同治理模式研究［D］.厦门：厦门大学，2008：57-58.

［4］蒋艳.关于欠发达地区社区参与旅游收益分配的探讨［J］.重庆交通学院学报：社科版，2004（3）：50.

［5］方怀龙，等.林业自然保护区生态旅游经营管理优化模式的探讨［J］.林业资源管理，2013（5）：10.

［6］任啸.自然保护区的社区参与管理模式探索：以九寨沟自然保护区为例［J］.旅游科学，2005（3）：18.

（四）不限于共管主体的资本联合下的公司化模式

由于生态旅游所需的资金、市场营销能力等因素，外来的商业资本越来越多的引入到自然保护区生态旅游发展中。而且，地方政府、自然保护区管理局在招商引资过程中，可能会将自然保护区旅游资源转让给具有一定资质的外来旅游公司进行垄断经营。在现有管理模式中，天目山自然保护区、西双版纳自然保护区及王郎自然保护区等就采用该种模式。外来公司需缴纳资源保护费、特许经营费或部分旅游收入，而社区居民则只能通过就业、提供食宿、交通等服务获取部分利益。[1]这种管理模式极易导致"旅游飞地"现象，使当地社区与外来投资者之间不公平地分配旅游收益。外来资本的介入，虽使旅游规模增加，但当地社区的收入并未增加，反而承担了因旅游而带来的负面成本，如对传统文化的冲击、因旅游而致的环境污染破坏等。最为重要的是，当地社区村民对旅游文化资源的传统权利或习惯性权利完全未予考虑。这可能会导致社区村民与外来公司之间的冲突，如桂林龙胜龙脊梯田景区的当地社区村民在2002年的"五一"黄金周，赶走公司收取门票的值班人员，自行卖票。[2]因此，当地社区与外来企业之间不应当是简单的相互排斥关系，只有两者的结合、合作才能实现生态旅游的目标。[3]至于合作的具体方式，诸多学者主张社区或社区村民以旅游资源、生产资料等作为资本入股参与旅游收益分配。[4]但具体分成比例及所占股权比重，则应通过协商、评估。在自然保护区社区共管模式下，地方政府或自然保护区管理机构在招商引资过程中，应征求社区意见，并就社区占有外来公司的股份比例，与公司进行谈判，最终经过共管委员会决策同意，以确保社区获得公平的利益分配。

---

［1］方怀龙，等.林业自然保护区生态旅游经营管理优化模式的探讨［J］.林业资源管理，2013（5）：10.

［2］吴忠军，叶晔.民族社区旅游利益分配与居民参与有效性探讨［J］.广西经济管理干部学院学报，2005（3）：52.

［3］宋瑞.生态旅游：多目标多主体的共生［D］.北京：中国社会科学院，2003：73.

［4］吴忠军，叶晔.民族社区旅游利益分配与居民参与有效性探讨［J］.广西经济管理干部学院学报，2005（3）：54；蒋艳.社区参与旅游发展具体操作分析［J］.哈尔滨学院学报，2006（6）：71；张琰飞.社区居民参与湘西州乡村旅游开发研究［J］.湖南商学院学报，2008（5）：74.

第四章
社区共管制度与传统管理制度的法律碰撞与协调

自然保护区社区共管涉及多方利益主体，即自然保护区管理部门、地方政府、村民委员会（或居民委员会）及共管委员会。其中，自然保护区社区共管委员会是社区共管的常设性组织机构，其成员分别由一定比例的自然保护区管理部门代表、地方政府代表及利益相关的村民或居民（原住民）代表组成。社区共管委员会的议事程序与传统管理模式不同，与其说是管理机构毋宁说是多方利益主体沟通的平台。而传统管理模式以科层制为基础，通过规制和政令达到行政目的。尽管国家环境行政主体与学者越来越重视市场手段在环境管理中的作用，但命令控制手段仍然是环境管理的主导手段。当然，这里的传统管理除自然保护区管理部门的自然保护管理外，也包含地方政府对原住民的指导性管理。两种不同的管理模式在实践运行过程中会产生碰撞，概括起来，主要有目的冲突、去法化与重新法治化的法律冲突、分工与协作下的共管事务范围及法律效力认同等。

一、目的冲突与协调：从传统管理的零和博弈到社区共管的合作博弈

一个群体或机构需要以目的为指导。目的是指引群体或机构发展的明灯，可以合法地推理出群体或机构实施行为的合理性。为了使环境法更好地回应社会需要，提高环境治理的效果，有必要增加环境法的回应性。而回应型环境法的构建，需要以结果为导向，加大目的在法律推理中的权威，摆脱形式主义和

程式的影响。[1]为此，国家对自然保护区的管理，不应拘泥于传统管理模式的束缚，而应以自然保护目的为指引，改革决策模式实现社区共管，促进多元利益主体的合作博弈。

（一）多元主体的利益目标

按照功利主义观点，利益是法律追求的重要价值，也是法律目的指引下的目标。目的不同，其所追求的利益目标也不同。环境法目的作为环境法内在价值的表现形式，是建立在环境法价值合理性基础上并为环境法价值所蕴含的合理性目标。其基本的价值选择也是公平与利益。[2]自然保护区的建设和管理，不仅指向所要保护的生态系统、珍稀濒危野生动植物物种和有特殊意义的自然遗迹，还会涉及比自然保护区的建立更早居住于此的原住村民或居民的生产生活行为。在自然保护区建立之后，世代居住于该区域的原住民因此要接受地方政府和自然保护区管理机构的双重管理。这两种管理虽然各有侧重，但也有重复交叉。自然保护区管理机构不能不顾地方政府和原住民的利益追求，单方进行强制性建设和管理。从成本效益分析，自然保护区管理应该综合考量各利害关系主体的利益目标。概括起来，自然保护区管理可能涉及的利害关系主体有：自然保护区管理机构、县或乡镇地方政府、原住民（保护区内及周边社区村民或居民）。这些不同的利害关系主体，可能追求不同的利益目标。

1. 自然保护区管理机构的利益目标

根据自然保护区条例，自然保护区建立的根本目的就是为了保护自然环境和自然资源。然而，自然保护区并非绝对禁止开发利用。自然保护区管理机构的主要职责要求包括：在不影响保护自然保护区的自然环境和自然资源的前提下，组织开展参观、旅游等活动。既然是职责，就不是选择性的，但按规定却是附条件的即不得违背自然保护方向，现在称为生态旅游。换句话说，自然保护区管理机构有义务组织生态旅游，否则可能构成渎职，即便不会追究刑事责任，但按照科层制的目标考核也可能不达标。由此，组织参观、旅游也可算是自然保护区管理机构的辅助利益目标，毕竟，这在相当程度上可缓解自然保护区的资金压力。在自然保护区管理实践中，由于经济利益驱动，自然保护区管

---

[1] P. 诺内特，P. 塞尔兹尼克. 转变中的法律与社会：迈向回应型法 [M]. 张志铭，译. 北京：中国政法大学出版社，2004：87，92-93.

[2] 吕忠梅. 环境法新视野 [M]. 北京：中国政法大学出版社，2000：222.

理机构组织有偿形式的生态旅游倒是不遗余力。在各个国家级自然保护区管理机构的网站上，大都有生态旅游专栏。但是，自然保护区管理机构的利益目标不能本末倒置。组织生态旅游的目的应是更好地进行自然保护的宣传教育，从而实现保护自然环境和资源的根本目的。

2.县或乡镇地方政府的利益目标

有关政府的利益目标，有两种观点：一是，政府作为全体公民权利的委托行使者，除了公共利益，政府在行使公共权力的过程中不会追求任何个人或团体的利益。[1]二是，按照公共选择理论，政府也有其追求的自身利益，如政府的权力及相关物质利益、地方利益、部门利益和政府官员的个人利益等[2]。分析这两种观点，在实然层面，政府可能会存在非公共利益的政府利益。尽管如此，但谁都无法否认政府是公共利益的代表者、维护者和主要实现者。[3]因此，县、乡镇政府作为基层人民政府，其利益目标主要是公共利益。然而，公共利益的内涵颇具争议，变化多端。美国社会法学派的代表人物庞德就说公共利益是一匹非常难驾驭的马，你一旦跨上它就不知道它将要把你带到哪儿。[4]为此，为了避免抽象理解上的争议，我们从立法实践中关于地方政府的职责要求来确定政府的公共利益目标。根据《中华人民共和国地方各级人民代表大会和地方各级人民政府组织法》，有关县级以上人民政府的职责要求第五、六、七、八、九项规定，以及乡镇人民政府的职责要求第二、三、四、五、六项规定，实质上就是县或乡镇人民政府的公共利益目标。概括起来，可以分为经济、教育、科学、文化、卫生、体育事业、环境和资源保护、城乡建设事业和财政、民政、公安、民族事务、司法行政、监察、计划生育等公益目标；财产权和其他合法权益；少数民族权利和风俗习惯；妇女权益。其中，该组织法并未规定乡镇政府具有环境和资源保护、城乡建设事业的职责。对县级政府来说，环境和资源保护仅是多项公益目标之一，而且，不排除由于地方政府自身利益的追逐而存在对环保目标的侵蚀。

3.原住民（保护区内及周边社区村民或居民）的利益目标

在自然保护区及周边社区生产生活的村民或居民，其所追求的利益目标可分为物质利益和精神利益。物质利益集中体现为经济利益，而精神利益主要表

［1］卢梭.社会契约论［M］.何兆武，译.北京：商务印书馆，1980：82-83.
［2］刘玉蓉.析政府利益与公共利益的关系［J］.四川行政学院学报，2004（4）：6.
［3］涂晓芳.西方政治学中的政府利益观及其评析［J］.政治学研究，2005（4）：114.
［4］罗斯科·庞德.法理学：第三卷［M］.北京：法律出版社，2007：205.

现为文化需求。自然保护区及周边社区大多处于山区和边远地区，经济不发达甚至属于精准扶贫对象所在地区。受城市富裕和文明的影响，经济发展成为乡村生活中的强势话语，尤其对于乡村社区中的青年村民，更是如此。原来自给自足的生产生活模式如砍柴、烧炭、制茶等，不再以自我满足为目的，而借助于市场交易以获取金钱利益。这种学习发达地区工业文明的生产方式不仅会破坏生态环境，而且导致传统乡村文化领域也被侵蚀。利益的驱动几乎淹没一切传统乡村社会文化价值，村民原有的生活方式、思维方式、居住状态、人际关系都在潜移默化的发生变化，他们已经无法在乡村社会找到家园感、归属感和依赖感。[1]同时，村民自治是乡村社会法定的治理形式，而文化相连是村民自治有效实现的心理基础。[2]缺少家园感、归属感的村民只会如一盘散沙，无法有效聚合实现村民自治。这种将乡村文化贴上愚昧、落后、闭塞标签的文化虚无主义观点，使村民的精神依托出现空白。于是，赌博、暴力、色情表演等低俗文化乘虚而入。在此，乡村社会经济发展和文化需求似乎成为矛盾的反向目标。经济的高速发展可能导致文化虚无，而文化民族主义的田园倾向又可能束缚乡村社会经济发展。显然，乡村社会传统文化价值重建，不应在文化虚无主义与文化民族主义之间摇摆，而应在沟通中实现城乡文化互哺，促进乡村社会经济发展和文化需求的同向协调发展。

（二）多元利益的冲突

自然保护区管理所涉及的多元主体的利益目标，大致可分为三类：自然保护利益、经济利益与文化利益。按照自然保护区条例规定，自然保护利益是自然保护区设立的根本目的。因此，在特定地域即自然保护区，自然生态利益是应当优先保护的。然而，自然保护利益的优先至上，则可能限制了自然保护区及周边村民的经济发展权益、影响了乡村传统文化的传承与发展。为此，围绕自然保护区管理，引发了多元利益的冲突：自然保护利益与经济利益、自然保护利益与文化利益、自然保护区管理机构与社区村民的经济利益等。

1. 自然保护利益与经济利益

自然保护利益与经济利益的冲突是自然保护区管理的根本利益冲突。按照自然保护区条例规定，禁止在自然保护区内进行砍伐、放牧、狩猎、捕捞、采

---

[1] 赵霞. 传统乡村文化的秩序危机与价值重建 [J]. 中国农村观察，2011（3）：83.
[2] 邓大才. 村民自治有效实现的条件研究 [J]. 政治学研究，2014（6）：76.

药、开垦、烧荒、开矿、采石、挖沙等活动；禁止在自然保护区的核心区和缓冲区开展旅游和生产经营活动。因此，为了保护自然生态环境，自然保护区及周边社区村民的生产生活权利就会受到限制，也必然会影响自然保护区内乡镇政府的财政收入和经济发展。在我国目前生态补偿制度尚未健全的情况下，该限制加剧了村民生活的贫穷程度，势必导致村民与自然保护区管理机构的冲突。在自然保护区管理实践中，也不乏冲突的实例：如在陕西太白山自然保护区，曾发生社区居民侵害保护区资源的情形；在四川火溪河自然保护区，也曾发生村民砍伐保护区森林、修水电站侵害保护区等冲突类型。[1]

2. 自然保护利益与传统文化利益

由于知识的地方性和有限理性，作为本土资源的传统民族文化是自然保护区管理不可忽视的重要因素。自然保护区及周边社区的传统文化中，既有朴素的自然保护思想，如民族传统知识具有一种敬畏生命的朴素的生态伦理观，在一定程度上可以保证当地生态系统的稳定性和持久性，起到保护生物多样性的作用，[2]例如中国南方各省自然村落附近都有一片保护较完好的植物群落，称为"风水林"，风水林物种多样，功能完善，既为村落生态系统提供了水土保持、水质净化等生态服务，又常常是区域物种保存的避难所；[3]也有与自然保护相冲突的观念，如采集、狩猎、放牧等传统习惯，可能对草原、珍稀野生动植物的生存环境造成影响。这种与自然保护相冲突的观念，虽不利于自然保护区的管理和生态系统的维护，但在自给自足的小农经济思想下，仅为"自用"目的进行的狩猎、采集及砍柴等活动对自然生态环境的影响并不大。然而，在市场经济冲击下，不仅传统文化中生态伦理思想被侵蚀，而且在"经济利益至上"思想影响下也不利于自然保护观念的放大。利益驱动下的盗伐盗猎、滥采乱挖不再以自用为目的而变成无休止的利益追逐。如在近代，极端追求物质利益思想和外来人员的涌入，使青藏高原的珍贵物种面临灭绝的危险。名贵中药材冬虫夏草，随着价格暴涨，已经越来越难觅踪影。作为青藏高原独特物种的藏羚羊，在20世纪初，青藏高原生活的藏羚羊尚超过100万只，由于盗猎猖獗，目前这一数字下降到75 000只。[4]显然，这将加剧自然保护利益与村民文化利益的冲突。

[1]李小云，左停，唐丽霞.中国自然保护区共管指南［M］.北京：中国农业出版社，2009：26.
[2]薛达元.民族地区传统文化与生物多样性保护［M］.北京：中国环境科学出版社，2009：11.
[3]薛达元.民族地区传统文化与生物多样性保护［M］.北京：中国环境科学出版社，2009：12.
[4]朱普选，朱士光.西藏传统文化中蕴涵的环境保护因素［J］.西藏民族学院学报：哲学社会科学版，2004（4）：18.

3. 自然保护区管理机构与社区村民的经济利益

自然保护区管理机构虽以自然保护为主要利益目标，但也有自身的经济利益目标追求。根据自然保护区条例所赋予管理机构的职责要求，可以组织生态旅游。生态旅游不是免费的，虽有生态宣传教育功能，但经济利益已成为自然保护区管理机构组织该项活动的主要目的。除此之外，按照公共选择理论，自然保护区管理机构也会有自身利益，如极少数保护区管理部门在保护区从事经营性人工种植、养殖活动。当然，自然保护区财政经费的不足可能加剧管理机构对该利益的追逐。然而，作为自然保护区的管理者，管理机构既当裁判员又当运动员，在限制村民及地方政府的经济活动以追求生态保护目标的同时，又自行开发利用自然资源追求自身的经济利益目标。由于自然保护区的经营权与管理权高度集中，使社区村民几乎没有发言权。据统计，在国内，95%以上生态旅游区的居民没有从中获得明显的好处。[1]这种管理方式导致了自然保护区管理机构与地方政府、村民经济利益之间的冲突。按照自然保护区条例规定，地方政府的开发利用活动及村民的生产生活受到严格限制。而自然保护区管理机构自身对经济利益目标的追求，有悖法律公平，也使村民感觉受到不公正对待。于是，村民可能通过各种法律规避的方式，甚至直接的冲突方式，进行狩猎、采集等生产生活活动。在一些自然保护区甚或出现经济利益合谋，如内蒙古锡林郭勒草原等5个国家自然保护区分别不同程度存在工矿企业仍然运营、生态破坏严重、生态修复缓慢、核心区内大量土地以荒山荒地性质承包给个人进行农业种植等违法行为。[2]

（三）社区共管模式下的合作博弈

一项法律制度要达到维护法律秩序的目的，需承认特定的利益、确定利益的范围并且保护在确定的范围内得到认可的利益。[3]自然保护利益、地方政府及村民的经济利益、文化利益均是在一定范围内应当予以保护的利益。对此，我国自然保护区条例也规定，建设和管理自然保护区，应当妥善处理与当地经济建设和居民生产、生活的关系。然而，如何妥善处理，法律则没有具体规定，应属自然保护区管理机构的自由裁量权范围。那么，自然保护区管理机构应采取何种管理模式才能在实现自然保护利益目的同时，兼顾多方利益。从成本效

［1］魏遐．我国自然保护区的旅游研究进展［J］．水土保持研究，2005，12（2）：157-162.

［2］中国环保在线［EB/OL］．2015-6-20.

［3］罗斯科·庞德．法理学：第三卷［M］．北京：法律出版社，2007：13-14.

益分析，只有合作博弈而非零和博弈才能实现多元利益共赢。从法律实施的实效分析，守法是法的实施最重要的基本要求，也是法的实施最普遍与最基本方式。[1] 没有村民对自然保护区法律法规的自觉遵守与履行，仅靠强制的环境执法通过纠正违法结果来贯彻、推行自然保护区法律制度，则自然保护区条例及相关法规将很难有效实施。从利益视角，自然保护区及周边社区村民遵守自然保护区强制性法律规范的前提是，其先于自然保护区建立而享有的生产生活的正当权益得到了充分尊重。在实践中，对村民生产生活权益的尊重，如何体现在自然保护区管理机构的管理模式之中？显然，以命令控制手段为主的传统管理模式无法胜任。哈贝马斯认为，只有那些产生于权利平等之公民的商谈性意见形成和意志形成过程的法律，才是具有合法性的法律。[2] 沟通商谈形式不再是一种零和博弈，而是各方利益在决策中均能得以体现的合作博弈。对于多种利益的权衡，哲理法学派曾投入很多精力，企图推出一个绝对公理，以保证本质上更重要的利益占据主导地位。然而，不管对哲学家和法学家来讲寻求这样一个方法是多么的天经地义，我们今天仍逐步认识到这种寻求是徒劳的。可能法学家能做的不过是承认这个问题，并认识到这是摆在他面前的、要求他尽可能地保护整个社会利益的问题；是维护利益间的平衡、和谐或对之的调适。[3] 与传统管理模式不同，自然保护区社区共管模式促进了多方利益的沟通协商，协调平衡了多方利益，实现了多元主体的合作博弈。

1. 协调自然保护利益与经济利益

自然保护利益属于环境利益，自然保护区管理是环境法律调整的具体领域。环境利益与经济利益是交错的、存在冲突的利益关系。根据环境保护法第一条规定，环境法采纳了目的二元论观点：一是保护和改善环境，防治污染和其他公害，保障公众健康；二是推进生态文明建设，促进经济社会可持续发展。显然，"保护和改善环境，防治污染和其他公害"是环境法的首要和直接目的，也是环境法存在的价值。以该目的为指引，环境法应追求和保护的核心利益是环境利益。环境法的第二个目的即促进经济社会可持续发展，是以环境利益的保护为基础，实现环境利益与经济社会利益的协调发展。从本质上分析，环境利益与经济利益的关系并非简单的对抗或协调一致关系，两者之间既有对抗限制又

[1] 张文显.法理学[M].3版.北京：法律出版社，2007：228.

[2] 哈贝马斯.在事实与规范之间[M].童世骏，译.台北：三联书店，2003：507.

[3] 罗斯科·庞德.法理学：第三卷[M].北京：法律出版社，2007：248.

有交融共进。[1]对于自然保护区的生态管理来说，虽以自然保护为根本目的，但并未否定当地经济发展和村民的生产生活。

自然保护区社区共管模式强调自然保护区管理机构、地方政府及社区的协商决策。由于协商，各方主体的利益主张能够在决策中得以体现。由此而制定的管理规则，显然充分考量了各方主体的利益要求。因此，尽管自然保护利益与地方政府及村民经济利益存在一定程度的冲突，但社区共管模式通过综合决策协调了自然保护利益和经济利益。如西洞庭湖自然保护区实行社区共管模式逐渐实现了保护区与社区间经济权益与保护义务的一体化，既尊重了当地社区居民的生存权和发展权，又有效地传递了科学保护管理的信息；极大地缓解了保护区与社区之间的矛盾，保持了青山垸湿地恢复区内的生态系统的完整性，实现了鸟类、鱼类等湿地资源保护与社区经济的协调发展。[2]青海三江源自然保护区索加社区共管体制达到预期效果：野生动物数量减少速度减慢、动物栖息地开始恢复。索加的牧民环境意识得到很大的提高。虽然生活水平的提高很困难，但在共管体制影响下，他们不再需要背井离乡，可以继续在祖祖辈辈生活过的土地上生活、生产。[3]

2. 促进自然保护利益与传统文化利益的协同增进

我国民族众多，历史悠久，传统文化丰富。民族的宇宙观或世界观、传统知识和实践、传统农业方式和技术、传统生活习惯、传统艺术、民间传统制度、习惯法、图腾、宗教信仰[4]等传统文化资源确保了自然保护区的生态保护。因此可以说，传统民族文化与生态环境保护是一个不可分割的整体，甚至，民族文化传承是保护自然生态环境的前提。[5]因此，保护自然生态环境必须首先保护自然保护区及周边社区的传统文化，并挖掘民族传统文化中有益的传统知识和实践，将之用于生态环境的保护和生物资源的可持续利用，并不断将其发扬光大。[6]如蒙古族传统游牧知识中有关草原生态环境的本土生态知识、技能及观念意识遗产十分丰厚。它所拥有的综合性、地域性以及传统技术特征

[1]钭晓东，欧阳恩钱．民本视阈下环境法调整机制变革［M］．北京：中国社会科学出版社，2010：185.
[2]张琛．西洞庭湖自然保护区社区共管体制研究［J］．国家图书馆皮书数据库，2006年5月.
[3]邵阳，毕蔚林，邓维杰，等．青海索加地区生物多样性保护和社区共管［J］．国家图书馆皮书数据库，2006年5月.
[4]薛达元．论民族传统文化与生物多样性保护［J］．第十六届中国科协年会——分4民族文化保护与生态文明建设学术研讨会论文集，2014.
[5]南文渊．山水环境保护与民族文化传承的一体性［J］．大连民族学院学报，2015（6）：530.
[6]薛达元．民族地区传统文化与生物多样性保护［M］．北京：中国环境科学出版社，2009：11.

能够弥补现代草原治理专业化技术不足之处。[1]因此，按照传统管理模式，自然保护区管理机构无视民族文化强制推行生态保护政策显然是不可取的。当然，这不仅涉及因传统文化利用而产生的成本效益问题还涉及民族自尊及信仰传承等问题。自然保护区管理机构应该重视民族文化与自然保护之间的良性互动关系。然而，对于民族传统文化的具体知识、实践及习惯等内容，自然保护区及周边社区的村民最熟悉也最有发言权。可以说，自然保护区及周边社区村民在将民族传统文化融入自然保护过程中发挥着不可替代的重要作用。为此，与传统管理模式不同的自然保护区社区共管模式为社区村民提供了主张并保护自己民族传统文化的平台。社区共管模式鼓励自然保护区及周边社区村民自觉参与生态环境保护，并将保护生物多样性与弘扬民族文化和传统知识有机地结合起来，保护优秀传统文化，促进当地经济社会发展。[2]但是，在挖掘保护民族传统文化的同时，自然保护区管理机构必须重视民族传统文化的负向发展问题。市场经济的发展，冲击、破坏并重构了传统民族文化的价值观、生态伦理观念。在传统地域社会中，不仅存在生态环境与民族传统文化的良性互动关系，而且具有同时衰退的性格。[3]如前所述，民族传统文化的破坏衰退会导致生态环境的恶化。某布朗族村寨的一些年轻人就因为受到外来文化影响，抛弃了优秀的龙山文化，在龙山里偷伐木材。[4]对此，社区共管模式并非摒除自然保护区管理机构等的行政强制执行力，而是在充分尊重民族传统文化的基础上，一方面，通过强制手段震慑偷伐等违法行为；另一方面，通过宣传、生态补偿、文化传承等挖掘保护优良传统文化。从而，社区共管模式促进了自然保护利益与传统文化利益的协同增进。

3. 促进自然保护区管理机构与社区村民经济利益的交融共进

自然保护区及周边社区村民具有经济发展的合法权益，但由于国家对其所处区域的生态功能定位，按照自然保护区条例，当地的经济发展模式及村民的生产生活方式受到限制。然而，这种限制不是盖然否定村民对土地、林地、林木的合法权利，按照公平理念，其应该受到合理的生态补偿。即便政府给予合理补偿，村民仍享有在不与自然保护理念相冲突的前提下进行发展的权利。这需要国家、社会和村民共同创新出更为环保和更体现自然保护理念的发展模

［1］孟和乌力吉.草原旅游与环境保护［J］.内蒙古民族大学学报：社会科学版，2012（6）：5.
［2］薛达元.论民族传统文化与生物多样性保护［J］.第十六届中国科协年会——分4民族文化保护与生态文明建设学术研讨会论文集，2014.
［3］孟和乌力吉.草原旅游与环境保护［J］.内蒙古民族大学学报：社会科学版，2012（6）：5.
［4］李曼碧，等.云南省少数民族地区与生态环境保护［J］.云南环境科学，2003（4）：48.

式，以替代传统不可持续的生产生活方式如兴建沼气池替代烧柴等。根据自然保护区条例的相关规定，生态旅游是行政法规明确授权可以组织经营的发展方式。同时，生态旅游不仅可缓解自然保护区管理经费紧张，而且是自然保护区村民实现经济发展的重要替代方式。按照公共选择理论，在传统管理模式下，自然保护区管理机构可能为了自身利益而挤压排除社区村民分享生态旅游的利益。在广东省，截至 2010 年，农民完全被排除在自然保护区旅游收益的利益分配之外。这可能导致村民通过破坏公司设施及随意兜售、强买强卖等"过度参与"方式进行反抗。[1] 为了促进生态旅游的可持续发展，必须保证社区成员都能享受旅游所带来的益处。[2] 那么，如何才能保证社区成员分享旅游收益？有学者应用"利益相关者"理论分析政府、自然保护区管理机构和社区的利益分配关系，认为，当地社区及其居民是生态旅游重要的利益相关者，也是生态旅游社会效益实现的关键要素，而社区参与生态旅游是其健康发展的必要条件。[3] 然而，当社区参与仅是一种技术性手段而没有内在的权利支撑，这种参与就只能是形式参与而非实质参与。如果形式参与仅仅停留在象征性层面，社区成员对生态旅游的收益又如何能够实现。只有从国家政治或法律层面上建立一套包括产权制度在内的支持性制度，才能切实保障社区参与旅游的权益。[4] 因此，我们应当从政治与权力的关系角度对社区参与进行分析。旅游产品的最终形式是政治家、社区和商业伙伴之间权力互动和合作程度的展示。[5] 斯切文思认为，对当地社区来说，要真正对旅游发展实施控制，需要将权力从国家层面放置到社区层面，如将当地各种宗教团体、相关机构、普通群众组织包括妇女和年轻人中选派代表参与到旅游发展决策过程中。[6] 从西方旅游增权理论的这种研究思路来看，社区增权意在增加社区的决策权力，加大社区在旅游事务管理中的话语权。从而，使社区参与由形式到实质，对生态旅游的利益分配享有一定的决定权。这种给予社区对旅游事务管理的决策权的制度设计，也正是自然保护区社区共管模式的核心设计。只不过，自然保护区社区共同管理的事务范围更广，包括但不限于生态旅游。自然保护区管理机构

[1] 丛艳国，蔡秀娟.集体林权制度改革对自然保护区生态旅游社区参与的影响 [J].北京林业大学学报：社会科学版，2013（2）：32.

[2] 张广瑞.关于旅游业的 21 世纪议程 [J].旅游学刊，1998（2）：50-54.

[3] 陈晓颖，等.国内生态旅游利益相关者研究综述 [J].林业调查规划，2015（1）：71.

[4] 王亚娟.社区参与旅游的制度性增权研究 [J].旅游科学，2012（3）：19.

[5] PEARCE P，MOSCARDO G，ROSS G.Tourism Community Relationships [M].NewYork:Pergamon，1996// 转引自左冰，保继刚.从"社区参与"走向"社区增权" [J].旅游学刊，2008（4）：59.

[6] 左冰，保继刚.从"社区参与"走向"社区增权" [J].旅游学刊，2008（4）：60-61.

具有生态旅游的法定管理权力，而自然保护区及周边社区村民对旅游资源具有一定的占有、使用等合法权益。与西方社区增权理论的研究相一致，自然保护区社区共管给予了社区一定的决策权、决定权，从而能够兼顾两者利益，促进自然保护区管理机构与社区村民经济利益的交融共进。

二、"去法化"的法治挑战：传统管理与自然保护区社区共管的法律冲突与重新法治化

根据美国杜兰大学宪法学教授基思·韦哈恩教授的研究，行政法的"去法化"趋势涉及决策者和法官的目的性努力，以使得行政机关免受那些控制行政决策过程和内容的规范约束。其核心在于，它提供了一条强调分散化政治决策价值的行政过程进路：相对于命令控制规制，更倾向于激励性规制；以协商式规制作为通告—评论程序的辅助；以非正式纠纷解决机制代替行政裁决等。从而，这种行政法的去法化改革构成了对传统行政法模型的沉重一击。[1]在我国，罗豪才教授主张的平衡论，与美国行政法的去法化变革观点相接近。在我国自然保护区管理领域，自然保护区管理机构与社区的合作管理也体现了这种去法化趋势。

自然保护区管理机构是经过法律授权的有权管理自然保护区的行政主体。按照法律法规规定，自然保护区管理机构不仅有权力也有义务制定自然保护区的各项管理制度，而且应当依法行政，对不经批准擅自进入自然保护区以及砍伐、放牧、狩猎、捕捞等行政违法行为进行行政处罚。显然，自然保护区管理机构行使管理职能，应当遵循行政法的基本原则，不能行政不作为也不能滥用职权、恣意行政。然而，在管理实践中，除行政法的约束之外，自然保护区管理机构却面临管理上的重要困境，即如何妥善处理与当地经济建设和居民生产、生活的关系。自然保护区条例仅规定，自然保护区管理机构应当妥善处理，但如何处理，则属于自然保护区管理机构的自由裁量权范围。这种过于宽泛的法律授权，是对自然保护区管理机构执政能力和水平的考验和挑战。那么，自然保护区管理机构应该以何理论为指导型构自然保护与居民生产生活的关系。管理论重公共利益，尤其是重国家利益，轻个体利益，简单地认为公共利益的实现自然会导致个体利益的实现。相反，控权论则重个体利益，轻公共利益，认

---

[1] 基思·韦哈恩.行政法的"去法化"［J］//罗豪才.行政法的新视野［M］.北京：商务印书馆，2011：2.

为人们在追求个体利益的过程中自然会实现公共利益。而罗豪才教授主张的平衡论却力求兼顾这两种利益。[1]在自然保护区，自然保护是通过立法意在保护的公共利益，而自然保护区及周边社区居民通过土地承包、集体林权改革之后对自然保护区的土地、林木等拥有合法权益。显然，比较管理论、控权论及平衡论的观点，自然保护区管理机构更适合以平衡论指导构建自然保护与居民生产生活关系。平衡论根据现实需要，自始主张应该尽量弱化行政权的强制性色彩，大量发展、采用行政指导、行政合同、行政奖励等非强制性行政措施。[2]为此，自然保护区管理机构应当尊重居民合法权益，以绿色养蜂等可持续生产方式引导、以多方协商方式订立自然保护公约以及通过生态补偿方式予以奖励等措施在改善自然保护区与居民关系的基础上促进自然保护。这些非强制性行政措施，更加注重行政相对人的自愿合作，尤其是其中的协商方式。为了更好地实现自然保护区与社区居民的合作，自然保护区社区共管模式应运而生。

自然保护区社区共管弱化了行政过程的法律性而更具有政治性的趋势。在共管协商过程中，自然保护区管理机构既没有特别的权力优势也没有决定性话语权，只是多元参与主体的普通一员。这种共管模式不仅模糊了自威尔逊始所主张的政治行政二分的界限，[3]而且会冲击传统行政法的价值并危及依法治国原则中对法治的承诺。因此，自然保护区社区共管模式所引发的去法化趋势，不仅会对传统管制模式形成冲击，也会对我国法治形成挑战。然而，值得深思的是：虽然我国目前的首要任务是现代法制建设，但是传统文化的特殊性决定了中国的现代化需要以后现代主义作为选择性继受的参照系和衡量标准。[4]因此，我们不能因噎废食，固守法律形式主义，应当借鉴后现代主义的观点，从法律与社会视角进行更切合我国实际的综合分析。

（一）法律权威冲突：传统管理的规则、形式权威与社区共管的目的权威

随着中央对依法治国的推进，我国现代化法制建设出现良好的发展态势。在现代化法治建设中，作为法律秩序的法律不仅应具备公共性和实在性，而且应具备普遍性和自治性。[5]卢曼认为，法律系统与其他社会子系统是各自分

［1］宋功德. 行政法的均衡之约［M］. 北京：北京大学出版社，2004：32-33.
［2］宋功德. 行政法的均衡之约［M］. 北京：北京大学出版社，2004：41.
［3］丁煌. 西方行政学术史［M］. 武汉：武汉大学出版社，2004：20-21.
［4］季卫东. 面向二十一世纪的法与社会［J］. 中国社会科学，1996（3）：106.
［5］R.M. 昂格尔. 现代社会中的法律［M］. 吴玉章，周汉华，译. 南京：译林出版社，2001：50.

化出自身理性的相互视对方为环境的自治系统。[1]该阶段的法制建设接近诺内特所称的自治型法的体制。自治型法的法律秩序采纳"规则模型"。[2]法律以规则为权威,由规则支配。自然保护区的传统管理模式应当受行政许可法、行政处罚法及自然保护区条例等法律规则的约束,自然保护区管理机构可以在法律的授权范围内享有一定的自由裁量权。然而,受后现代主义思潮的影响,基于传统文化与后现代观点相契合的法理念,如儒家不强调对抗而强调和谐的文化理念,自然保护区社区共管模式得以创建。社区共管冲击弱化了规则权威,继而通过协商达致重叠性共识,以实现自然保护与社区经济发展的共赢目的。

1. 规则与形式

说一种规则体系是形式的,就是指该体系允许其官方的或非官方的解释者仅仅根据规则本身,以及是否具备规则所要求的有关事实而论证自己的决定,根本不用考虑公平和效益的问题。[3]这种对规则的严格适用,忽视了对目的、需要和结果的注重,可能导致法条主义,即一种依靠法律权威而不利于实际问题解决的倾向。[4]在实践中,法条主义可能满足于官员的形式遵从而引发实质上的法律规避。官员对规则的忠诚并不能保证行政自由裁量权的行使合乎法律目的。按照公共选择理论,作为经济人的政府官员在自由裁量权范围内的行政行为更倾向于进行寻租谋求私人利益。自然保护区管理机构根据法律授权对管理事项享有宽泛的自由裁量权,如制定自然保护区各项管理制度的立法裁量及组织参观、旅游的行政裁量等。尤其是对参观、旅游的组织,行政法规仅限定"不得影响保护自然保护区的自然环境和自然资源。"具体如何组织、利益分配等,自然保护区管理机构享有很大的自由裁量权。在具体的管理实践中,由于自然保护区经费不足等原因,法律形式主义并不能有效控制自然保护区管理机构对旅游的单方组织、管理权力,反而由于官员对规则的形式遵守为实质寻租披上了合法外衣。从而,导致了自然保护区管理机构与自然保护区及周边社区居民的基于生态旅游的利益冲突。为此,有必要进行反思,因为,正如实践所证明,公平越是屈从于规则的逻辑,官方法律与老百姓的正义感之间的差

---

[1] 宾凯.法律如何可能:通过二阶观察的系统建构 [J].北大法律评论,2006(2):360.
[2] P.诺内特,P.塞尔兹尼克.转变中的法律与社会:迈向回应型法 [M].张志铭,译.北京:中国政法大学出版社,2004:60.
[3] R.M.昂格尔.现代社会中的法律 [M].吴玉章,周汉华,译.南京:译林出版社,2001:197.
[4] P.诺内特,P.塞尔兹尼克.转变中的法律与社会:迈向回应型法 [M].张志铭,译.北京:中国政法大学出版社,2004:71.

距也就越大。[1]

2. 目的与参与

过度关注规则，甚至将规则本身转变为法律目的，会使机构变得僵硬，加剧形式正义背后的实质上的不公平，正如自然保护区管理机构对生态旅游的管理所引发的利益冲突一样。为了推动实质正义的实现，有必要将形式性推理转变为目的性推理即如何适用规则完全由目的来决定、控制。目的性推理增加了官员实施行政行为时的灵活性，也必然会授予机构及其公务人员更为宽泛的自由裁量权。在西方福利国家，受到影响的后自由主义社会就可能出现这样的趋势，即在立法、行政及审判中，迅速的扩张使用无固定内容的标准和一般性条款。[2]在我国，自然保护区条例第五条关于"应当妥善处理与当地经济建设和居民生产、生活的关系"的规定，亦属于典型的概括性条款。然而，这种宽泛的授权可能会使法律失去约束其官员的能力，导致恣意行政甚至退回压制性管理。因此，探求目的对于法律机构来说是一项冒险的作业。[3]尽管诺内特与塞尔兹尼克认为，"如果认真对待目的，它们就能控制自由裁量权，从而减轻制度屈服的危险。"[4]但是，关键的问题是，如何才能保证官员认真对待目的。这同样会陷入公共选择理论的困境。其后，诺内特与塞尔兹尼克提出的破解路径是法律参与和政治参与。[5]对此，德国托依布纳提出的"反思性的法"[6]与罗豪才教授主张的平衡论，均可借鉴作为解决问题的重要选择路径。

从法律与社会的关系视角分析，平衡论者主张的促进行政相对人合作、参与的观点，[7]非常接近诺内特与塞尔兹尼克关于回应型法中后官僚组织的论述。[8]从某种程度上，自然保护区社区共管更像是后官僚组织的一种应用模式。回应型法强调目的重要性，命令控制型的强制性措施与行政指导、行政合同、

---

[1] R.M. 昂格尔. 现代社会中的法律 [M]. 吴玉章，周汉华，译. 南京：译林出版社，2001：198.

[2] R.M. 昂格尔. 现代社会中的法律 [M]. 吴玉章，周汉华，译. 南京：译林出版社，2001：187.

[3] P. 诺内特，P. 塞尔兹尼克. 转变中的法律与社会：迈向回应型法 [M]. 张志铭，译. 北京：中国政法大学出版社，2004：86.

[4] P. 诺内特，P. 塞尔兹尼克. 转变中的法律与社会：迈向回应型法 [M]. 张志铭，译. 北京：中国政法大学出版社，2004：86.

[5] P. 诺内特，P. 塞尔兹尼克. 转变中的法律与社会：迈向回应型法 [M]. 张志铭，译. 北京：中国政法大学出版社，2004：106-116.

[6] 贡塔·托依布纳. 魔阵·剥削·异化——托依布纳法律社会学文集 [M]. 泮伟江，高鸿钧，等，译. 北京：清华大学出版社，2012：267-315.

[7] 叶必丰. 行政法的人文精神 [M]. 北京：北京大学出版社，2005：149-161.

[8] P. 诺内特，P. 塞尔兹尼克. 转变中的法律与社会：迈向回应型法 [M]. 张志铭，译. 北京：中国政法大学出版社，2004：111-112.

行政奖励等非强制性行政措施，只是实现法律目的的手段。而自然保护与居民生产生活的协调可持续发展是妥善处理自然保护区和居民关系的立法目的。后官僚组织授权动用各种手段去实现目标，在自然保护区管理中，自然保护区社区共管是实现该自然保护区立法目的的重要模式和最佳选择。

3. 冲突的症结：从条件模式到目的模式下的"法治"解体

形式理性强调规则的权威性，由形式理性支配的典型的法律行为模式就是"条件模式"。法律规则的逻辑结构占主导地位的学说为三要素说，即假定、处理和制裁。但招致的批评较多，主要是制裁作为否定性结果只是法律结果的一种，不能涵盖其他可能的法律效果，作为法律的普遍性要素之一，确有以偏概全之嫌。这也导致二要素说的逐渐兴起，即行为模式与法律后果。[1]从性质上分析，假定、处理与行为模式均是适用法律规则的前提条件与要求，即构成要件。如果构成要件被满足，则一定的法律效果便会发生。对于行政法来说，在条件模式下的具体行政行为乃是"输入取向"的，所考虑的只是"输入项"，即只针对过去已发生的事实，因此，也是"过去取向"的。[2]在形式化的标准下，对应于不同的行为模式或"条件"，法律后果是确定的，可预测的。这使法律系统作为一个自洽的自治系统得以可能，但由于其过分强调法律系统的稳定性，指向过去缺乏回应性，不考虑规则适用的外部效果，所以，可能使行政主体与行政相对人产生隔阂，甚至引发冲突。这也是平衡论者批评控权论之处。我国自然保护区管理机构作为行政主体，实施的传统行政管理模式应属条件模式。在法律的授权下，其对自然保护区实施的统一管理，应当严格遵循法律规则。但自然保护与当地社区发展的复杂关系，很难以法律明确规定的形式进行规范，规则的概括性、模糊性不可避免。由形式支配的条件模式使自然保护区管理机构面临无所适从的困境，基于政治与行政系统的绩效考核，为了规避责任和防止冲突，可能会出现怠于执法的不作为现象。无论是积极行政导致冲突还是消极行政不作为导致自然保护利益损失，均彰显了条件模式在应对自然保护区管理上的不足与缺陷。

针对条件模式的僵硬与不足，一种颇具弹性、回应性、注重法律效果的"目的模式"进入后现代主义者的视野。目的模式强调目的权威性，改形式推理为目的推理，遵循目的—手段式的逻辑结构。在目的模式下，法律只规定需要达

---

[1]张文显.法理学［M］.4版.北京：高等教育出版社，北京大学出版社，2011：69.

[2]张桐锐.合作国家［J］∥翁岳生教授祝寿论文编辑委员会.当代公法新论［M］.台北：元照出版有限公司，2002：569.

成的目的，而不规定具体的构成要件，至于达成目的所需手段则由实施行政行为的官员自主决定。因此，目的模式仅指向未来的行为效果，不关注具体的实施手段，属于输出取向、未来取向。[1]与条件模式相比，目的模式授予了机构与官员更加宽泛的自由裁量权，可以根据具体现实情况自主采取更为切实可行的手段和路径，以达成目的。对于自然保护区的行政管理来说，自然保护与社区发展的二元目的增加了自然保护区进行目的性管理的难度。自然保护区管理机构本身的职责定位，决定了本机构公务人员构成及获取的信息范围。以此视角分析，自然保护区管理机构对自然保护目的具有较强的决策能力，但对社区发展来说，更有发言权和决策能力的是关乎切身利益的社区居民。为了兼顾二元目的，充分体现多元意志合作的自然保护区社区共管成为最佳手段和最优路径选择。

然而，对目的的强调，使特殊的规则、政策和程序逐渐被当作是工具性的和可牺牲的，[2]这可能引发自然保护区社区共管与强调规则、程序的传统管理模式之间的冲突。自然保护区社区共管虽可能协商出有利于二元目的实现的决策，但对该决策的预测具有极大的不确定性，这将影响利益相关者的行为预判和预期，威胁法律秩序的稳定。并且，自然保护区社区共管的最终决策涉及多元利益衡量和价值选择，这可能模糊立法与行政的权限划分，突破自治型法条件模式对行政的基本定位。因此，从条件模式向目的模式的转变，不仅破坏了法律秩序区别于其他类型的相对普遍性和自治性，而且，还使以法治为代表的政治理想威信扫地，甚至会鼓励法治的解体。[3]

（二）法律应对冲突与协调：从传统管理的自由裁量权到社区共管的协商

在我国环境法律法规中，存在大量软法，除《清洁生产促进法》《可再生能源法》等软法性法律外，在《环境保护法》等法律中还有诸多鼓励性、倡导性和授权性的概括性条款与一般性条款。如"县级、乡级人民政府应当提高农村环境保护公共服务水平，推动农村环境综合整治。""国家鼓励和引导公民、法人和其他组织使用有利于保护环境的产品和再生产品，减少废弃物的产生。"

[1]张桐锐.合作国家[J]//翁岳生教授祝寿论文编辑委员会.当代公法新论[M].台北：元照出版有限公司，2002：570.

[2]P.诺内特，P.塞尔兹尼克.转变中的法律与社会：迈向回应型法[M].张志铭，译.北京：中国政法大学出版社，2004：87.

[3]R.M.昂格尔.现代社会中的法律[M].吴玉章，周汉华，译.南京：译林出版社，2001：190，193.

以及《自然保护区条例》"应当妥善处理与当地经济建设和居民生产、生活的关系"等条款。这些条款在给行政主体增加义务、责任的同时，也赋予了其相当宽泛的自由裁量权。如何履行这些责任、义务，行政主体面临多重选择：一是基于法律的自治性、普遍性，按照传统管理模式进行权力主体的单方决策；二是以目的为导向增加法的回应性，进行协商式共管；三是软硬结合，在形式理性的框架范围内适度引进协商治理。借鉴诺内特与塞尔兹尼克关于法的类型的论述，这些选择反映了不同法的类型对概括性条款的应对策略。传统管理模式的单方决策与共管的协商式决策在管理理念上截然不同，在自然保护区的实践管理中引发冲突在所难免，但如何取长补短进行更有效的管理则是需要更深入探讨的话题。

1. 自治型法的软法应对：传统管理的自由裁量权限制

自治型法注重形式理性及法律系统的自洽性，因此，在自治型法中，环境行政主体主要采取单方决策的管理模式。即便有合作，也仅止于象征性参与，这种管理组织是一种封闭的科层制官僚组织，其实施的是权威型环境治理模式。[1]

根据环境保护法的软法性条款规定，环境行政主体享有广泛的自由裁量权。宽泛的授权赋予了环境行政主体根据事实灵活决策或作出行政决定的选择自由。在裁量选择过程中，环境行政主体不可避免会进行多元价值和利益衡量。这种裁量模糊了传统上政治与行政二分的界限，带有了立法性质。在权威型环境治理模式下，缺乏硬法条款约束的仅凭单方意志的立法性裁量或裁决、决定，按照公共选择理论，恣意行政、寻租等自利行为可能会泛滥。因此，尽管保留行政主体一定的自由裁量权是必需的，但过于宽泛的授权仍会带来严重问题。在控权无能为力时，自治型法滑向压制型法的危险就增加了。没有有效法律控制的权力可能带来难以想象的负面后果。为了减少环境行政主体的恣意行为，必须约束软法性条款所赋予的自由裁量权，以稳定社会对环境行政行为的预判。按照自治型法的形式推理与条件模式，对环境行政主体自由裁量权的限制最理想的路径是硬法性条件约束。硬法性条件可通过两个途径规范：一是法律修订或相关新法的重新规范；二是行政规章。如果通过法律修订或新法重新规范，则这些硬法性规定显然改变了环境软法性条款的性质，由不确定性变为确定性，软法也变为了硬法，环境行政主体的自由裁量空间被严重压缩挤压。当然，如

---

[1] 杜辉. 论制度逻辑框架下环境治理模式之转换 [J]. 法商研究，2013（1）：71.

果立法者能够通过制定硬法条款实现法律目的，该选择不失为上佳之策。然而，由于风险社会"科学上的不确定性"以及环境治理手段与技术的复杂性、综合性，环境行政主体需要宽泛的自由裁量权去现场应对复杂的环境治理局面。因此，去除软法性条款的路径选择并不符合环境治理的现实。如果通过行政规章，尽管可达控制行政权的目的，但从实质上看，其是行政主体的自我权力控制。当面临多重利益与价值选择时，行政规章制定的合法性基础不免会受到质疑。另外，由于科学不确定性及信息不对称，尤其是企业具有环境信息优势时，行政规章有关限制环境行政主体自由裁量权的具体性规定，也会受到行政合理性的质疑。为此，只能另辟蹊径。于是，对环境行政主体的自由裁量权进行软法约束成为自治型法的次优选择。但受到质疑的是，软法的弹性与软约束如非国家强制性对环境行政主体自由裁量权的控制力强弱。除此之外，对软法性条款的软法应对可能会陷入同义重复的相同困境。因此，自治型法面对环境保护软法性条款的冲击，并无良策。

同时，概括性条款赋予环境行政主体的责任并无法律的强制性规定，其主要依靠环境行政主体的考核约束机制。结果，环境行政主体的权力大幅扩张，但责任却在法律上被虚置。这导致法律对相应环境行政行为的约束力降低，损害了规则的权威性。在环境管理实践中，环境行政主体可能会在有利益时滥用自由裁量权，无利益时则推诿怠于行政。自然保护区管理机构对生态旅游的管理就存在这样的倾向。对于自然保护区的管理来说，自然保护区管理机构享有相当宽泛的自由裁量权处理与当地经济建设和居民生产、生活的关系。由于对自由裁量权的限制效果不佳，一些自然保护区管理机构按照传统管理模式采取了高压政策，滑向压制性法，从而导致冲突。为此，自然保护区管理机构应当反思传统管理，探索新的管理模式。

2. 回应型法的软法应对：自然保护区社区共管的协商

回应型法强调目的权威和开放性，只要环境行政主体的行政行为符合法律目的，则可以牺牲形式理性和削弱规则权威。同时，为了防止法律倒退回压制型法，应当增加法律系统的开放性，即法律参与和政治参与。针对自然保护区条例中的软法性条款即妥善处理自然保护与社区生活与发展的关系，回应型法不关注形式与规则对自由裁量权的限制，而专注于自然保护与社区发展双重目的下的社区参与管理。与传统管理的服从模式不同，社区参与改变了自然保护区管理的决策结构。为了真正体现社区居民的利益，社区参与自然保护区管理的模式构建不能仅停留于形式上的参与，因为，形式参与虽增加了官员与社区居民之间的接触，但官僚很少会调整自己的议程而回应居民的要求。[1]为此，在社区参与自然保护区管理的模式中，社区居民参与管理的代表应当享有与自然保护区管理机构官员平等的话语权和决策表决权。这种重视平等的实质参与最终促成了自然保护区社区共管模式。

与传统管理对环境行政主体的自由裁量权进行条件限制的思路不同，自然保护区社区共管以协商应对软法性条款的宽泛授权。美国学者克里斯蒂安·亨德诺认为，官僚自由裁量权的主要问题并不是行政权力，而是其不民主的实践。并且，建构对官僚自由裁量权的民主控制不应当直接依赖于立法机关。应该说，控制官僚自由裁量权的协商理论承赋着希望。[2]协商不同于对话、讨论和一般的交流，强调理性的观点和说服而不是操纵、强迫和欺骗。[3]在协商过程中，有利于自然保护的乡规民约、传统文化、习惯以及环境保护法律法规中有关公民一般性的环境义务规定等软法规范，有助于自然保护区管理机构官员与社区居民代表形成兼顾自然保护与社区发展的共识，而不是行政威压下的被迫同意。由于通过说理达成共识，社区共管能够提高社区居民的自愿遵守程度，包容多元利益，促进合作博弈。由此，社区共管模式不仅是协商民主在自然保护管理中的应用，而且更重要的是，社区共管是应对自然保护区管理复杂局面的优先选择。

3. 冲突的解决之策：自由裁量权的协商治理

针对自然保护区管理机构应当妥善处理社区发展的软法性条款，自治型法与回应型法的不同应对是传统管理模式与自然保护区社区共管模式的冲突所在。对于宽泛的自由裁量权，传统管理模式与社区共管模式具有两种不同的解决思路：前者采取硬法性条件或软法规则限制裁量权的思路，依赖的是立法、行政及司法等国家控制的官方控权路径；后者不关注对裁量权的形式限制，但以协商民主的共管包容多元利益，间接达到了以社会路径控制自由裁量权的目的。两种思路孰优孰劣，不是简单的零和博弈或赢者通吃局面。我国目前正在着力构建法治社会，确立以法治国、依法行政的法治理念。但中国也不能完全摒弃排除后现代主义法律思潮的影响，因为传统文化的特殊性决定了中国的现

---

［1］克里斯蒂安·亨德诺. 法团主义、多元主义与民主：走向协商的官僚责任理论［J］//陈家刚. 协商民主［M］. 台北：三联书店，2004：305.

［2］克里斯蒂安·亨德诺. 法团主义、多元主义与民主：走向协商的官僚责任理论［J］//陈家刚. 协商民主［M］. 台北：三联书店，2004：298.

［3］陈家刚. 协商民主［M］. 台北：三联书店，2004：335.

代化需要以后现代主义作为选择性继受的参照系和衡量标准。[1] 因此，两种思路的选择应结合我国现代化法治建设的实践，力求取长补短，实现优势互补。

　　环境保护法软法性条款的规定并非越多越好，这与我国的立法传统有关。在环境保护立法的初期，为了促使人大代表对环境法草案"政治通过"（所谓政治通过，借用叶俊荣教授的观点，乃是一个最安全的策略选择，即在环境立法领域中通过了严格的法律，但又预见行政机关没有办法执行。[2]），多数环境资源法律条文的规定过于原则、笼统，可操作性差。[3] 近年来，随着中央重视及环境立法技术的提高，环境法律法规中的软法性条款在减少。但也应防止滑向另一个极端，即完全杜绝软法性条款。由于环境治理的复杂性、环境信息的不对称性及科学上的不确定性等诸多因素影响，环境保护法上的软法性条款也有其存在的合理性。这也为后现代主义法律思想的适用提供了契机。自然保护区条例关于妥善处理社区发展关系的软法性条款，过于原则、笼统，就我国目前的法治实践来看，确有深层次限制的必要。随着自然保护区的立法进程如修订、从行政法规上升为效力更高的由人大或常委会制定的法律等，可以在将该软法性条款确立为原则后，进行深层次的细化规定。有的地方性规章已开始在此方向上进行探索，如福建省政府 2015 年通过的《福建武夷山国家级自然保护区管理办法》规定，"保护区管理机构可以在保护区实验区内划定固定的生产区域，合理安排保护区内村民开展毛竹采伐和茶叶生产等活动。"当然，该项规定虽对妥善处理社区发展进行了进一步的具体规范，但自然保护区管理机构的自由裁量权仍然很大。如在生产区域的划定、安排等领域。这也是自然保护实践不可避免的，因为自然保护与社区发展是自然保护区管理的基本价值选择与利益衡量，所以完全详细具体的规定是不现实的。也正是在该经过限缩的自由裁量权范围内，体现后现代主义精神的社区共管成为合理的必然选择。在《福建武夷山国家级自然保护区管理办法》中，还对自然保护区社区共管的雏形进行了初步规范："保护区管理机构负责制订保护区的联合保护公约和章程，组织辖区内村（居）民共同参与保护工作，协调解决保护管理中的有关问题。"

　　综上分析，针对环境软法性条款，环境立法不仅不应割裂传统管理与社区共管，而且应当促进两者的有效联合，即在通过规则限制自由裁量权的基础上进行协商性共管治理。

---

　[1]季卫东.面向二十一世纪的法与社会[J].中国社会科学，1996（3）：106.

　[2]叶俊荣.环境政策与法律[M].北京：中国政法大学出版社，2003：83.

　[3]马骧聪，王明远.中国环境资源法的发展：回顾与展望[J]//王曦.国际环境法与比较环境法评论[J].2002
　　（1）：343.

（三）"去法化"的重新法治化：新程序主义

自然保护区及周边社区的生产生活尤其是经济发展，原本应当遵循我国社会主义市场经济的基本原则，由社区居民自主决定。但由于其地处自然保护区，属于国家限制、禁止发展区域，自然保护区管理机构有权按照自然保护区条例规定进行自然保护。由此，当社区居民的经济发展活动与国家的自然保护活动发生冲突时，社区居民原则上应接受自然保护区管理机构的管理。按照自然保护区条例规定，社区居民应当遵守自然保护区的各项管理制度，不得进行砍伐、放牧、狩猎、捕捞、采药、开垦、烧荒、开矿、采石、挖沙等活动。该项规定是禁止性条款，其合理性存疑：第一，放牧、狩猎、捕捞、采药、开垦等活动往往与社区居民的生产生活密不可分，对这些行为的绝对禁止，在相应的生态补偿制度不完善及替代生计不到位的情况下，只会加剧社区居民的贫困化程度。第二，这些活动经过提炼可能成为传统文化和地方知识的组成部分，禁止这些活动可能会阻断社区居民的文化传承，不利于与生物多样性相一致的文化多样性的保护与发展。第三，仅仅为了文化传承或自用目的，社区居民进行这些活动对自然环境的影响甚小，甚至融入周围环境成为自然进行更新的一环如狩猎、捕捞、采药等。按照辅助原则与最小限度干预原则，自然保护区管理机构无必要进行干预。我国台湾地区《原住民族基本法》第十九条亦规定，以传统文化、祭仪或自用为限，原住民可以猎捕野生动物、采集野生植物及菌类等非营利行为。[1]我国也有地方性法规对上述禁止性行为进行了限缩性规定，如《云南省文山壮族苗族自治州文山老君山保护区管理条例》第十七条规定的禁止性行为有：猎捕、采集列入国家和省保护名录的野生动物、植物；乱砍滥伐、毁林开垦；经营性采石、挖砂等。而且，在2015年8月的修订草案中，有条件地授权个人经过合法审批后可采伐个人所有的人工用材林。[2]也许正是由于上述考虑，该项规定尚有但书性规范即法律、行政法规另有规定的除外。然而，法律、行政法规如何规定才能详尽考量需要进行例外排除的各种特殊情形呢？也许法律系统只能以一种规定急剧增加与复杂化的方式，来回应环境治理的迫切需要。[3]然而，新的规范大潮就能解决问题吗？也许政治系统需要向相反

[1]中国台湾行政院研究发展考核委员会，黄居正.我国原住民族在资源保育地区共同治理相关法令及执行机制之研究[M].台北：致琦企业有限公司，2013：29.
[2]陶开晖.关于对修订《云南省文山壮族苗族自治州文山老君山保护区管理条例（修订草案）》和制定《文山壮族苗族自治州南坝美旅游区管理条例（草案）》审查意见的报告[EB/OL].2017-09-25.
[3]鲁曼.生态沟通：现代社会能应付生态危害吗？[M].汤志杰，鲁贵显，译.台北：桂冠图书股份有限公司，2001：120.

的去法化方向发展，以目的为引导对自然保护区管理机构进行宽泛授权（如妥善处理社区发展的条款），并以协商民主的方式进行建构。

1. 法律的限制：去法化的内在原因

法律的功能是以完全一致的可一般化的期待形式，为社会准备好规范结构。[1] 自然保护区条例作为自然保护区管理的专门性行政法规，需要为自然保护与社区发展之间的社会关系准备好规范结构，以解决自然保护区管理机构与社区居民之间可能会发生的纠纷与冲突。然而，社区发展在各个自然保护区各具特色，往往具有独特的农业生态系统、农业生物多样性和生态文化多样性。而且，随着社会发展，生产生活方式也在不断变化。对于哪种活动是有利于或有害于自然保护，法律很难通过事先判断，从而做出禁止、限制或鼓励的行为模式规定。正如前述对禁止放牧、狩猎等活动的条款分析，法律对具体行为的禁止性规定不一定是适当的。按照全国主体功能区规划，国家级自然保护区属于禁止开发区域。在禁止开发区域，国家严格控制人为因素对自然生态和文化自然遗产原真性、完整性的干扰，但并非绝对禁止自然保护区及周边社区的生产生活发展，在实验区，符合自然保护区规划的旅游、种植业和畜牧业等活动是允许进行的。显然，法律不可能穷尽自然保护与社区发展中的一切具体情形，从而进行确定的一般化的具体行为模式规定。否则，这不仅会引起卢曼所称的规范大潮，而且会在法律的规范性框架内，不可避免地导致法律系统的负荷过重。[2] 如果立法者不顾法律的超负荷征兆，尝试进行各种强制性的具体行为模式规定，则不一定能够产生应有的实效。如在陕西太白山自然保护区，盗伐、偷猎愈演愈烈。[3] 因此，法律的自我功能限制越来越明显，尽管我们不可能概括出最后的限制，但法律系统显然已不再有能力为其他社会子系统的内部控制发展出必要的控制能力。[4] 为此，立法者应当去寻找法律的替代物，或者至少是新的非法律化方法。[5] 也正是法律的自身限制，使政治系统不得不去寻找法律以外的社会控制方法，从而成为行政法去法化的内在原因。

[1] 贡塔·托依布纳. 魔阵·剥削·异化——托依布纳法律社会学文集 [M]. 泮伟江，高鸿钧，等，译. 北京：清华大学出版社，2012：304.

[2] 卢曼. 法律的自我复制及其限制 [J] // 韩旭，译，北大法律评论，1999，2（2）：468.

[3] 李小云，左停，唐丽霞. 中国自然保护区共管指南 [M]. 北京：中国农业出版社，2009：26.

[4] 贡塔·托依布纳. 魔阵·剥削·异化——托依布纳法律社会学文集 [M]. 泮伟江，高鸿钧，等，译. 北京：清华大学出版社，2012：302.

[5] 卢曼. 法律的自我复制及其限制 [J] // 韩旭译，北大法律评论，1999，2（2）：462.

2. 商谈理性：去法化的外在促进因素

环境利益与经济利益是环境法调整的基本利益关系。尽管我国现行环境保护法仍然采纳二元目的论，但对经济利益的具体确认保护并不是环境法的功能，环境法只是总体上认可经济利益的正当性，并以此为前提，通过环境标准及环境可以容纳的污染总量方面从技术上确立国家环境干预的必要限度。只要企业达标排放及符合总量控制要求，环境行政部门无权干预企业的具体经营管理，这是企业自主经营的自由权范围。但在自然保护区管理领域，通过技术标准来界分国家干预的界限并不可行。环境利益与经济利益的博弈在自然保护区管理中具体化为自然保护与社区发展的利益衡平。自然保护区虽属于禁止开发区域，但并非绝对禁止自然保护区及周边社区居民的生产生活活动。至于调整社区居民生产生活活动的标准，自然保护区管理机构仅援引一般的环境标准与总量控制是不够的，其应当实施更为严格的要求。但由于生态系统保护需要考量的因素比较多元，自然保护区管理机构干预限制社区居民生产生活活动的严格技术标准难以进行一般化的明确规定。因此，自然保护区管理机构已不能再在一个规范含义明确无误的责任框架中，把活动仅限于以规范上中立的、具有专业能力的方式来执行法律。[1] 为此，立法者可能会选择信赖自然保护区管理机构的管理能力，对其进行宽泛授权，如自然保护区条例概括性规定"妥善处理与当地经济建设和居民生产、生活的关系"。但该路径扩张了自然保护区管理机构的行政管理权力，除了公共选择理论的寻租考虑，也可能会提出超出自然保护区管理机构自身能力的职责要求。因为这对自然保护区管理人员的素质要求更高：不仅要懂自然保护管理的法律法规政策及具体管理制度，还要熟悉社区居民的生产生活方式及对自然生态系统可能造成的各种损害，同时能够采取适当的限制措施兼顾自然保护与社区发展。然而，即便自然保护区管理人员能够为自然保护利益考虑，也具备相应的能力素质，还可能会产生"受益性歧视"[2]问题即社区居民虽可能受益但由于管理机构的强制管理而感觉自由选择的合法权益被剥夺。更何况，传统管理模式下的自然保护区管理机构的单方决策还可能事与愿违产生负反馈循环，[3] 如为了保护自然生态系统，不顾社区居民利益进行威权式强制管理，造成自然保护区管理机构与社区的矛盾冲突，反过来，加剧了对自然环境的破坏。显然，这种单纯扩张自然保护区管理机构行政权力

---

[1] 哈贝马斯.在事实与规范之间 [M].童世骏，译.台北：三联书店，2003：543.

[2] 哈贝马斯.在事实与规范之间 [M].童世骏，译.台北：三联书店，2003：521.

[3] 哈贝马斯.在事实与规范之间 [M].童世骏，译.台北：三联书店，2003：523.

的路径，突出了实质法律理性，不仅会对现有的有关自然保护区的法律体系的认知能力提出过高要求，而且很快会达到国家调控的控制能力的界限。[1]如果对这种实质理性不加以控制，法律甚至会有倒退转向压制型法或管理法的趋势。对实质理性的控制，显然不能返回到自治型法的形式控制路径，只有尊重各方权利的民主化路径才能实现对自然保护区管理机构行政权力的最好控制。这种民主化过程在自然保护区管理中会产生出商谈结构即自然保护区社区共管模式。于是，商谈理性替代形式理性、实质理性，成为法律自我限制的新的应对策略。自然保护区社区共管也变革了传统管理模式下的自然保护区管理机构的单方决策路径。然而，自然保护区社区共管涉及多元价值选择，使最终决策具有不可预测性与不确定性，这破坏了法律的普遍性与自治性，加剧了行政法去法化的进程，也是去法化的外部促进因素。

3. 法律的回归与进化：新程序主义

法律是社会控制的首要工具，只有法言法语才能成为生活世界与系统以及各个子系统之间的普遍性沟通媒体从而发挥整合功能。[2]各种"非法律化"策略充其量是一些关于重构法律系统的建议。[3]行政法"去法化"的趋势，并不是说现代社会不需要或应当减弱法律的控制，而是警示我们应当反思现代社会的法律结构并建构新的法律范式。对于法律的自我限制的观点，哈贝马斯认为，说新的政府导控任务的复杂性超出了法律媒介本身的承受能力，这种结论并不能令人信服。只有当法治国的危机被描述为没有出路的时候，法律的社会整合力才是结构上不堪重负的。这种无出路论的根源，可能是那种偏向于功能主义的、只关注政府活动的法律观。[4]自然保护区社区共管通过拓宽法律关注的视野，即从自然保护区管理机构等政府部门的单方管理活动扩展至所有享有决策权的多元主体的民主协商活动，从而使法律摆脱控制能力的限制困境。只不过，这时候的法不是作为社会技术性的"控制媒介"起作用，而是作为需要合法化和能够合法化的"制度"，为自然保护区管理机构、社区居民及相关利益关系者等多元主体的民主协商过程规范"外部宪章"。[5]为此，自然保护区社区共管的协商模式在促进行政法去法化的同时，又使行政法突破法律的

［1］贡塔·托依布纳.魔阵·剥削·异化——托依布纳法律社会学文集［M］.泮伟江，高鸿钧，等，译.北京：清华大学出版社，2012：300.

［2］季卫东.法律程序的形式性与实质性［J］.北京大学学报：哲学社会科学版，2006（1）：123.

［3］卢曼.法律的自我复制及其限制［J］// 韩旭，译，北大法律评论，1999，2（2）：447.

［4］哈贝马斯.在事实与规范之间［M］.童世骏，译.台北：三联书店，2003：537.

［5］贡塔·托依布纳.魔阵·剥削·异化——托依布纳法律社会学文集［M］.泮伟江，高鸿钧，等，译.北京：清华大学出版社，2012：300.

自我限制重新法律化，并破茧成蝶进化为一种新的程序性法律范式。如果把"形式的"理解成"空洞的"和"内容贫乏的"，那这种程序性法律范式区别于早先的法律范式的地方就不在于它是"形式的"，[1]而在于它对形式正义与实质正义的同时追求。

　　自然保护区社区共管应当借助于程序法在一个始终取向于效率视角的行政的决策过程中建立起合法化过滤器。[2]自然保护区社区共管需要法律系统为正式"商谈"组织、程序、管理和权限发展出规范。但这些法律规范仅是程序性的，为自然保护区社区共管的运行提供外部架构而不干预自然保护区管理机构、社区居民等多元主体的对话沟通与实质性共识的达成。本书关于自然保护区社区共管法律机制的研究也是基于此视角展开的。

三、决策事项的分工与协作：社区共管的事务范围

　　自然保护区社区共管可以有效应对自然保护区条例概括性条款所带来的自然保护与社区发展之间的复杂关系与可能困境，促进自然保护区与社区的可持续发展。然而，自然保护区社区共管不是万灵丹，无法全方位应对自然保护区管理中的诸多问题，如自然保护区条例中强制性条款的执行就需要自然保护区管理机构的命令—控制手段。毫无疑问，无论在概念上还是在现实中，自然保护区管理机构是难以被排除的。而且，就中国目前的管理体制来说，自然保护区管理机构的中心地位虽有弱化、松动的迹象但仍然难以撼动。尽管如此，自然保护区社区共管已然悄无声息地侵蚀了传统单向度高权管制模式，使行政法的理论走向混合行政的观念。[3]混合行政中不能缺少国家作用的规范理论，但同时也应当给予社区共管一席之地。为此，当混合行政从观念走向实践，自然保护区的决策管理事项就有必要在单向度决策模式与社区共管模式之间进行合理的分工与协作，尤其是明确授权社区共管的事务范围。

（一）社区共管事务范围确定的必要性：泛化或一般化规定下的缺失或流于形式

　　社区共管作为新生事物，是舶来品，由国外引进，可能带来文化、风俗、

　　[1]哈贝马斯.在事实与规范之间［M］.童世骏，译.台北：三联书店，2003：548.
　　[2]哈贝马斯.在事实与规范之间［M］.童世骏，译.台北：三联书店，2003：544.
　　[3]乔迪·弗里曼.私人团体、公共职能与新行政法［J］.晏坤，译，北大法律评论，2003，5（2）：542.

宗教及制度背景等方面的水土不服。由于社区共管不是内生性制度，采取诱致性制度变迁为主的路径显然不可行。尽管社区共管需要自然保护区及社区的内源性的本土化支持，但作为外来引进制度，尤其在现有的国家管理体制下，不进行强制性制度变迁很难在自然保护区管理中扎根发芽。因此，社区共管需要法律法规的规定，反过来，以推进社区共管模式在实践中的应用。

在立法实践中，我国自然保护区条例制定较早，尚无社区共管的相关规定。随着社会发展，GEF 等基金会开始在我国自然保护区试点推行社区共管模式，近年来，环保部及一些地方性法规、规章开始初步规定社区共管，但仍处于初期阶段，有的规定仅具备社区共管制度的雏形。环保部 2009 年制定的《国家级自然保护区规范化建设和管理导则（试行）》对社区共管进行了授权性规定，"自然保护区可以通过建立共管机制、签订共管协议等多种形式，积极推进地方社区和居民参与保护区管理。"但从法律性质分析，该条款仅是倡导性的行政指导，以推进和规范地方政府进行社区共管。而地方性法规、规章则开始有益的探索，但也存在社区共管事务范围不确定等不如意之处。如福建省政府 2015 年制定的《福建武夷山国家级自然保护区管理办法》第二十九条规定，"省人民政府林业主管部门负责协调保护区所在地设区市、县（市、区）人民政府及其有关部门、保护区管理机构、乡（镇）人民政府、街道办事处、村（居）民委员会等有关单位，建立健全联合保护机制。保护区管理机构负责制定保护区的联合保护公约和章程，组织辖区内村（居）民共同参与保护工作，协调解决保护管理中的有关问题。"该规定只是浅层的或只是社区共管模式的前期萌芽阶段，没有协商只有政府主导下的协调。其不仅未改变自然保护区管理机构的中心地位而且未赋予社区居民的决策权力。除此之外，这种联合保护机制的规定是粗糙的，既没有联合保护的组织性规定也没有管理范围的明确界定，更像是万金油似的政治性应对策略，流于形式，难以在法律上产生确定的效力。与其相比，《宁夏回族自治区自然保护区管理办法》的相关规范已然具备社区共管的基本框架，如该办法第十九条规定"自然保护区所在地县级人民政府，可以会同自然保护区管理机构、有关村民委员会、单位，建立自然保护区协调组织，开展有关自然保护区的宣传教育活动，并组织订立和履行保护公约，共同保护自然保护区内的自然环境和自然资源。"在该规定中，虽仍未明确共管，但实质上，自然保护区协调组织就是社区共管的组织机构，其有权制定保护公约而非自然保护区管理机构。然而，对于自然保护区协调组织可协调的事务范围，该规定虽指向宣传教育与保护公约，但保护公约的内容仍然宽泛抽象没有明确。至于 2014 年 9 月海南省人大制定的《海南省自然保护区条例》，则更近一步，明确规定"自然保护区应当与所在地政府、村民委员会、居民委员会、其他相关单位等建立共管机制，积极推进地方社区和居民共同参与自然保护区保护与管理"。该规定明确建立共管机制，使自然保护区社区共管模式从理论走向实践，但该规定仍属抽象的一般化规范，存在共管事务范围不确定的遗憾。

这些宽泛的粗线条的规定，尤其是共管范围的模糊不清，在现有制度背景下，不利于社区共管模式的运行。如果没有外在的明确的法律制度约束，在我国现有的绩效考核体制下，自然保护区管理机构没有积极性也不愿去面对社区共管所可能产生的不确定性的决策结果。因此，应该进一步在地方性法规规章中探索确立社区共管制度，明确社区共管的事务范围，并且在条件成熟时提升为国家法律制度。

（二）社区共管事务范围确定的考量因素：与社区居民权益直接相关性、具有协商的可能性、强制性规定的例外

社区共管不是"包治百病的万灵膏药"，[1]其有自己的适用范围，有些管理事务是无法使用社区共管模式进行管理的。根据社区共管的法律性质与实践应用，社区共管事务范围的确定应考量以下几方面因素：

1.与社区居民权益直接相关性

社区共管的主体具有地域性，限定于自然保护区所在地而非与自然保护区无任何直接利益关系的其他地区的保护区管理机构、地方政府、村民委员会或居民委员会等。当地社区居民对自然保护区及周边土地与林木的合法所有权或使用权是社区共管模式运行的权利基础。衡平社区居民的发展权与自然保护区管理机构的管理权是社区共管的基本价值目标。因此，自然保护区管理事务是否与社区居民权益有利害关系是判断是否使用社区共管模式进行管理的首要因素。然而，与社区居民权益有利害关系仍然是一个相当宽泛的概念，因为，对于世代居住于自然保护区及周边社区的居民或村民来说，自然保护区管理机构的任何管理事务很难不对社区居民或村民产生影响。只不过，该影响有直接与间接之分。就目前我国的管理体制来说，扩大社区共管模式的适用范围，有揠苗助长之嫌，并不一定有利于社区共管模式的发展。为此，本研究将社区共管的事务范围限定为与社区居民权益有直接相关性，即管理事务直接影响了居民

---

[1]唐远雄，罗晓.自然资源社区共管案例研究［M］.兰州：甘肃人民出版社，2011：227.

的合法权益如规划、资源开发、生态旅游等。

2. 具有协商的可能性

自然保护区社区共管的核心是协商，是自然保护区管理机构、地方政府和社区居民代表等多元利益主体进行对话、讨论、接纳、同意等沟通交流的过程。与社区居民权益直接相关，仅是社区共管适用的权利基础，实践中，能否使用社区共管模式尚应考虑协商同意的可能性。即便与村民或居民利益直接相关，如果共管事项各方分歧较大短期内难以达成共识，则不宜采取社区共管模式。这有两方面考虑：一是共管的效率问题。社区共管因协商而增加决策成本，但同样由于协商，沟通基础上的决策会大大减少执行成本并提高执行的效果。从这个视角分析，只要协商的时间适度，共管的成本会被较低的法律执行费用、更快的实施和更好的效果所平衡。毕竟，传统管理模式的单向度决策依靠威权压服而极可能招致对抗冲突，不仅增加执行成本而且大幅降低执行效果甚至为零。然而，如果协商的时间过长或久拖不决，则可能得不偿失导致效率低下不利于自然保护区的管理。二是分歧较大的协商可能会加剧冲突。社区村（居）民之间或社区村（居）民与自然保护区管理机构、地方政府之间如果通过沟通协商仍不能达成一致意见，尽管可能通过多数票决原则最终形成决策，但被否定的少数人则会因"多数人的暴政"而产生强烈的权利剥夺感，从而加剧矛盾冲突。另外，尽管官方也可通过威压而使社区村（居）民代表形式上同意，但居民代表回去后的宣传不仅会导致决策的阳奉阴违而且可能会引起情绪反弹、加剧冲突。这样的结果也是与创建社区共管模式的初衷相违背的。在美国，也有类似的法律条款可供借鉴。其《协商式规则制定法》明确规定，行政机关是否使用规则协商制定程序，应考虑"在确定的时间内委员就草案达成共识的可能性"。[1]

3. 强制性规定的例外（具有足够的协商空间）

适用社区共管模式，除了上述两个考量因素外，还应当有足够的协商空间。该协商空间是指外在法律制度授予自然保护区管理机构可自由裁量的适度空间。在混合行政中，即便是社区共管模式也应当遵守行政法的最低限度要求，如依法行政原则、平等权原则等。根据依法行政原则，如果有关自然保护区的法律法规未给予保护区管理机构任何裁量余地，如禁止乱砍滥伐、毁林开垦等活动，则保护区管理机构不能与行政相对人进行协商执法。因此，法律对某些

---

[1] 王贵松. 美国协商式规则制定法 [EB/OL]. 中国宪政网 .2016-09-28.

行为的强制性规定，尽管与居民权益直接相关，保护区管理机构仍无法使用社区共管模式。相反，赋予自然保护区管理机构宽泛裁量权的框架性立法或概括性立法，如前述妥善处理社区生产生活关系的条款，虽给传统的高权行政带来挑战，却也给予了保护区管理机构使用社区共管模式的制度空间。可以说，社区共管是框架性立法的制度因应，反过来，框架性立法也是社区共管适用的制度条件，因为其给予了自然保护区管理机构与社区居民或村民进行协商的自主空间。

（三）社区共管的具体事务范围：应当采取社区共管模式的决策事项

社区共管作为引进制度，符合我国的民主管理体制，但在传统管理的单向度决策背景下，适用的阻力不小。我国目前的社区共管制度正处于不断探索、逐步推广应用阶段。正是基于此分析，对于社区共管的适用范围，应警惕两个倾向：一是扩大化，将社区共管作为自然保护区管理的万能膏药，盲目扩大适用范围，反而欲速则不达。社区共管的运行需要考虑利益主体及其代表、协商能力与水平、协商草案、协商流程、协商时间及协商达成共识的可能性等诸多因素，如果条件不具备而盲目适用社区共管模式，不仅不能化解矛盾找到应对之策，反而会激化矛盾。从而，社区共管的不当适用不仅无益于自然保护区的管理而且会产生负面效果，最终可能将社区共管制度扼杀于摇篮之中。二是"自由化"，考虑到社区共管与传统管理的冲突以及共管自身的复杂性与驾驭难度，政府采取放任的态度，即自然保护区管理机构是否使用社区共管模式完全由其自主决定，法律与相应的政府绩效考核没有约束。这种完全"自由化"的规定可能直接导致有关社区共管的条款被虚置，实践中的应用会大幅减少，甚至名存实亡，或者说，名尚不存在就已消亡。因为目前全国性的法律法规尚未明确规定社区共管机制。因此，对于社区共管，我们既不能盲目自信也不能畏缩不前、任其自生自灭。由于自然保护区管理的复杂性，确定社区共管的事务范围宜采用"义务性＋授权性"与"列举式＋例外排除式"的规范模式，即先以列举方式确定应当适用社区共管模式进行管理的事务范围，再授权自然保护区管理机构视协商可能性等考量因素进行具体事项的例外排除。

1. 自然保护区规划和计划

自然保护区管理机构每十年编制一次总体规划，并根据规划和目前的紧迫问题制订年度工作计划。这种规划和计划，称为"计划行政"，使国家行政有前瞻性及整体性规划。[1]经过审核批准的总体规划和自然保护区年度工作计划具有拘束力，对社区村民或居民的合法权益产生拘束性效果。根据《国家级自然保护区总体规划大纲》，社区对资源的依赖性是编制规划的主要考量因素之一，人类活动干扰控制目标、社区工作目标及规划、资源合理开发利用规划（如生态旅游等）是自然保护区规划的主要目标和内容。这些目标及规划，与社区居民的权益密切相关，即便有行政法规的明确授权，[2]仍需遵守衡平原则。该原则要求规划和计划必须对所有的公益和私益加以衡量，对于衡量的结果要作最佳的选择。在衡量的过程中要将所有的资料、利益以及利益所形成之基础事实，都提出来讨论，以防止衡量的怠惰、缺失或误估。[3]这就要求利益主体享有平等参与的决策权，以通过据理力争的沟通协商，使规划和计划真正考量所有利益及利益间的相对重要性。而在制度层面能够保障社区居民平等决策权的管理模式，显然是社区共管模式，其更能实现自然保护区规划和计划中各方利益的衡平。因此，自然保护区管理机构编制规划和计划应当采用社区共管模式，但考虑到自然保护区规划和计划可能涉及与社区居民权益无直接相关性的目标及规划，可以选择部分协商。

2. 建设项目与资源开发活动管理

自然保护区是禁止开发区域，按照《自然保护区条例》及环保部《国家级自然保护区规范化建设和管理导则》（试行）的规定，在自然保护区核心区、缓冲区原则上不得进行开发建设活动。在自然保护区实验区进行开发建设应先征求环保部的意见，再进行严格的环评审批。通过统计分析环保部历年来对自然保护区开发建设项目意见的复函，有关自然保护区的开发建设项目可以分为四类：一是新建铁路、公路穿越自然保护区实验区，如济邵高速公路穿越河南太行山猕猴国家级自然保护区实验区的建设项目。二是水电站、风力发电站等直接利用自然资源能量的开发项目，如黄安河李家坝水电站等。三是水厂、路桥等民生工程项目，如宜宾县第二水厂工程及贵州赤水河特大桥工程。四是旅游建设项目，如大青沟国家级自然保护区实验区建设空中滑道和旱地滑道旅游项目等。在这些开发建设项目中：第一，穿越自然保护区的新建铁路、公路虽可能对社区居民权益产生直接影响，但为了国家建设发展大局，在进行适当补

---

［1］陈新民．中国行政法学原理［M］．北京：中国政法大学出版社，2002：239.

［2］详见自然保护区条例第17条第2款，"自然保护区管理机构或者该自然保护区行政主管部门应当组织编制自然保护区的建设规划"。

［3］陈慈阳．环境法总论［M］．北京：中国政法大学出版社，2003：217.

偿及采取自然保护措施后，宜由国家单向度决策。第二，水电站、风力发电站的建设与周边社区居民的利益密切相关，既有不利影响（如部分河段脱水对附近村民生产生活的影响），又有惠益之处（如用电带来的生活方便及相应带来的经济发展与收入提高等）。如何趋利避害、获得最大收益，社区村民应有发言权和决策权，因此，应采用社区共管模式进行决策。第三，水厂、路桥等民生工程项目事关社区居民福利，属于给付行政或服务行政。然而，社区居民的需求只有社区居民最清楚，政府要避免好心办坏事，因此，应赋予社区居民决策权。同时为了防止行政官员在给付行政中的恣意行为，亦应给予社区居民参与权，以监督官员遵守平等权原则。所以，民生工程项目的决策亦应当采用社区共管模式。最后，旅游建设项目是开展旅游活动的基础设施建设，其目的是吸引和容纳更多的旅游者，采用何种管理模式可参见有关旅游活动管理的论述。

3. 旅游活动管理

根据自然保护区条例规定，自然保护区管理机构有权组织参观、旅游等活动，但不得影响自然环境和资源的保护。环保部在《国家级自然保护区规范化建设和管理导则（试行）》中，也进一步规范了有关旅游活动的管理，提出"有条件的自然保护区可以开展生态旅游活动"。所谓生态旅游，1993 年国际生态旅游协会把其定义为：具有保护自然环境和维护当地人民生活双重责任的旅游活动。[1]该定义也是与组织旅游活动的自然保护区管理机构的职责相一致的。在自然保护区，自然保护区管理机构除了具有自然保护的法定责任外，还应当妥善处理与社区生产生活的关系。而实质上，对于其开展的旅游活动，社区居民不仅无偿承担了旅游发展的主要成本，而且往往其本身就是旅游资源的一部分，因此，社区居民也有权平等享受旅游收益，公平分配旅游利益。[2]所以，环保部在该导则中，不仅对旅游规划、旅游活动区域、旅游容量及旅游基础设施建设等进行了有利于环境与资源保护的明确规范，而且要求"保护区开展旅游活动应当吸引当地社区居民参与，实现保护区与社区的惠益共享"。然而从各国实践上看，特别是在发展中国家，社区参与只不过是象征性的，旅游继续被开发商、政府所控制而不是社区利益所控制。[3]为此，有必要反思社区参与制度，不再将其作为一种技术手段而是作为一个权利博弈的政治过程。如果

---

[1] 生态旅游 .360 百科［EB/OL］.2016-10-15.

[2] 廖军华 . 国内外社区参与旅游研究综述［J］.贵州民族大学学报：哲学社会科学版，2015（1）：35-36.

[3] MACBETH J.Dissonance and paradox in tourism—Planning-People First?［J］.ANZALS Research Series，1994（3）：2-18.转引自左冰，保继刚 . 从"社区参与"走向"社区增权"［J］.旅游学刊，2008（4）：58.

社区要想在旅游活动中惠益共享，则应通过赋权、增权使社区居民在博弈中享有对抗自然保护区管理机构、开发商等强势主体的权利能力。而且这种增权不应指向容易虚置的社区集体权利，而应是更易得到主张的社区居民个人权利。而且，这种权利的赋予需要正式制度的供给和法律上的确认，否则，在现有体制下，权利博弈就无从谈起，只能依赖"梁山泊式"的蛮横的不合法方式。因此，只有进行政治、经济、行政和法律结构的变革才能实现实质性的社区旅游参与。然而，法律的正式赋权尤其是新型权利如自然资源旅游价值的使用权，[1] 往往需要一个长期的过程。而自然保护区社区共管作为公共管理模式的变革产物，可以更好地实现社区旅游增权的目的。因为，增权的实质就是要形成新的均衡的权力关系，使双方的诉求都能得到表达，权利都能得到尊重，利益都有机会实现。[2] 实质上，这正是社区共管模式中利益主体进行协商沟通的基本要求。反过来，社区旅游增权的实现构成社区共管运行的内在权利基础，从而形成有利于社区共管模式运行的制度环境。因此，社区共管模式需要社区旅游增权理论的支持，但也是对该理论主张的管理制度的回应。作为因应社会各界对社区旅游增权的呼吁，自然保护区管理机构对旅游活动的管理应采用社区共管模式，使社区居民对旅游规划、项目实施、旅游基础设施建设及利益分享等享有平等的决策权，促进合作博弈，最终实现旅游惠益共享。

4. 与社区权益直接相关的其他自然保护区规章制度

根据《自然保护区条例》的规定，自然保护区管理机构应当制定自然保护区的各项管理制度，统一管理自然保护区。按照效力约束的对象不同，管理制度可分为内部管理制度与外部管理制度。《国家级自然保护区规范化建设和管理导则（试行）》明确规定，自然保护区管理机构应当制定健全的内部规章制度，其中包括社区共管。然而，内部规章制度主要约束自然保护区管理机构内部工作人员的行为，一般不发生外部法律效力，不对行政相对人产生法律约束力。原则上，内部规则制度的制定不宜采用社区共管模式，不需要社区居民的协商同意。与内部规章制度不同，外部管理制度对外发生法律效力，直接约束社区居民的生产生活活动。社区居民如果不遵守外部管理制度，将可能面临不利的法律后果。这些管理制度中直接影响社区居民权益的规定，除前述建设项目管理与旅游活动管理制度外，其他管理制度如自然保护区森林资源保护管理制度关于社区护林员的聘用、巡查、树木采挖、林副产品加工生产等的规范，宜通

---

[1] 王亚娟. 社区参与旅游的制度性增权研究 [J]. 旅游科学, 2012（3）: 22.

[2] 左冰, 保继刚. 从"社区参与"走向"社区增权" [J]. 旅游学刊, 2008（4）: 62.

过社区共管模式进行协商以确定相关规则。

5. 与社区权益相关的其他管理事项

除了前述自然保护区规划、建设项目和资源开发活动管理、旅游活动管理及与社区权益直接相关的其他自然保护区规章制度外，与社区权益密切相关的其他管理事项（如替代生计、生态移民等）亦应采用社区共管模式。

6. 替代生计

自然保护区的管理对社区居民的生产生活影响颇大，传统的单向度威权式管理突出自然保护、往往牺牲村民利益。这引发了社区与自然保护区管理机构的冲突矛盾，使贫困的社区愈加贫困。为了实现自然保护区可持续性管理，自然保护区管理机构通过寻求替代生计，来减弱社区对自然资源的依赖性。该思路的出发点是好的，但这种管理模式基于干预主义理念，依然遵循传统管理路径，并不理解农村社区或者民族的生存智慧，从而依赖外力将某种生计途径强行切入古老有序的社区生态系统。这样的做法也许能瓦解社区原有的生计，却既没有恰当的良性系统来替代，也没有地方族群能够"迅速"适应的生计方式，更没有文化制度的有机衔接，结果有破无立，致使社区农户无所适从。[1] 为了避免这种好心办坏事的悖反困境，自然保护区管理机构在进行有关替代生计的决策时，应与社区居民进行充分协商，采用社区共管模式。目前，在自然保护区管理实践中，已有部分自然保护区采用社区共管模式进行替代生计的项目决策，如四川卧龙国家级自然保护区通过乡村参与式调查评估方法（PRA）确立了三江乡柴山村棘腹蛙替代生计项目。[2]

7. 生态移民

按照国务院印发的《全国主体功能区规划》，国家级自然保护区作为禁止开发区域，要求按核心区、缓冲区、实验区的顺序，逐步转移自然保护区的人口。绝大多数自然保护区核心区应逐步实现无人居住，缓冲区和实验区也应较大幅度减少人口。为了严格控制人为因素对自然生态系统的干扰，自然保护区尤其是核心区的居民或村民将根据该规划进行非自愿的生态移民。然而，生态移民不能仅考虑国家的整体规划与自然保护利益，还应考虑被搬迁居民的合法权益，否则，生态移民将会因搬迁后的经济与文化贫困而出现较为普遍的返迁

---

[1]权伍贤.资源保护与生计替代的策略［J］.国家图书馆皮书数据库，2008年12月.
[2]引导社区生态经济发展，探索科学保护新思路［EB/OL］.四川卧龙国家级自然保护区官网.2016-06-07.

现象。[1]故国家可以在搬迁的时间、方式、搬迁后的生计、社会资本与传统文化需求等方面，通过社区共管模式进行协商确定。

四、法律效力的认同：社区共管的权限

以传统管理为主的行政法秉承国家本位观，行政机关被视为国家代表者。[2]传统的行政程序法使行政官员的决定不能有所偏差，其行为不能任由其意志或者利益团体的要求来支配，从而能够使行政机关代表并服务于公共利益。[3]然而，社区共管模式从根本上颠覆了行政机关作为权威决策者的中心地位，将行政机关仅作为普通的决策者，质疑者也因此会认为，本应由行政决定维护的公共价值打了折扣。[4]但这种质疑来自依据公共选择理论而推导出的社区居民代表对私利的追逐。同样地，公共选择理论也极大地挑战了行政机关代表公共利益这一假定。因此，不论针对传统管理还是社区共管，公共选择理论的支持者大都否认公共利益的存在。按照公共选择理论，对社区共管模式公共利益的质疑同样适用于传统管理。只不过，在传统管理中，行政官员通过寻租而追求自身利益的行为是正当程序所着力控制和排除的。而在社区共管模式中，社区居民对自身发展的追求是正当的、法律所允许的。从这个视角分析，反过来，承认传统管理对公共利益的追求并不能概然否定社区共管对公共利益的维护。至于自然保护利益的保障问题，我们可以在关于环境问题的协商民意中感受到这种对公共利益越来越强的敏感程度，其中，被访者反复说，愿意为了公共利益而适度牺牲个人利益，例如，同意每月收取更多的公共设施使用费，提高环境质量。[5]因此，社区共管与传统管理在公共利益追求上除了程度差别外并无本质区别。社区共管是为了应对传统管理的缺陷，通过兼顾自然保护公共利益与社区居民的正当权益，最终实现自然保护区的可持续管理。

在自然保护区管理的整个体系中，社区共管与传统管理之间并非必然的排斥关系，实行社区共管或传统管理应当反对两者之间的断然决裂。[6]尽管在社区共管模式正式运行时，自然保护区管理机构的代表仅是协商过程中的普通

---

[1] 荀丽丽，王晓毅.非自愿移民与贫困问题研究综述[J].国家图书馆皮书数据库，2012年3月.

[2] 小阿尔弗莱德·阿曼.全球化、民主与新行政法[J].刘轶，译，北大法律评论，2004（1）：220.

[3] 基思·韦哈恩.行政法的"去法化"[J]//罗豪才.行政法的新视野.北京：商务印书馆，2011：68.

[4] 基思·韦哈恩.行政法的"去法化"[J]//罗豪才.行政法的新视野.北京：商务印书馆，2011：69.

[5] 詹姆斯·S.菲什金.协商民主[J].王文玉，译//陈家刚.协商民主.台北：三联书店，2004：39.

[6] 奥利·洛贝尔.新新政：当代法律思想中管制的衰落与治理的兴起[J].成协中，译//罗豪才，毕洪海.行政法的新视野.北京：商务印书馆，2011：258.

决策者之一，但在构建社区共管模式时，自然保护区管理机构是发动者和主导者。对于是否适用社区共管模式、社区居民代表的选择及协商程序与框架的构建等，我国目前法律法规中尚无强制性规定，其决定权主要在自然保护区管理机构。即便是在协商过程中，国家对自然保护区及周边社区居民行为的强制性规定仍然是多元利益主体进行协商的先决条件，否则，社区居民是没有动力自愿接受约束的。因此，社区共管与传统管理之间不仅不能割裂，而且应该实现有效衔接。在我国现有的管理体制下，社区共管仅是一个受管制的自治空间。[1]社区共管的决策效力如果得不到传统管理中自然保护区管理机构的承认、认可，将只具有形式上的政治宣示意义。社区共管与传统管理的效力对接，既是社区共管决策的效力保障，也是国家对自然保护利益的担保。自然保护区管理机构不能因为社区共管而牺牲自然保护利益，其应当承担担保责任。保留自然保护区管理机构和直接管制与强制实施的背后威胁强化了在向社区共管模式转变过程中的责任。[2]为此，有必要理性构建社区共管与传统管理之间有效对接的效力模式。

（一）完全的决策权力模式

支持社区共管模式的改革论者的前提是，当事人自己最了解如何最好地处理他们的问题，如果行政机关在很大程度上留给当事人自由行事的空间，那么将会达致最好的解决方案。[3]既然如此，在社区共管模式中，通过协商达致的决策就应当具有直接的法律效力，而且该效力不低于传统管理中自然保护区管理机构对相关事项的决策效力。换句话说，通过社区共管模式达成的决策无须自然保护区管理机构审查，直接发生效力，对相应的行政机关管理和社区居民行为产生约束力。这种效力模式就是完全的决策权力模式。在国外，就有类似的效力模式。加拿大瓜依哈纳斯国家公园的社区共管即采用此效力模式。作为社区共管机构的群岛管理委员会同时也是对国家公园所有管理事务负有最终职责的唯一机构，加拿大政府与原住民在协商一致的基础上形成有关瓜依哈纳斯国家公园管理的最终决定。在此过程中，加拿大政府的法律地位明确而又单纯：其与原住民一样仅仅是群岛管理委员会的组成部分，而不是凌驾于委员会

---

［1］奥利·洛贝尔.新新政：当代法律思想中管制的衰落与治理的兴起［J］.成协中，译∥罗豪才，毕洪海.行政法的新视野.北京：商务印书馆，2011：193.

［2］奥利·洛贝尔.新新政：当代法律思想中管制的衰落与治理的兴起［J］.成协中，译∥罗豪才，毕洪海.行政法的新视野.北京：商务印书馆，2011：261.

［3］基思·韦哈恩.行政法的"去法化"［J］∥罗豪才.行政法的新视野.北京：商务印书馆，2011：69.

之上的某种存在。因此，在这样的制度结构下，无论是原住民还是群岛管理委员会，相对于加拿大政府而言都是独立而不受支配的。然而，需要注意的是，这样的效力模式也是以相应的制度背景为基础的。瓜依哈纳斯国家公园的社区共管是以《瓜依哈纳斯协定》为依据的。在《瓜依哈纳斯协定》中，加拿大政府和原住民均主张对瓜依哈纳斯群岛的所有权，但是双方并无意通过该协定解决这一土地所有权争议。该国家公园社区共管正是在搁置原住民传统土地所有权争议的前提下建立起来的一种制度性安排。但是原住民基于传统的占有和支配所提出的对公园内土地的所有权主张形成了足以对抗加拿大政府进行排他性管理的力量，因此使得原住民在共管协议中获得了与加拿大政府"平起平坐"的法律地位。

（二）决策 + 审批模式

社区共管促进了自然保护区管理机构与社区居民之间以权利为基础的合作博弈，但不可否认的是，自然保护与社区发展之间的内在冲突需要双方主体的利益退让、妥协与认同。尽管社区共管通过协商沟通找到双方可接受的利益共识，但该共识的达成必然要求自然保护公益在法律授权范围内的适度退让。因此，传统管理中自然保护区管理机构的管制要求应当被理解为"在协商中的初始要求，而最后的讨价还价很可能更有利于另一方。"[1] 显然，这会加剧对社区共管公共利益持怀疑态度者的担忧，并担心自然保护区管理机构会因此摆脱本应该承担的自然保护责任。尽管前面对社区共管抑或传统管理的公共利益质疑已有论述，但对社区共管的担心更甚。因为人们总是担心协商过程中自然保护区管理机构代表的退让是否已超过必要限度。毕竟，有时候各种违法行为的潜在威胁、现实冲突及信访压力等会使自然保护区管理机构代表选择不合理退让，而自然保护区管理机构也会借机推卸本应由其承担的自然保护责任。基于此担忧，通过社区共管模式作出的决策不宜直接发生法律效力，还应经过自然保护区管理机构的审核同意。这就是本文所称的"决策 + 审批"模式。该效力模式有两个优势：一是监督协商作出的过分牺牲自然保护利益的决策；二是自然保护区管理机构仍然是最终责任人。

在国外，加拿大克卢恩国家公园的社区共管则采取了与瓜依哈纳斯国家公园社区共管完全不同的效力模式，即"决策 + 审批"模式。根据《克卢恩原住

[1] 奥利·洛贝尔.新新政：当代法律思想中管制的衰落与治理的兴起 [J].成协中，译 // 罗豪才，毕洪海.行政法的新视野.北京：商务印书馆，2011：259.

民最终协定》，加拿大政府对克卢恩国家公园的社区共管事务享有最终决定权。其具体决策审批程序如下：联邦政府相关部长在收到公园管理委员会建议的 60 天内可作出接受、驳回或者改变该建议的决定。在驳回或者改变公园管理委员会建议的情况下，相关部长应将此项驳回或者改变的决定通知委员会并附带书面理由。在作出上述决定的过程中，相关部长可考虑委员会在提出建议时没有考虑的、与公共利益相关的信息和事项。相关部长有权将做出决定的时间延长 30 天。公园管理委员会应在收到相关部长的驳回或者改变决定后的 30 天内向后者提出对该相关事项的最终建议（final recommendation）并附带书面理由，除非相关部长允许延长提交最终建议的期限。在收到委员会最终建议的 45 天内，相关部长可作出接受、驳回或者改变该最终建议的决定并将决定结果通知委员会。相关部长的最终决定具有执行效力，若公园管理委员会未能履行该决定，则相关部长可在对委员会作出通知后自行履行该决定。

（三）咨询协调模式

无论对于社区共管还是对于传统管理的单向度决策，信息的重要性是不言而喻的。对于社区共管来说，只有当事人之间的信息和资源是平等的，合意的决定才是真正自愿的。[1] 对于自然保护区管理机构的单向度决策来说，信息更为重要。行政主体与行政相对人之间的信息不对称，将严重影响管理机构行政决策的实效性：一方面，行政相对人不了解行政决策依据的相关信息基础，就可能不理解、不认同决策，从而会采取消极规避甚至抵制、阻止策略，影响决策的实施效果。另一方面，行政主体如不掌握行政相对人的相关信息就擅自做出管理决策，则可能侵犯行政相对人的权利，引发冲突。为此，国家非常重视环境信息的交流、公开，除了在环境保护法中设专章规定信息公开与公众参与之外，还相继出台了《环境信息公开办法（试行）》《企业事业单位环境信息公开办法》及《环境保护公众参与办法》等专门性规章。在此，公众参与除了实现对政府及环保部门的监督作用外，其重要功能还在于环境信息的沟通交流，尤其是对公众意见建议进行归纳总结，有助于环境行政部门掌握更全面的决策信息。从这个角度分析，公众参与是环境行政部门获取信息的重要路径。

在自然保护领域，自然保护区管理机构有关自然保护的管理决策，涉及社区居民权益限制的，其应当掌握的信息除了自然保护区管理机构已掌握的财政

---

[1] 基思·韦哈恩.行政法的"去法化"[J] // 罗豪才.行政法的新视野.北京：商务印书馆，2011：69.

预算、可支配资金及自然保护管理的法律法规政策等之外，还应当包括与自然保护决策相关的自然保护区生态环境状况、社区居民的生产生活方式和文化传统及对生态环境的影响等诸多信息。为此，自然保护区管理机构将社区共管模式作为协商沟通平台，一方面管理机构向社区居民宣传自然保护的法律法规政策及其他相关知识，另一方面社区居民通过宣示自己赖以生存的生产生活方式、文化传统等，来获得管理机构的谅解和接纳，以达到较为宽松的管制决策。然而，对于双方达成的意见建议，自然保护区管理机构仅作为自己单向度决策的信息参考，是否采用以及采用多少均由自然保护区管理机构自由裁量决定。这种效力模式就是咨询协调模式。按照该效力模式，通过社区共管作出的决策仅是一种意见、建议，没有法律效力。这种效力对接模式，使自然保护区管理机构只是将社区共管作为政策咨询、信心反馈回应、冲突矛盾协调的平台，作为管制决策推行的工具手段。尽管将社区共管作为这种没有法律效力的协商平台，也有助于自然保护区的管理，但这会使参与能力本就较弱的社区居民更无积极性，并进一步使权利主体的博弈落空。社区共管中多元权利主体的博弈不仅仅是信息的交流汇聚，更重要的是多种价值选择、利益选择的碰撞、妥协与认同。仅将社区共管作为信息汇聚的工具，就会使社区共管丧失更重要的功能，即促进自然保护与社区发展协调共进的可持续管理功能。因为再全面完整的信息汇聚也不等同于价值驱动的政策选择。我们必须抵制透明度和信息带来的幻觉——信息时代可以通过其自身的机制，解决所有问题。[1]虽然全面的信息能够提高自然保护区管理机构的决策能力，但能力高的决策者并不代表其会进行自然保护与社区居民权益等价值选择的衡平，也许其会认为自然保护利益远远优先于社区居民权益，从而作出更为严苛的管制决策。

（四）结语：法律效力视角下的社区共管

在我国，自然保护区在世界环境基金、世界自然基金等非政府组织的资助、推动下，开展了社区共管的相关实践，环保部 2009 年印发的《国家级自然保护区规范化建设和管理导则（试行）》及部分地方性法规中也规定了社区共管，但有关社区共管的法律效力在立法层面并未涉及。结合我国相关法律法规及自然保护管理实践，综合分析上述三种模式，我国宜采用"决策＋审批"模式。首先，社区共管在咨询协调模式中，仅作为信息沟通、共享的平台，并无决策

---

[1]奥利·洛贝尔.新新政：当代法律思想中管制的衰落与治理的兴起[J].成协中，译//罗豪才，毕洪海.行政法的新视野.北京：商务印书馆 2011：264-265.

管理权限。为此，自然保护区管理机构与地方政府向社区的分权与赋权力度过小，难以发挥社区共管应有的作用。其次，在完全的决策权力模式中，社区共管被赋予的权力过大，可能会带来一系列的行政法律问题，如作为社区共管组织机构的共管委员会是否为行政主体、有没有法律的明确授权、自然保护区管理机构与地方政府如何实现对社区共管的监管、应适用行政诉讼程序还是民事诉讼程序进行法律救济等。这些问题和困境会限制社区共管的现实作用，甚至会割裂传统管理与社区共管的衔接融合，不利于社区共管机制的有效运行，欲速则不达。最后，从公私协力的合作行政视角，自然保护区管理机构应承担担保责任，履行相应的监督、接管职责。对于社区共管的决策，自然保护区管理机构不能当甩手掌柜，将责任推卸，[1] 其自然保护责任不能因为社区共管的实施而免除。为此，有必要在共管决策之后，增加审批程序，以避免自然保护区管理机构规避应履行的法定监管职责。对于社区共管决策事项，自然保护区管理机构应在必要期限内予以审核，决定是否同意或修改，并及时向共管委员会回复书面意见及理由。原则上，无正当事由，自然保护区管理机构应审核同意共管决策事项。对此，可在一定程度上辩证借鉴美国的协商式规则制定程序。协商式规则制定是美国行政程序法规定的一种行政程序，按照该程序规定，政府机构可以成立规则制定协商委员会来进行协商并起草草案。一般情况下，委员会由政府机构代表与利益受影响的各方代表组成。如果委员会就草案协商之后达成共识，并不直接发生效力，而是由委员会向设立委员会的政府机构提交一个包含草案在内的报告，由其仔细考虑达成共识的草案作为立法建议文本的可能性，并决定接受、修改或拒绝。[2]

按照该模式，社区共管决策经自然保护区管理机构或地方政府审核同意后，与其他行政决定具有同等法律效力。在美国，《协商式规则制定法》规定，"通过协商制定的并接受司法审查的规则不应受到法院比其他程序制定的规则更大程度的尊重"。该规定只是意在限定协商制定的规则不享有特别效力，但反过来，通过协商式规则制定程序与通过其他程序制定的条款最起码应具有同等效力。

[1] 邹焕聪. 论调整公私协力的担保行政法 [J]. 政治与法律，2015（10）：151.
[2] ALFREDC A R. 面向新世纪的行政法（上）[J]. 袁曙宏，译 // 行政法学研究，2000（3）：90-91.

第五章

弹性思维下的社区共管：从权利失衡、利益失衡到合作管理、利益共享

    自然保护区及周边社区村民应当与其他区域居民享有同等的发展权利，即发展机会均等和发展利益共享的权利。[1]但是，自然保护区作为国家禁止开发区域，当地社区村民的土地使用权及发展权受到严重限制。从学理上分析，借鉴德国的特别牺牲理论，这种严重限制应予以合理补偿，然而在我国实务上，除生态补偿外，尚缺乏相应的补偿实践。而且，由于相关法律规范的不明确、冲突及国家的绝对化保护，社区村民的旅游相关权缺失、当地渔民的渔业权弱化及林果种植等习惯性使用权在实践上被禁止。由于法律的限制及国家精准扶贫等考虑，我们应变换思路，借鉴程序性法律范式，进行程序性制度设计，实施社区共管。弹性思维下的社区共管，能够通过民主决策、合作管理，最终实现利益共享。

一、利益失衡：自然保护区及周边社区村民林地、草地、湿地等土地使用权的限制与补偿缺失

    中国多数自然保护区在建立之初，当地土地权属已然确定。由此，自然保护区划定范围内的土地属于集体所有权的比例相当高。据调查，云南糯扎渡自然保护区2/3土地属于集体所有。在20世纪90年代中期，福建省划入保护区范围的集体林占保护区面积的68.8%。[2]截至2009年年底，广东林业系统

---

[1]汪习根.发展权含义的法哲学分析[J].现代法学，2004（6）：7.

[2]李小云，等.共管：从冲突走向合作[M].北京：社会科学文献出版社，2006：6.

有 5 个国家级、53 个省级自然保护区，其中，国有土地面积占保护区总面积的 37.97%，集体土地面积占保护区总面积的 62.03%。大多数保护区均含有集体土地，这跟全国的情形差不多。[1]

（一）国家对自然保护区集体所有土地进行环境管制的正当性

对于集体所有的土地，自然保护区管理机构未经征收、征用，以生态保护的环境公益为名，实施强制性行政管理，尽管有行政法规（自然保护区条例）的授权，符合我国行政法之法律保留原则，但仍会遭受权力来源之权利基础的质疑。

对此，国家可以通过征收，将集体所有土地变为国有土地。根据《土地管理法》第四十五、四十六、四十七条、《物权法》第四十九条及《民法典》第一百一十七条之规定，国家可以征收、征用集体所有的土地，以获取进行保护区管理的权利基础，但应按相关法律、法规、政策进行合理补偿。自然保护区的面积广阔，这必然涉及巨额的补偿资金，以及由此可能引发的社会问题如当地社区居民的安置不仅仅是靠金钱补偿就能解决的。考虑到国家及地方的财政负担、社区居民的生产生活问题、各个地区自然保护区的多样性困境，国家并未采取一刀切的方法概然要求所有的自然保护区都征收集体所有土地，只是有步骤地对居住在自然保护区核心区与缓冲区的居民实施生态移民，[2] 更倾向于保持土地权属的原状。土地是原住民生存权的依托基础，中国革命之所以取得农村包围城市的胜利，是与农村土地改革的政策分不开的。因此，自然保护区的土地确权、土地征收必须慎重。根据《自然保护区土地管理办法》第七条第一款、第二款规定，自然保护区内的土地，依法属于国家所有或者集体所有。依法确定的土地所有权和使用权，不因自然保护区的划定而改变。自然保护区的范围划定，并不改变原住民所享有的土地权属状态，甚至包括国家所有土地中依法确认给社区居民的土地使用权。因此，通过土地征收方式来解决自然保护区土地权属问题，难度较大，所需时间也较长。尽管如此，即便国家没有通过征收方式改变土地权属，国家以社会公益为名，对私人权利进行限制，并不违背民法上关于民事权利的法律规定与学者的理论探讨。

---

[1] 王权典，何克军.自然保护区法治创新与"林改"方略：基于广东自然保护区示范省建设实践探索［M］.北京：中国法制出版社，2012：47.

[2] 环境保护部.全国生态保护十三五规划，《自然保护区条例》第二十七条第二款.自然保护区原有居民确有必要迁出的，由自然保护区所在地的地方人民政府予以妥善安置。

民法上的权利并不是绝对的，权利是有限度的。民事权利的行使不得侵害国家利益和社会公共利益。《民法典》第一百三十二条规定，民事主体不得滥用民事权利损害国家利益、社会公共利益或者他人合法权益。与权利相对应的是义务。民事义务一般都是私法上的义务，极少存在着公法上的义务。但随着现代国家对民事权利干预的加强，民法上也出现了一些公法上的义务。[1]《民法典》第九条规定，民事主体从事民事活动，应当有利于节约资源、保护生态环境。因此，所有权理论并不是以个人主义为本位，而是以团体主义为本位。根据特殊情况，国家可以对所有权施加限制，特别是尽管此种限制并未改变私人所有权的归属，但无疑使所有权在内容和行使方式上都受到了法律的诸多限制。[2]在我国，也有学者认为，对所有权而言，政府基于国家利益及社会公共利益的需要，可以对民事权利的行使进行征收、征用以外的其他必要的限制。[3]司法实践中，在德国，征收不仅包括财产的剥夺，而且包括财产限制。[4]但在我国，《物权法》《民法典》均没有对财产权的行使设置限制的规定。由于没有明确的私法上的财产权限制的法律依据，仅根据《民法典》第九条的一般性规定，能否认定国家具备了私权利基础，可以对自然保护区范围内的集体所有土地及村民享有的土地使用权进行限制性环境管理？

当然，没有具体的法律规定也不能概然地认为国家的强制环境管理没有正当性基础，我们可以借鉴英美法系的公共信托原则。自20世纪70年代以来，公共信托原则在美国，特别是在判例法及其注释中得到了广泛的应用。早期的公共信托原则与环境保护并无直接联系。但其理论内核后来被环境保护主义者和环境法学家移植于环境保护法领域，成为环境法的一项重要原则。[5]1970年，萨克森教授提出了"环境公共信托论"，认为，环境资源就其自然属性和人类社会的极端重要性而言，应该是全体公民的公共财产。为了合理支配和保护这种共有财产，共有人委托国家来管理。[6]并且，国家接受委托进行管理的自然资源的范围不断扩张。在美国阿拉斯加，自然资源的范围相当广泛，至少包括：野生生物及其栖息地；州所有的全部土地；可航或公共水域的娱乐利用或风景资源等。[7]根据《自然保护区条例》，我国建立自然保护区主要是为了

---

[1] 王利明.民法总则研究 [M].北京：中国人民大学出版社，2003：256.

[2] 王利明.民法总则研究 [M].北京：中国人民大学出版社，2003：260.

[3] 王利明.民法总则研究 [M].北京：中国人民大学出版社，2003：239.

[4] 哈特穆特·毛雷尔.行政法学总论 [M].高家伟，译.北京：法律出版社，2000：667.

[5] 王曦.美国环境法概论 [M].武汉：武汉大学出版社，1992：74-75.

[6] 邱秋.中国自然资源国家所有权制度研究 [M].北京：科学出版社，2010：88.

[7] 邱秋.中国自然资源国家所有权制度研究 [M].北京：科学出版社，2010：91.

保护有代表性的自然生态系统、珍稀濒危野生动植物物种的天然集中分布区、有特殊意义的自然遗迹等。这些自然资源由于其代表性、珍稀性、特殊性，是国家全体公民的共同宝贵财产，借鉴美国环境公共信托理论，国家基于全体人民的共同委托，从而获得人民授权对这些自然资源进行管理。然而，这项美国普通法上的原则虽使国家对自然保护区划定范围内的林地、草地、湿地、水域等区域具有了管理权，但因此也带来了更大的公平问题：自然保护区范围内的社区居民由于生态保护所造成的土地使用权限制，应否得到合理补偿？

（二）从不补偿到有条件补偿：财产权限制补偿理论的梳理

按照前述，私法上的财产权亦有公法上的义务。财产权作为私权，非仅为个人利益存在，并应符合公共利益及社会秩序。《波恩宪法》第十四条第二项规定"所有权负有义务，其行使应同时裨益公共福利。"此原则直接表现了私权之社会性乃至义务性之理念。[1] 因此，法律对财产权内涵之确定与限制，如未侵犯财产权之本质内涵，则属于对财产权之合宪限制，为财产权之社会义务，原则上，财产权人应予容忍。[2] 这意味着财产权利人应该承担对财产合法限制的社会约束性义务。德国哈特穆特·毛雷尔教授也认为，以内容限制法律为根据的财产侵害：是合法的和不予补偿的，必须接受。[3] 因此，对于管制准征收即对财产权的内容或使用限制，财产所有人原则上应当无偿接受这种从法律或其执行中产生的限制。但立法者在制定有关人民财产权政策的法律时，必须仔细斟酌财产权对社会的"关联性"及"功能性"，而不可过度地要求及决定该财产标的及种类负有"社会义务性"。[4] 为此，以宪法允许的方式对财产作一般限制的法律规则在特殊的例外情况下可能导致特别负担（或称特别牺牲），从比例原则的角度来看不再具有正当性和可预期性。[5] 类此特殊情况若未以"过渡条款"予以调整，或以"除外规定"予以排除，则应给予适当之补偿，始合乎宪法保障人民财产权之意旨。[6] 为此，因公共利益需要而对财产权实施的限制可能导致两种不同后果：一是不予补偿之一般社会义务；二

---

[1] 史尚宽. 民法总论 [M]. 北京：中国政法大学出版社，2000：38.

[2] 李建良. 损失补偿 [J] // 翁岳生. 行政法：下册. 北京：中国法制出版社，2002：1753.

[3] 哈特穆特·毛雷尔. 行政法学总论 [M]. 高家伟，译. 北京：法律出版社，2000：674.

[4] 陈新民. 宪法财产权保障之体系与公益征收之概念 [J] // 陈新民. 德国公法学基础理论：下册. 济南：山东人民出版社，2001：419.

[5] 陈新民. 宪法财产权保障之体系与公益征收之概念 [J] // 陈新民. 德国公法学基础理论：下册. 济南：山东人民出版社，2001：701.

[6] 李建良. 损失补偿 [J] // 翁岳生. 行政法：下册. 北京：中国法制出版社，2002：1753.

是特别牺牲情况下的应予公平补偿。这使财产权限制从不补偿发展到有条件补偿即特别牺牲下的公平补偿。因此，德国联邦宪法法院在 1981 年的义务样品判决中所创立的"应予公平补偿的内容限制"具有重要的意义，[1]它推翻了早期财产权限制不予补偿的理念，以特别牺牲概念为中心发展了公益限制补偿理论。至于特别牺牲之认定，则可从两方面着手，首先判断系争干预行为是否具有违法性，若然，则侵害之违法性即构成一种特别牺牲。其次，就干预行为之"程度"是否违反平等原则，为实质上之审究，若属之，则构成特别牺牲，国家应予补偿。[2]

然而，根据平等原则并不能直接得出结论：对财产权的限制应该补偿。在行政法上，平等原则又可称为行政公平原则。但平等权不是要求一律"平头"式的假平等，应根据适用对象的不同属性而作合理的区分。[3]但如何区分，并非仅仅根据现有标准的形式判断，往往需要进行深度的"价值判断"。[4]而价值判断往往与情感因素直接相关联，对于同一问题，在道德、宗教、政治和文化等方面具有不同情感的人们，所给出的价值判断往往是有差别甚至是完全对立的。[5]因此，价值判断使抽象的平等原则具有了不确定的适用结果。那么，何谓"价值"？从语义分析，价值是一个表征偏好的范畴，是可以满足主体需要的功能和属性。[6]实际上，每个人的价值判断是以价值观为标准的，而价值观决定什么是我们的利益。一般来说，利益不是金钱，而是个人提出的请求、需求或需要。[7]现实生活中，人很大程度上受利益的支配。因此，利益是价值判断的重要基础。由此，对财产权限制是否应该补偿不再仅仅根据抽象的平等原则，而转换为实践中的利益衡平。在德国，财政经费问题就曾经是早期对财产权限制不予补偿的重要考虑因素。[8]实际上，德国特别牺牲理论本身就是一个利益衡量的过程。首先，"特别"的范围，如自然保护区原住民是否构成特别牺牲，是指原住民之间的比较还是原住民整体相对于全体其他国民而言。采取何种比较方式，取决于利益衡量。由于法律法规对自然保护区原住民的发展权限制，如果采取后者则明显会增加构成特别牺牲的可能性。其次，

---

[1]哈特穆特·毛雷尔.行政法学总论[M].高家伟，译.北京：法律出版社，2000：675.
[2]李建良.损失补偿[J]//翁岳生.行政法：下册.北京：中国法制出版社，2002：1680.
[3]陈新民.中国行政法学原理[M].北京：中国政法大学出版社，2002：40.
[4]李建良.损失补偿[J]//翁岳生.行政法：下册.北京：中国法制出版社，2002：1678.
[5]张文显.法理学[M].4 版.北京：高等教育出版社，北京大学出版社，2011：250.
[6]张文显.法理学[M].4 版.北京：高等教育出版社，北京大学出版社，2011：249.
[7]罗斯科·庞德.法理学：第三卷[M].廖德宇，译.北京：法律出版社，2007：18.
[8]张效羽.论财产权公益限制的补偿问题[J].国家行政学院学报，2013（6）：107.

"牺牲"的量化标准，如自然保护区发展权限制的程度是否达到标准，很难准确地进行科学计量，实质上是利益衡量基础上的价值判断。因此，在实务运作上，特别牺牲理论并不能圆满解决区分上之问题，[1]即财产权限制是应予公平补偿还是不予补偿的社会义务性责任。为了弥补此不足，德国学术与实务界还发展出多种理论学说，如由联邦行政法院支持的理论即可期待（忍受）性理论。该理论也称为严重程度理论，视征收是对财产权利的重大侵害。对于一个财产权限制的立法措施，是属于财产权之社会义务还是应予公平补偿，应根据立法措施的严重性、效果、重要性及持续性，作为事实上的判断标准。尽管该理论招致联邦普通法院及学界的批评，但仍得到联邦行政法院的坚持。[2]实质上，该理论主张的严重性、效果、重要性及持续性标准，就是对财产权限制后果的利益衡量过程。按照该理论，利益损失严重到一定程度就应该补偿。因此，利益衡平是决定财产权限制是否应予补偿的根本性因素。

（三）自然保护区范围内及周边社区居民土地使用权受到限制应予合理补偿

根据 2014 年中国环境状况公报统计，我国共有森林生态、草原草甸、荒漠生态、内陆湿地、海洋海岸、野生动物、野生植物、地质遗迹和古生物遗迹等九种类型的自然保护区，其中，森林生态类型的自然保护区数量最多，占了全国自然保护区总数的一半还多。自然保护区原住民对保护区资源有很大依赖，基本形成了靠山吃山、靠水吃水的生活生产发展体系。然而，自然保护区的设立极大限制了原住民的生产生活模式，限制了社区居民对林地、草地、湿地等土地使用权的行使。根据自然保护区管理条例的规定，除非法律行政法规另有规定，禁止在自然保护区内进行砍伐、放牧、狩猎、捕捞、采药、开垦、烧荒、开矿、采石、挖沙等活动。而砍伐烧柴、放养牲口、采集药材、野生菌类、种植草果等行为是自然保护区范围内及周边社区村民重要的生产生活方式。对此，这些限制对社区居民造成的影响与损失是否应予补偿呢？

分析学者的研究，对自然保护区使用权限制的补偿，尚存在争议：一种观点认为，"就自然保护区内土地之使用限制而言，若系争规制出于该土地之地

［1］李建良．损失补偿［J］∥翁岳生．行政法：下册．北京：中国法制出版社，2002：1676.
［2］陈新民．宪法财产权保障之体系与公益征收之概念［J］∥陈新民．德国公法学基础理论：下册．济南：山东人民出版社，2001：429-430.

区与特色而自然产生，则立法者并无宪法上义务规定义务补偿。"[1] 这种观点一般性地排除了因生态保护对土地实施限制的补偿，即自然保护区内的原住民仅因管理机构对其土地的生态限制并不应得到补偿。而另一种观点则认为，"土地如被指定为生态保育区、自然保留区或有珍贵稀有动植物，所有人就土地的开发即会受到极大限制，其所有权的权能将受到很大限制，土地的经济价值，也因而受到很大减损。如果拒绝土地所有人就土地为经济上可行的使用，违反其投资报酬的期待，则将构成准征收，政府应予补偿，否则违反宪法保障财产权的精神。"[2] 该观点更倾向于财产权私益保护，其将国家对自然保护区的生态管制直接视为准征收，即应予补偿的财产权限制。按此观点，对于自然保护区的原住民来说，仅仅因为法律上的生态限制就应该得到补偿。就该两种观点来说，前一种观点更侧重财产的社会义务性，而后一种观点更强调私有财产的神圣性。

按照对财产权限制补偿的理论梳理，可以借鉴德国损失补偿的特别牺牲理论，而不是概然选择前一种观点或是后一种观点。然而，特别牺牲的判断并无严格确定的标准，实践中视个别情形，与限制的时间、程度、对财产的重要性等均有关系。从传统行政法的控权理念出发，在特别牺牲的判断方面，当"宁宽无严"。[3] 自然保护区原住民对村集体所有而本人享有使用权之土地、水域，若原被定性为"农牧用地或渔业水域"，则禁止放牧、开垦或捕捞，无疑使该土地或水域之经济性功能受到严重侵害，且与其他土地或水域之使用权人相比，显受不平等之待遇，已逾越忍受界限，形成一种特别牺牲，国家应予合理补偿。[4] 然而，这种观点仍会遭受质疑。正如前述对财产权限制补偿理论的分析，特别牺牲的判断，以"严重侵害""显受不平等"等抽象而非具体量化的词语作为标准，实质上是价值判断，归根结底为利益衡平。

从历史法学或功利主义视角分析，可以得出同样结论。对于财产权限制补偿问题，美国和德国早期均认为无须补偿。但随着两国财产权保护思想的发展，这种不予补偿的理念逐渐被推翻了。两国都有条件地规定针对财产权的行政限制应予补偿。[5] 因此，财产权限制补偿不是按照法学传统理论进行逻辑演绎的必然结果，而是一种历史选择。其中，经济发展程度、国家能够承担的财政

[1] 黄锦堂. 财产权保障与水源保护区之管理：德国法的比较 [J]. 台大法学论丛，2008（3）：29.

[2] 谢哲胜. 土地使用管制法律之研究 [J]. 中正大学法学集刊，2001（5）：134.

[3] 陈新民. 中国行政法学原理 [M]. 北京：中国政法大学出版社，2002：270.

[4] 李建良. 损失补偿 [J] // 翁岳生. 行政法：下册. 北京：中国法制出版社，2002：1775.

[5] 张效羽. 论财产权公益限制的补偿问题 [J]. 国家行政学院学报，2013（6）：106-107.

负担等成为重要的考量因素。因为财产权限制是否补偿不是作为限制事由的公共利益强大与否而是社会利益是否应该重新公平分配以及如何分配。从更深层次分析，财产权限制补偿取决于社会利益博弈的结果。

按此思路，从自然保护区管理机构与社区居民在土地使用权受到限制后所采取的博弈策略进行分析。自然保护区社区居民补偿主要涉及的利益为：社区居民土地、水域等资源环境要素发展而致的经济利益与设立自然保护区而要保护的生态公共利益，其中，按照公共委托理论，生态公共利益的代表为国家或各级地方政府。从自然保护区立法到执法，两类利益主体采取了不同的博弈策略。在立法层面，国家作为生态公共利益的代表，其意愿得到充分表达；而大多处于不发达地区的自然保护区社区居民的意愿并未得以充分反映，其参与立法意识并不强烈。在执法层面，由于事关社区居民生产生活的切身利益，往往采取不合作的博弈策略，盗伐、偷猎愈演愈烈，甚至出现砸桥、毁路以及群殴事件。[1] 而代表国家管理自然保护区的行政机构，一方面分化出了自身的经济利益追求如办公经费、福利待遇等，可能牺牲国家所着力维护的生态利益；另一方面自身的执法能力、社区居民利益的正当性、自然保护区地形地貌的复杂性以及和谐社会的政治压力等可能对社区居民的违法行为采取忍让策略。因此，如果自然保护区立法不能充分保护社区居民利益，对土地、水域的发展权限制不予补偿，则可能造成执法不力甚至不执法的矛盾现象。同时，土地或自然资源的使用者，在未支付自然保护区土地或其他资源受限成本的情况下，将过分低估生态资源、景观资源与水资源等提供的成本，也无法使自然保护的外部效益内部化，将造成土地或自然资源使用的无效率。[2] 即便自然保护区管理机构改变博弈策略，采取高压政策，若对社区居民的发展权限制视为社会义务，而不对其所受影响的权益予以考量，则很可能因社区居民的反对甚至抗争而造成更大的社会成本如上述毁路砸桥事件，反而与当初保护生态利益的初衷相违背。[3]

为减轻当事人的不满，而有利于水源保护区政策的推行。在德国1986年修改的联邦水利法第十九条第四项规定，若土地使用规制对合于一般秩序之农业或林业使用产生限制，则就当事人因此而产生的经济不利益，应提供适当的补偿。该"便宜性之衡平给付"的性质，是政策性给付，其非特别牺牲理论或

［1］李小云，左停，唐丽霞.中国自然保护区共管指南［M］.北京：中国农业出版社，2009：26-27.

［2］刘志清.政府土地征收补偿之研究——从财产权的观点［D］.台北：台湾大学，2009：89.

［3］黄浩斑.以土地使用限制补偿观点探讨桃园埤塘资源保存维护策略之研究［D］.台北：台北科技大学，2007：20.

可期待（忍受）性理论下的损失补偿。[1]

在我国，对自然保护区社区居民的补偿可以借鉴该立法例。至于补偿数额，需具有一定弹性而非补偿所有损失。这也符合我国国情，国家可以根据财政支付能力结合生态保护建设项目制定适当的弹性补偿政策。

综合以上分析，为了更好地实现生态利益与经济利益的公平分配，减缓社区居民与自然保护区管理机构之间的利益冲突与矛盾，国家对自然保护区的土地使用权限制应予补偿，但国家对补偿数额享有自由裁量权，可以根据财政支付能力、社区居民生活水平合理确定。

（四）利益失衡：应然与实然的不一致

土地用途管制，从法律层面，始见于 2004 年修改的《土地管理法》第四条规定。然而，该条规定的国家实行土地用途管制制度，仅指向土地用途的变更，即"严格限制农用地转为建设用地，控制建设用地总量，对耕地实行特殊保护"。1994 年制定的《自然保护区条例》及《自然保护区土地管理办法》仅规定土地权属不因自然保护区的划定而改变。对于土地用途，不但有土地用途变更的限制性规定而且有对土地原有用途的实质性限制规定，如自然保护区条例第二十六条规定的禁止放牧、狩猎、采药、开垦、烧荒等传统生产生活活动。只不过，条例与办法，均未明确使用"土地用途管制"这个词汇。只是后来，国家环境保护部在 2016 年 10 月制定的全国生态保护"十三五"规划中，才明确"推动自然保护区土地确权和用途管制"。

然而，自然保护区土地使用权限制与土地管理法规定的一般性用途管制不同。对于土地管理法上的土地用途管制，理论界争议较大。许多学者认为，这种管制构成了没有补偿的财产权准征收；也有学者持相反观点，认为不构成财产权准征收，从价值判断来看，被管制的是农民的发展性利益，管制保护的是农民的基本生存权，从价值层次上来说，生存权高于发展权。[2] 对此，自然保护区的土地使用权限制从管制对象、管制程度、管制的价值判断等方面均有区别：首先，从对象分析，一般性的土地用途管制的管制对象不特定，不指向特定群体或相对人，更接近于基于公益目的对财产权的社会性的一般约束义务。而自然保护区的土地使用权限制的对象特定，指向划入自然保护区范围的社区居民，相对于一般的财产权限制来说，更是一种特别利益的牺牲。其次，从管

---

[1] 黄锦堂.财产权保障与水源保护区之管理：德国法的比较 [J].台大法学论丛，2008（3）：27-28.
[2] 金俭，张显贵.财产权准征收的判定基准 [J].比较法研究，2014（2）：43-44.

制程度分析，一般性的土地用途管制并不影响土地原有的使用功能，只是限制其土地用途的变更、限制其进行非农业性的建设开发。而自然保护区的土地使用限制是对其土地原有用途的限制改变，影响了土地使用的基本功能，严重限制了社区居民的传统的生产生活方式，影响了其生活水平。第三，从管制的价值判断分析，一般性的土地用途管制涉及农民的基本生存权，而自然保护区的土地使用限制是为了实现生态保护，其指向的是可持续发展，更接近于发展权的层次，相反，自然保护区社区居民传统生产生活方式被限制，可能会加剧大多居于边远区域的社区居民的贫困，其影响更接近于农民的生存权层次。所以，不管一般性的土地用途管制是否应当补偿，但自然保护区的土地使用权限制从任何角度入手都可得出已使社区居民作出了特别牺牲的结论，应予补偿。

尽管国家环境保护部在"十三五"规划中，明确推动自然保护区土地用途管制，但并未明确对用途管制的土地使用权人进行合理补偿。法律实践中，《土地管理法》仅规定了土地用途管制，但未规定应予补偿。《物权法》中并未涉及土地用途管制，更无是否应进行补偿的规定。然而，这并不能说明《物权法》在制定时，忽略或未考虑到物权及其中的土地使用权限制问题。在2001年中国物权法国际研讨会上，德国学者在考察了我国起草的物权法建议稿时提出，应当注意对私人财产权合理限制问题，不能基于财产权社会化原则而随意限制私人财产权，并不给予补偿。[1] 因此，《物权法》最终并未对财产权限制问题进行规范，说明国家是在综合考量多方因素后，进行利益衡量的结果。也许，国家认为，对财产权限制进行补偿的条件在我国尚未成熟或具备。但是，这并不影响环境立法在条件许可时对土地使用权限制补偿作出特别性规定。在将来，由国务院制定的《自然保护区条例》进行修改或改为全国人民代表大会及其常委会进行立法时，对自然保护区土地使用权限制补偿进行规定。

然而，我国虽没有土地使用权限制补偿制度，但在环境管理实践中，已存在生态补偿制度，那么，生态补偿是否能够替代土地使用权限制补偿达到异曲同工之目的？

（五）利益衡平的实践努力：生态补偿与土地使用权限制补偿的衔接

生态补偿能否与土地使用权限制补偿有效衔接，关键在于生态补偿的受偿主体是否包含、等同或被包含在土地使用权限制补偿的权利主体范围之中？（本

---

[1] 杨立新."2001年中国物权法国际研讨会"讨论纪要［J］.河南省政法管理干部学院学报，2001（3）：75-78.

部分的详细论述可参见第六章生态补偿部分）。

分析我国学者关于生态补偿的概念，除王金南认为，生态补偿应包括发展权限制补偿内容外，多数学者并未将因生态保护而使土地使用权受到限制者作为生态补偿的受偿主体。在实务上，生态补偿的类型不同，其受偿主体也有差异，具体分析如下：

根据国务院关于生态补偿机制建设工作情况的报告，我国初步形成的生态补偿制度框架主要有：中央森林生态效益补偿基金制度、草原生态补偿制度、水资源和水土保持生态补偿机制、矿山环境治理和生态恢复责任制度以及重点生态功能区转移支付制度。分析这些生态补偿制度可以发现：不同的生态环境类型补偿的对象和方式也不同。

中央森林生态效益补偿基金制度中主要以经济补偿形式补偿村集体和个人；草原生态补偿制度中主要以禁牧补助、草畜平衡奖励、生产性补贴政策以及加大教育和培训力度促进就业转移等形式补偿草原牧民；其中，禁牧补助是一种实质上的财产权限制补偿。水资源和水土保持生态补偿机制中，水资源与水土保持生态补偿法律关系的受偿主体主要为国家或地方各级政府。其中，意在提高流域水环境质量、保护饮用水水源、防治水土流失的行政管制措施，由于可能对河流沿岸村民或渔民、饮用水水源保护区及水土保持区原住民等的承包经营权、发展权等权利产生限制，如网箱退养、一级保护区禁止种植、放养牲畜以及限制或者禁止可能造成水土流失的生产建设活动等，因此，可能会涉及原住民的损失补偿问题。在实践中，尽管江西省分配到各县（市、区）的流域生态补偿资金可能惠及原住村民，但这显然不够。我们可以借鉴德国及我国台湾地区有关水土保持区、水源保护区的补偿制度，如台湾地区水土保持法第二十一条规定，保护带内之土地，未经征收或收回者，管理机关得限制或禁止其使用收益，或指定其经营及保护之方法。保护带之私有土地所有人或地上物所有人之损失得请求补偿金。为此，在利益衡平的基础上，我国应促进合作博弈，给予便宜性补偿，以便保障原住民的合法权益，并利于政策推行贯彻。矿山环境治理和生态恢复责任制度中，受偿主体只能是作为矿产资源所有权人或全民利益代表的国家。同样，承揽矿山环境治理和生态恢复项目的单位、个人不应属于受补偿的权利主体。重点生态功能区转移支付制度中，基本公共服务等民生领域的资金使用，至于按照财政部的考核评估事项，地方政府应主要用于学龄儿童入学、每万人口医院（卫生院）床位建设、新型农村合作医疗保险、城镇居民基本医疗保险等。这些社会福利事业的推行，受益者为当地原村民或居民。虽然该部分补助资金没有具体分配给每个原住民，但原住民整体确实享受到了利益。然而，重点生态功能区的原住民，尤其是长期居住于国家级自然保护区的村民，会由于国家限制或禁止开发政策而遭受一定的发展利益损失。为此，地方政府对公共服务领域的支出可以认定为国家对原住民的便宜性补偿，受偿主体为原住村民和居民。

（六）结语：利益失衡仍然存在

从我国生态补偿制度的理论与实践分析，生态补偿与土地使用权限制补偿，以生态环境保护为媒介，实现了一定程度的制度衔接，如森林生态效益补偿与草原生态补偿，既是生态补偿也达到了对林地、草地用途管制予以补偿的目的。甚至，根据一些地方性法规的规定，以生态环境保护为目的的生态补偿与土地使用权限制补偿实现一定程度的融合。如 2014 年苏州市人大常委会制定、江苏省人大常委会批准的《苏州市生态补偿条例》，明确规定，本条例所称生态补偿是指主要通过财政转移支付方式，对因承担生态环境保护责任使经济发展受到一定限制的区域内的有关组织和个人给予补偿的活动。该规定指向的经济发展受到限制的区域，实质上是土地使用用途因环境保护而受到管制的区域。该条例将因环境保护而对土地使用权进行限制的补偿与生态补偿相融合。

然而，生态补偿不能替代土地使用权限制补偿，理由如下：一是土地使用权的限制事由不仅仅是生态保护还可能是其他公共利益目的。二是生态补偿侧重生态环境的公共补偿，只有生态效益的提供者才有权利受偿；而土地使用权限制补偿侧重因使用权限制遭受的损失补偿，指向土地使用权利人的私利益保护。三是生态补偿如水资源与水土保持生态补偿、重点生态功能区的财政转移支付，主要为地方政府与地方政府之间或中央对地方政府的补偿资金转移，并不指向土地使用权受到限制的村民或原住地居民。根据相关规定，流域生态补偿资金，地方政府可统筹安排进行再分配，主要用于生态保护、水环境治理、森林质量提升、水资源节约保护和与生态文明建设相关的民生工程等；[1] 水土保持补偿费的资金支出严格遵守财政国库管理制度有关规定，专项用于水土流失预防和治理，主要用于被损坏的水土保持设施和地貌植被恢复治理工程建设；[2] 而对中央转移支付的资金，地方政府只能用于环境保护和治理以及基本公共服务等民生领域。因此，在这些领域如水土保持、重点生态功能区（其

[1] 刘明中，廖乐逵. 江西在全省实施流域生态补偿 [N]. 中国财经报，2016-01-05.
[2] 社会瞩目延迟退休政策 [J]. 发展，2014（4）：18.

中包括自然保护区）的生态补偿，虽因民生工程建设而间接惠及当地居民但主要用于提高生态环境效益。

综上分析，在自然保护区，基于生态环境保护目的而对当地居民的土地使用权进行一定程度的限制，而生态补偿的资金主要用于反哺生态环境效益，并未直接增加当地居民的私利益，并未达到当地居民对物质财富追求的心理预期。因此，通过生态补偿来实现利益衡平的实践努力并未达到衡平生态保护公共利益与当地居民私利益的目的。尽管森林或草原类型的自然保护区居民可以享受森林生态效益补偿与草原生态补偿，但补偿标准单一和补偿标准过低的问题早已饱受诟病，甚至实践中，导致盲目扩大生态公益林范围，侵犯当地居民合法权益。由此，现有生态补偿制度，虽有改善但并未根本解决生态保护公益与当地居民私利益之间的失衡。

二、权利失衡：自然保护区及周边社区村民旅游相关权的缺失、当地渔民渔业权的弱化与林果种植权等习惯性使用权的禁止

根据《自然保护区条例》，国家对自然保护区实施生态保护管理，具有合法性。然而，由于国家的生态管理，自然保护区及周边社区村民的私利益受到相当大的影响、限制，从而导致社区村民与自然保护区管理机构的激烈冲突。那么，社区村民的冲突行为具有正当性吗？对此问题的反思与考量，必然引发对社区村民应有法律权利的深层次思考。

（一）生存权与发展权：自然保护区及周边社区村民享有林果种植权等习惯性使用权

自然保护区及周边社区村民世代居住于此，经济发展水平较低，靠山吃山，长期形成的传统生活方式如耕种、采摘、放牧、林果等经济作物种植等为其基本生活来源。而且，采摘、放牧、林果种植的区域范围并不仅限于集体所有的林地。以云南金平分水岭国家级自然保护区为例，据有关专家估计，在金平马鞍底乡，绝大多数的草果都种植在金平分水岭国家级自然保护区的国有林范围内。[1] 然而，金平为全国有名的"草果之乡"，草果在当地村民的生产生活

---

[1] 李荣.金平马鞍底乡瑶族哈尼族草果地转让调查研究[J]//赖庆奎，等.云南金平分水岭国家级自然保护区社区共管实践.昆明：云南科技出版社，2011：116.

中发挥着举足轻重的作用。当地的瑶族认为，他们除了草果之外，没有什么能找钱的门路。同样地，哈尼族还认为，草果地是几代人的，要养老婆和孩子，就必须拿草果地来养。而且，草果的种植历史很长，至少有 60~80 年的时间。[1] 在当时，为了促进经济发展，草果的种植是受到当地政府支持的。

在国家建立自然保护区之前，当地村民长期习惯性地使用国有林种植草果，已经演绎为一种习惯性权利。按照当地瑶族与哈尼族的观点，这种习惯性使用权已成为当地村民生存权、发展权的重要内容。在自然保护区建立之后，这种习惯性权利是否应予认可？对此问题的回答，需进行下面两个层次的分析：

一是习惯性权利是否为一种法律上应予保护的合法权益。

学者关于习惯与习惯法的研究颇多，基本肯定习惯与习惯法对社会秩序的规范作用。有些研究（如部分学者关于环境习惯法的研究）主要从习惯义务的视角分析民族禁忌、宗教崇拜、村规民约等，侧重环境习惯对当地村民的约束规范，以期找出环境习惯法与国家环境法之间的内在有机联系，实现两者的有机融合。然而，习惯作为规范，作为非正式制度，可以概括为一个包含了习惯权力和习惯责任、习惯权利和习惯义务的规范体系。[2] 习惯不仅表现为习惯义务，也表现为习惯权利如清代有关亲族与地邻先买权的习惯。[3] 法律权利主要出自非法律制度之习惯。[4] 但习惯权利并不是法律权利，习惯以互惠为基础，法律却建立在此双重制度化的基础之上。此双重制度化，一方面承认法与习惯之间的密切关联，另一方面又强调习惯并非法律，也不可能自动成为法律。[5] 习惯权利成为法律权利，还需要通过国家认可或法院裁定的推定。为此，自然保护区及周边地区村民的林果种植权等习惯性使用权，应当经过国家正式立法程序的认可或经过司法程序由法院生效裁定的支持，方能成为法律权利。然而，当地村民并没有因为国家的维护或反对，而概然地摒弃这种习惯性使用权。相反，村民之间对这种草果地使用权相互承认，并在建盖新房、还债、出嫁姑娘等情况出现时，当地村民还会有偿转让这种在国有林中的草果地使用权。而且，金平分水岭国家级自然保护区管理机构、马鞍乡有关部门对村民的这种自发式的草果地转让行为未给予应有的关注，村委会和村民小组也未介入，

---

[1] 李荣. 金平马鞍底乡瑶族哈尼族草果地转让调查研究 [J] // 赖庆奎，等. 云南金平分水岭国家级自然保护区社区共管实践. 昆明：云南科技出版社，2011：111.

[2] 谢晖. 论新型权利生成的习惯基础 [J]. 法商研究，2015（1）：44-53.

[3] 梁治平. 清代习惯法：社会与国家 [M]. 北京：中国政法大学出版社，1996：61.

[4] 梁治平. 清代习惯法：社会与国家 [M]. 北京：中国政法大学出版社，1996：143.

[5] 梁治平. 清代习惯法：社会与国家 [M]. 北京：中国政法大学出版社，1996：144.

采取听之任之的态度。[1] 2003 年，金平分水岭自然保护区管理局人员还对种植草果的村民收取每亩 10 元的资源损失费，尽管当时绝大部分村寨拒绝缴纳，但也有部分村寨全额缴纳。无论缴纳与不缴纳，自然保护区管理局的征收行为本身就意味着国家对村民草果地使用权从早期的默示变为公开的变相认可。已缴纳资源损失费的村民，如果由于草果地使用权引发争议而进入诉讼程序的话，法院不能概然地否定村民的草果地使用权，并且应当支持、保护村民因草果地使用权而获得的利益。实践中，这种习惯性使用权已使当地村民产生取得可期待利益的预期。在我国台湾地区，对自然公物的习惯性利用与特许利用，在法律性质上并无二致。而且，随着社会发展，公物利用上的反射利益说渐为权利说即法律上利益说所取代，并将公物利用视为私权之一种，对之违法侵害，可提起诉讼以求救济。在日本，也有相关判例之支持。[2] 在此，将原始山林视为自然公物，那么，当地社区村民种植草果的习惯性使用权就是对原始山林等公物的习惯性利用，而且，这种利用为依赖利用即其已经成为当地社区村民之生活支柱。因此，以法律来保护这种习惯性使用权具有正当性。最后，我们仍可借鉴联合国原住民族权利宣言第二十六条第二款规定，原住民族有权拥有、使用、开发和控制因他们历来拥有或其他的历来占有或使用而持有的土地、领土和资源，以及他们以其他方式获得的土地、领土和资源。[3]

二是当地社区村民应否享有作为生存权、发展权重要内容的草果地使用权，已经转化为公民的基本权利问题。

草果种植，是当地瑶族和哈尼族重要的收入来源，是当地社区村民养家糊口的重要生产生活方式。草果地使用权已成为自然保护区及周边社区村民生存权、发展权的重要内容。那么，作为当地社区村民基本权利的生存权、发展权，应否得到尊重与保障？宪法规定了国家的环境保护义务，但同时也规定了尊重和保障人权，而生存权、发展权是首要的基本人权。按照宪法规定，国家的环境保护权力不仅不能概然地或一般性地否定当地社区村民的生存权、发展权，而且基于宪法保障人民基本权利的宗旨，国家行政行为若涉及（限制）人民基本权利的保障范围，则可以视为违宪，除非国家能够提出宪法上正当理由，否则即构成对人民权利的违法侵害。由此，国家应承担限制公民自由权理由的"举

［1］李荣.金平马鞍底乡瑶族哈尼族草果地转让调查研究［J］// 赖庆奎，等.云南金平分水岭国家级自然保护区社区共管实践.昆明：云南科技出版社，2011：117.
［2］李惠宗.公物法［J］// 翁岳生.行政法：上册.北京：中国法制出版社，2002：484-486.
［3］行政院研究发展考核委员会.我国原住民族在资源保育地区共同治理相关法令及执行机制之研究［M］.台北：致琦企业有限公司，2013：3.

证责任"。[1]总而言之，环境资源的共享性，环境资源的有限性，决定了人类（小至自然保护区及周边社区居民）对环境采取的行为不可能毫无限制。然而，国家以环境保护公权力一般性的限制或禁止当地社区村民为生存发展而使用草果地的行为，可能会破坏基本权利的保护机制。当然，反过来，以当地社区村民的生存权、发展权为依据而不顾自然保护区管理机构的反对，进一步扩大草果地区域或为了提高草果产量恣意破坏自然环境等，也绝非我们的立论点。然而，如果只是基于环境保护因素的考量，并以此全盘否定保护区内居民的"破坏行为"的基本权利性格，那将会破坏整个基本权利的保护体系，尤其是法律保留原则、比例原则等保护基本权利的机制，[2]其结果是使保护区内居民的主体性丧失，从而被"降格"为环境保护体系下的"客体"（Object）。[3]

综上所述，自然保护区及周边社区村民的草果地使用权，自然保护区管理机构及地方政府不能概然否定。作为行政法规的《自然保护区条例》第五条明确规定，"建设和管理自然保护区，应当妥善处理与当地经济建设和居民生产生活的关系。"国家可选择有条件地承认当地社区村民的草果地使用权，收取资源使用费等，也可基于环保目的确立草果地使用权限制以及使用权收回的补偿机制。

（二）固有权利抑或新型权利的建构：自然保护区及周边社区村民享有生态旅游相关权利

按照全国主体功能区规划，自然保护区及周边外围保护地带属于禁止开发区域，不能进行传统的工商业建设开发。然而，自然保护区发展的路径并未完全堵死。按照《自然保护区条例》第十八条第四款，自然保护区的实验区可以进入从事参观考察、旅游等活动的规定，自然保护区及周边社区村民的发展权并未因此全部丧失。随着中央生态文明战略的提出，全国出现生态旅游热，自然保护区管理机构及地方政府也日益重视实验区的旅游开发。为此，当地社区村民的发展权通过生态旅游活动得以实现。然而，实践中，由于当地社区村民

---

[1] 李建良.基本权利理论体系之构成及其思考层次[J].人文及社会科学集刊，1997，9（1）：66.

[2] M.Kloepfer, Umweltrecht, 2. Aufl.1998, S.51; ders., Zur Rechtsumbildung durch Umweltschutz, 1990, S.47; ders./H.-P.Vierhaus, Freiheit und Umweltschutz, in: ders.（Hrsg.）, Anthropozentrik, Freiheit und Umweltschutz in rechtlicher Sicht, 1995, S.41 f// 环境保护与人权保障之关系[EB/OL].http://www.xchen.com.cn/jieri/sjhjbhr/74479.html. 2018-07-10.

[3] 德国学者 Sendler 曾指出，一般性环境保护义务的说法，只会呈现出一种"简单、令人印象深刻、骇人且概括的恐怖景象"，对于具体事件冲突状态的了解与解决并无帮助（NVwZ 1990，231/236）。转引自环境保护与人权保障之关系[EB/OL].2018 年 7 月 10 日.

的权利模糊，导致旅游开发收益分配严重不公平，从而引发村民与旅游公司的激烈冲突。为此，对于自然保护区实验区的生态旅游，当地社区村民如果想要公平分享旅游开发的收益，则必须厘清利益共享的权利基础。分析学者有关当地社区村民生态旅游权利的实践调查与学术研究，大致有以下三种观点：

1. 旅游吸引物权说

为了平衡当地社区村民与旅游开发公司之间的利益分配，有学者在调查分析广西龙脊梯田与云南傣族园的基础上，提出了"旅游吸引物权"，即对地上附着物的旅游吸引价值的使用权利。[1] 之所以要创设这种新型物权，乃在于没有权利支撑的利益博弈根本无法达到公平的分配结果。自然保护区实验区土地的旅游开发，按照《土地管理法》及其他法律法规规定，当地社区的村民委员会或村民无权直接开发村集体所有的土地，只能由地方政府通过征收补偿改变为国家土地所有权，再由政府通过招、拍、挂或协商方式确定旅游公司。在此过程中，当地社区村民的利益尽管可以通过国家代理与旅游公司协商补偿形式及补偿金额，但按照传统的土地附着物价值评估，根本没有考虑旅游公司真正看重的当地社区的旅游吸引价值。没有这种由独具特色的庭院建筑、花草树木、民风民俗、服装等构成的旅游吸引价值，旅游人数将无法保证，旅游公司开发的意愿会大大降低。这种制度安排显然不公平，权利的真空必然导致当地社区村民的利益被剥夺。这种旅游吸引价值是当地社区村民世代劳动创造的智慧结晶，将这种智慧结晶凝结升华为法律权利进行保护具有无可辩驳的正当性。否则，这种智慧结晶将会由于人们的无视而被无情践踏、损坏，最后消匿于无形，这是对人类文化的摧残。为此，无论基于利益分配还是文化保护，国家都有必要设立这种新型物权。而且，这种旅游吸引物只要进行合理保护，并不会因为使用而降低其价值。甚至，由于利益驱动、国家倡导，传统文化习俗会更为昌盛，从而增加其价值。立法实践中，对旅游吸引物权的权利设计，应考虑该物权所兼具的有形与无形产权的法律性质，同时区别于土地上的系列传统权利。然而，旅游吸引物权的设立，也可能会带来负面效果（如增加谈判交易成本），甚至，借鉴阿罗不可能性定理，可能会直接阻碍旅游公司的开发。[2]

2. 民族文化旅游资源产权说

自然保护区及周边社区村民通过世代辛勤劳动创造形成的独具特色的思

---

[1] 左冰，保继刚. 制度增权：社区参与旅游发展之土地权利变革 [J]. 旅游学刊，2012（2）：28.
[2] 保继刚，左冰. 为旅游吸引物权立法 [J]. 旅游学刊，2012（7）：17.

维、习惯、伦理道德、民间风俗等，与当地的建筑、街道、寺庙等人文景观以及掺入了传说等传统文化成分的自然景观（如望夫石），共同组成了独特的民族文化旅游资源。甚至，当地社区村民的服饰、表演等本身就是旅游资源的组成部分。然而，对于这些文化旅游资源的开发，当地社区村民却处于十分尴尬的地位：文化旅游资源的创造者并不是旅游开发的法律主体。为此，有必要对当地社区村民进行法律赋权，赋予孕育和创造并传承原生态文化旅游资源的族群以法律上的所有权。[1] 而且，这种民族文化旅游资源产权为集体产权，[2] 是当地社区村民集体创造的智慧成果。从法律性质分析，该产权更接近民法总则规定的知识产权。依此分析，民族文化旅游资源权是一种无形产权，其客体是当地社区传统文化习俗与行为习惯，而承载了当地社区传统文化习俗底蕴的人文与自然景观则是该权利的载体。按照《民法典》第一百二十三条第二款规定，除了传统的作品、发明、商标等客体外，法律规定的其他客体也可成为权利人所享有的知识产权客体。在此，有两种选择：一是将传统文化认定为著作权的客体即作品；二是创设新客体，将传统文化作为民法总则规定的其他客体。前者最大优势就是通过法律的扩张性解释，即可实现对该文化旅游产权的保护；不足之处则在于无法涵盖传统文化的特殊性，可能出现保护不够的问题等。后者最大优势则是能够实现对传统文化这种新客体的全面保护，但不足之处在于该权利必须通过立法程序予以法律的明确规定，这可能需要长久的耐心。

3. 地役权说

如果自然保护区实验区旅游开发用地包括了当地社区村民日常生产生活空间，那些体现了当地社区传统文化风俗的土楼、苗寨等特色建筑以及梯田等田园景观、歌舞表演，已成为该旅游开发重要部分甚至最有价值部分时，当地社区村民或村集体可以按照物权法第十四章地役权的规定，将独特的社区聚落地作为供役地，与旅游开发公司进行谈判协商，以确定使用费用及期限。[3] 根据《国务院关于促进旅游业改革发展的若干意见》第十九项规定，"在符合规划和用途管制的前提下，鼓励农村集体经济组织依法以集体经营性建设用地使用权入股、联营等形式与其他单位、个人共同开办旅游企业"，该地役权的设立，不仅未突破现有法律法规制度框架，而且还属促进之列。然而，美中不足的是，地役权指向土地这种不动产，其并未能完全涵盖旅游吸引物的利用情形如服饰

---

［1］唐兵，惠红. 民族地区原住民参与旅游开发的法律赋权研究［J］. 旅游学刊，2014（7）：42.

［2］袁泽清. 论少数民族文化旅游资源集体产权的法律保护［J］. 贵州民族研究，2014（1）：19.

［3］王维艳. 乡村社区参与景区利益分配的法理逻辑及实现路径［J］. 旅游学刊，2015（8）：45.

等动产及民风民俗等无形产权。甚至，有学者建议，对物权法中地役权进行修改，直接设立旅游（用益）地役权。[1]

综上所述，作为传统文化创造者的当地社区村民，理应成为旅游开发的权利主体，享有生态旅游的相关权利。至于权利的类型，可具体情况具体分析。总之，无论作为旅游吸引物、供役地，还是作为民族文化旅游资源，其核心价值所在的当地社区传统文化风俗及行为习惯，均是当地社区的文化传承与智慧结晶。依作者愚见，如果从无形产权角度进行制度设计，也许更能体现当地社区的文化创造价值。

（三）确权抑或授权：自然保护区及周边社区村民享有渔业权

按照《自然保护区条例》第十条规定，自然保护区类型包括具有特殊保护价值的海域、海岸、岛屿、湿地及内陆水域等。而这些自然保护区大都含有可以使用的水域、滩涂。这些自然保护区及周边社区的村民很多世代从事渔业生产。由于水域具有不同于土地等不动产的法律特点，这些从事渔业生产的村民并未获得接近于农民土地承包经营权的其他相关权利。在渔业资源丰富、水域未进行商业性经营之前，权利的缺失并未对村民的渔业生产产生太大影响。然而，随着渔业发展，没有法律权利保障的渔民失海、失水现象频发。由此，渔民不但在经济上是最为弱势的群体，而且在法律上也是最为弱势的群体。[2]正是基于这样的担忧，有必要反思我国的渔业管理制度，构建渔业权，以维护传统渔民的合法权益。

1. 固有权利：自然保护区及周边社区渔民应享有渔业权

临近水域、滩涂的自然保护区及周边社区渔民世代居住于此，靠水吃水，渔业生产已成为其基本的生产方式，应享有渔业权。从历史角度分析，渔业存在的历史久远，很少受到行政权力的干预、侵犯，在事实上受到世俗政权的尊重和认可。按照自然法的观点，这是一种不可剥夺的自然权利或固有权利。[3]这种长期存在的渔业生产的历史事实，还得到了国际公约、国际法院裁决、国与国之间的协定等对生计型传统渔民渔业权的承认。[4]从生存权角度分析，传统渔民世代对水域、滩涂的习惯性利用，已成为当地社区渔民赖以生存的生

---

[1] 保继刚，左冰. 为旅游吸引物权立法 [J]. 旅游学刊，2012（7）：16.

[2] 孙宪忠.《物权法》：渔业权保护的新起点 [J]. 中国水产，2007（5）：6.

[3] 孙宪忠. 中国渔业权研究 [M]. 北京：法律出版社，2006：73.

[4] 董加伟. 论传统渔民用海权 [J]. 太平洋学报，2014（10）：94.

产生活方式，对该权利的否定实质上剥夺了当地渔民基本生存的权利。因此，渔业权属于第一位阶的权利，是渔民生而存在的基本人权或固有权利。从国家所有权的性质分析，自然资源国家所有权为宪法与行政法上规定的公权，本质上是国家的公权力。[1]按照公物之上不得设定私权的基本法理，在公共水域上设定的国家所有权也不能成为私权。[2]借鉴克里斯特曼关于所有权分为控制所有权和收入所有权的观点，可将国家对公共水域的所有权定性为控制所有权，[3]仅具有管理控制职能，不能与民争利，不能排斥渔民对该公物的使用权。实质上，控制所有权的外在行为表现就是国家公权力的体现。而且，既然国家所有权概念不符合民法上所有权基本原理，[4]显然，国家对公共水域的所有权也不能按照两权分离学说去界定渔民的渔业权，不能将国家对渔民的特别许可视为一种授权性恩赐。渔民对公共水域的习惯性使用与事实上利用，已经演化为一种基本人权。国家对渔民的特别许可只能是确权而不是授权，不能随意剥夺，其只能基于公共利益目的（如生态保护）进行规划管理。

2. 优先权：自然保护区及周边社区渔民作为渔业权主体的顺序权利

渔业权主体的范围，学者的观点差别不大。崔建远教授认为，主体是自然人、法人或合伙企业。[5]孙宪忠教授认为，主体包括个人、个体工商户、非法人企业、企业法人等。[6]这两个主体范围基本涵盖了民法上所有的人。立法中，我国《渔业法》第十一条、第二十五条规定，渔业权中养殖和捕捞的权利主体均为单位和个人。这个主体范围和学者界定的范围基本无差别。然而，有学者对此质疑，认为上述关于渔业权主体的定义与渔业权属性、渔业权取得途径、现实状况等有矛盾，渔业权的主体应确定为渔民。[7]从维护渔民合法权益视角，该质疑不无道理。为了将宽泛的主体范围与维护渔民合法权益有机地衔接起来，同时兼顾传统渔民的生存利益与渔业经营的经济要求，孙宪忠教授带领的课题组对渔业权主体设计了优先权制度。在其中国渔业权立法建议稿（详细稿）第六条中对养殖渔业权和定置捕捞权批准的优先顺序进行了具体设计，以渔场所

［1］巩固.自然资源国家所有权公权说［J］.法学研究，2013，35（4）：19-34.

［2］孙宪忠.中国渔业权研究［M］.北京：法律出版社，2006：75.

［3］邱秋.中国自然资源国家所有权制度研究［M］.北京：科学出版社，2010：192，193.

［4］谢海定.国家所有的法律表达及其解释［J］.中国法学，2016（2）：516，517.

［5］崔建远.准物权研究［M］.2版.北京：法律出版社，2012.

［6］孙宪忠.中国渔业权研究［M］.北京：法律出版社，2006：56，57.

［7］刘舜斌.立足国情建设我国渔业权制度——兼评《中国渔业权研究》［J］.中国渔业经济，2007（1）：16，17.

在地乡、村的渔民为第一顺序权利人。[1] 在司法实践中，我国立法也有关于养殖权主体优先权的制度规定。我国《渔业法》第十二条就规定，县级以上地方人民政府在核发养殖证时，应当优先安排当地的渔业生产者。综上，无论是学者的制度设计还是渔业法规定，自然保护区及周边社区渔民，临近水域、滩涂，在申请批准时，理所应当具有优先权。

3. 准物权、用益物权抑或公法性质的自然资源使用权：渔业权的法律性质之辩

渔业权一般是指在一定水域从事养殖或捕捞水生动植物的权利。除养殖与捕捞之外，我国《渔业法实施细则》第十八条规定还规定了娱乐性游钓。根据我国现有的法律制度，按照渔业权获得方式及设定的水域所有权性质不同，分别对渔业权的法律性质进行分析。对此，可以分为三种情况：一是集体所有的水域；二是国家所有确定由农村集体经济组织使用的水域；三是国家所有水域，也属于公共水域。前两种情况，属于非公共水域。根据《渔业法》第十一条第二款规定，集体所有的或者全民所有由农业集体经济组织使用的水域、滩涂，可以由个人或者集体承包，从事养殖生产。根据《物权法》第一百二十四条第二款规定，农民集体所有和国家所有由农民集体使用的耕地、林地、草地以及其他用于农业的土地，依法实行土地承包经营制度。根据《土地管理法》第四条第三款规定，用于农业生产的土地包括养殖水面等。因此，对于非公共水域，渔民以土地承包经营权合同等私法方式获得渔业权。该渔业权并非一类独立的物权，为土地承包经营权所吸收，属于私权上的用益物权。但对于公共水域即国有水域上的渔业权，则为渔业法调整的渔业权，渔民通过行政许可的方式获得。对该渔业权的性质国内学者有争议，大致可分为三种观点：一是准物权。渔业权属于准物权，是与典型物权相比存在若干特殊之处的一类物权，如客体具有一定的不特定性；权利构成具有复合性；具有公权色彩，大多需要行政特许；捕捞权未体现一物一权主义等。[2] 在国外，日本和韩国均将渔业权视为物权，准用土地的有关规定。在我国台湾地区，《渔业法》第二十条规定，渔业权视为物权，准用民法关于不动产物权的规定。渔业法既非民法部分又非民法的特别法，因此，学说均将渔业法规定的渔业权称为准物权。[3] 二是兼具用益物权与特许物权特性。渔业权是对他人的水域进行排他支配、利用、收益

[1] 孙宪忠. 中国渔业权研究 [M]. 北京：法律出版社，2006：83，84.
[2] 崔建远. 准物权研究 [M]. 2版. 北京：法律出版社，2012：465.
[3] 黄异. 物权化的渔业权制度 [J] // 吕忠梅. 环境资源法论丛：第4卷. 北京：法律出版社，2004：287.

的权利，这种对他人之物进行使用、收益的权利，其法律性质应该是用益物权。然而，渔业权的取得必须经由行政许可，而且这类行政许可具有赋予当事人财产权利的性质，因此，渔业权同时又是一种特许物权。综上，渔业权应是兼具用益物权与特许物权特性的特种物权。[1]三是公法性质的自然资源使用权。渔业权是公法权利，是由资源单行立法设定、依公法方式从国家直接取得的使用权，其是具有公法性质的自然资源使用权。[2]对于我国台湾地区《渔业法》关于渔业权的规定，也有学者认为，随着行政法及行政法学说渐趋完备，可以考虑将公法性质的渔业法所规定的渔业权定性为公法上的使用权。[3]具有公法性质的权利，应当适用公法规则但不能因此否定公权所具有的私利益的性质，不能完全排除物权法所给予的私权保护。渔业权作为公法性质的自然资源使用权，与民法物权上的用益物权具有相似的法律属性，可以适用物权法的相关规定。我国民法典也在第三分编用益物权编规定，依法取得的养殖权、捕捞权受法律保护。然而，渔业权不同于真正的不动产物权，只能有条件地适用物权法。渔业权人对他人同样内容的渔业行为享有请求排除妨害权，但由于渔业权本身并非对物的权利，因此，不适用物权法中的返还原物请求权。[4]

4. 自然保护区及周边社区渔民（村民）的渔业权受限制（不是征收、征用，如果是征用的话，应按渔业法第十四规定，适用征地的管理规定）应予补偿

自然保护区及周边社区渔民的渔业权，在非公共水域上设定的，属于民法用益物权中的土地承包经营权。在自然保护区，国家以生态保护为目的能够对该类渔业权实施限制性管理，但应当给予合理补偿，具体理由参见本章第一部分的论述，这里不再重述。对于在公共水域上设定的渔业权，其法律性质如上部分的分析，学者有不同观点。尽管如此，但在学者的论述中，渔业权的两个主要法律特征是明显的：一是经过渔业主管部门的特别许可；二是可以适用民法物权的相关规定进行保护。那么，在自然保护区国家对该渔业权进行限制性管理，是否应当给予合理补偿？在国外，如美国，法律对权利的保护远远强于对特许权的保护。如果许可证持有人享有一项权利，那么在许可被吊销之前，他有权请求举行听证会；如果许可证持有人仅享有一项特许权，那么无须通知

---

[1] 孙宪忠.中国渔业权研究［M］.北京：法律出版社，2006：8.

[2] 王克稳.论公法性质的自然资源使用权［J］.行政法学研究，2018（3）:40-52.

[3] 黄异.物权化的渔业权制度［J］//吕忠梅.环境资源法论丛：第4卷.北京：法律出版社，2004：290.

[4] 全国人民代表大会常务委员会法制工作委员会民法室.物权法立法背景与观点全集［M］.北京：法律出版社，2007：591.

许可证持有人举行听证会，该特许权就可被取消。[1] 在我国，渔民享有的渔业权，是渔民的固有权利和基本生存权。渔业行政主管部门对渔民的特别许可只是确权，就好像不动产登记部门对房产所有人的确权一样。我国《物权法》第一百二十三条也明确将渔业权作为用益物权进行规定。为此，该渔业权虽须经过行政特别许可，具有公法性质，但不能因此认为，只要基于公共利益目的（如生态保护），国家对渔民的渔业生产活动进行限制，是渔民应当承担的法律义务，无须任何补偿。对渔业权的限制性管制应否补偿，可以借鉴德国的特别牺牲理论。甚至，即便渔民所受之损失非属特别牺牲者，其虽无补偿请求权，但国家仍应基于衡平性或合目的性之考量，给予渔民一定补偿，以实现社会正义。[2] 因此，自然保护区及周边社区渔民的渔业权受限，国家应予补偿。

（四）权利失衡：自然保护区管理机构、地方政府与社区之间的权利割裂与对抗

公权力与私权利，必然与不同的利益相联结。在自然保护区，自然保护区管理机构、地方政府的公权力与当地社区村民（渔民）的私权利都是正当的、法律应予保护的合法权益。既不能如管理论者重生态保护等公共利益而轻私人利益，也不能如控权论者重私人利益而轻公共利益。与自然保护区相关的法律制度设计应当借鉴平衡论者的观点，兼顾公共利益与私人利益实现两者之间的平衡。[3] 然而，在自然保护区管理实践中，由于当地社区及村民的习惯性弱势，使自然保护区管理机构、地方政府与社区之间的权利配置严重失衡，导致社区与自然保护区管理机构的实践冲突。

1. 草果地使用权的实践禁止

自然保护区管理者更倾向于采用一种绝对保护观念。考虑到草果种植对生物多样性的影响，当地政府如金平县于 1995 年前后制定了相应政策和措施，禁止草果种植户到自然保护区内继续管理和种植草果，以让其自然消失。[4] 当地社区村民意见很大，中华人民共和国成立后草果种植初期，当地政府发动村民种植，现在以生态保护为由，无偿剥夺村民的习惯性草果地使用权，使村

[1] 崔建远. 准物权研究 [M]. 2 版. 北京：法律出版社，2012：422.
[2] 李建良. 损失补偿 [J] // 翁岳生. 行政法：下册. 北京：中国法制出版社，2002：1695.
[3] 宋功德. 行政法的均衡之约 [M]. 北京：北京大学出版社，2004：32, 33.
[4] 赖庆奎，等. 分水岭国家级自然保护区及周边地区矛盾冲突分析 [J] // 赖庆奎，等. 云南金平分水岭国家级自然保护区社区共管实践 [M]. 昆明：云南科技出版社，2011：137.

民收入锐减。

2. 生态旅游相关权利的缺失

我国《旅游法》第二十一条规定，对自然资源和文物等人文资源进行旅游利用，应尊重和维护当地传统文化和习俗。根据该规定，立法者已经认识到文化旅游资源的重要性，要求旅游管理者尊重和维护。但该条款规定在《旅游法》第三章即旅游规划与促进，而且没有相应的责任条款，应属于公法中的软法性规定。至于尊重和维护当地传统文化和习俗的具体步骤和措施，法律并没有明确，也未授权相关的行政主管部门制定相应规章。由此分析，该规定是从规划利用视角对有关行政主管部门进行的义务性规范，但该规范是抽象性的。而且，该规定不是许可性规定，也不是私权性规定。当地社区集体及村民不能因此认为自己享有学者分析的"旅游吸引物权""文化旅游资源产权"或"地役权"。对于当地传统文化和习俗，应当以何种私权形态，我国物权法及相关的知识产权法律制度并未有明确规范。甚至，传统文化和习俗对当地自然景观与人文景观所附加的巨大价值，按照我国《土地管理法》的相关规定，在旅游目的地开发利用中也并未体现。《旅游法》第二十一条的义务性抽象规定，对当地社区传统文化和习俗的保护并非毫无助益，但在实践中能发挥多大作用，确实有待商榷。实践中，权利的缺失，已经导致一些景区如傣族园的社区村民开始寄希望于采用堵路、集体上访等体制外行为解决。[1]

3. 渔业权的立法冲突与权利弱化

我国《物权法》第一百二十三条规定，依法取得的使用水域、滩涂从事养殖、捕捞的权利受法律保护。该条规定有两层含义：一是养殖权、捕捞权是民法上的用益物权；二是依法取得。在此，依法取得的"法"，从法律层面主要有《土地管理法》《渔业法》《海域使用管理法》等。其中，有关捕捞权的法律主要为《土地管理法》《渔业法》，根据《海域使用管理法》第二十五条规定，海域使用的法定用途有养殖、拆船、旅游娱乐、盐业、矿业、公益事业、建设工程，并不包括捕捞用途。但是，有关养殖权的法律规定则较为复杂。对于集体所有水域的养殖由《渔业法》调整，但国家所有水域的养殖同时受到《渔业法》与《海域使用管理法》的调整，出现"双重许可""一事两证"。[2]两法的冲突不仅增加了渔民的负担如行政申请成本、时间成本及海洋使用金等，而且可能改

---

[1]左冰，保继刚.制度增权：社区参与旅游发展之土地权利变革［J］.旅游学刊，2012（2）：27.

[2]孙宪忠.中国渔业权研究［M］.北京：法律出版社，2006：399.

变养殖权的性质。《渔业法》对渔民养殖权的特别许可是对渔民固有权利的法律确权,而《海域使用管理法》是基于两权分离学说,将国有水域交由符合资质条件的人包括渔民有偿使用,该使用权是渔民以支付海域使用金为对价而获得的权利。甚至,根据《海域使用管理法》的规定,海域使用权可以转让、继承,性质更接近国有土地使用权,是一种用益物权。而《渔业法》虽仅从行政管理视角规定了养殖证的核发,但《物权法》明确规定了养殖权为用益物权。由此,该立法冲突进一步导致在同一水域上并存了两种内容相同的用益物权即海域使用权与渔业权,显然违背了"一物一权"原则。[1]这可能导致海域使用权与渔业权的相互排斥。尽管有学者认为,国家对海域的公共管理与渔业权并不矛盾,[2]但基于以下两方面考虑,海域使用权的设计可能会侵蚀渔民的渔业权,进一步加剧渔业权的弱化:一是《渔业法》对养殖的规定,强调了养殖证核发的行政许可性质,尤其是《渔业法》修改后删除了"确认使用权"字句,淡化了养殖证所赋予渔民的用益物权属性。二是渔民事实上的弱势地位。实践中,渔民失海失水现象并不少见。

综上所述,草果地使用权的实践禁止、生态旅游相关权利的缺失、渔业权的立法冲突与权利弱化等,进一步加剧了自然保护区管理机构、地方政府与社区之间的割裂与对抗,导致两者之间的激烈冲突。毫无疑问,在各方利益博弈中,冲突已促使各方采取了零和博弈策略。而且,除了冲突这种颇具破坏性的反抗,当地社区村民还可能更多采用信访等非暴力反抗形式。就此,暂且不论冲突的正当性问题,仅就非暴力反抗而论,借用罗尔斯的观点,如果正当的非暴力反抗看上去威胁了公民的和谐生活,那么责任不在抗议者那里。[3]

三、合作管理与利益共享:弹性思维下的自然保护区社区共管

权利是法律机制构建的基础,然而,自然保护区及周边社区村民有关土地使用权限制的补偿权、草果地等林地的习惯性使用权利、生态旅游的相关权利,目前尚无相关法律的明确规定,而当地渔民的渔业权特别是养殖权还存在《渔业法》与《海域使用管理法》的立法冲突。这些权利的缺失可能使本就处于弱势地位的当地村民或渔民加剧了贫困化的程度。由于自然保护区及周边社区村

---

[1] 尹田.中国海域物权制度研究 [M].北京:中国法制出版社,2004:153.
[2] 孙宪忠.中国渔业权研究 [M].北京:法律出版社,2006:77.
[3] 约翰·罗尔斯.正义论 [M].何怀宏,等,译.北京:中国社会科学出版社,1988:391.

民或渔民一般较为贫困，其传统生产生活方式对自然保护区的资源依赖性强。为此，缺少私权利保护的当地社区村民，在自然保护区的封闭式强制管理下，可能会导致自然保护区管理机构与社区之间的冲突竞争，一方面不利于生态保护的长期持续性发展；另一方面与中央的扶贫战略相矛盾。然而，一个新的法律权利的创设需要漫长的探讨论证过程，很难一蹴而就，所以，在呼吁争取新的法律权利立法的同时，还应另辟蹊径，从自然保护区及周边社区村民的程序性权利建构入手，借鉴托依布纳主张的新程序主义，创建能够实现自然保护区社区协调发展的共管法律机制。

（一）从利益失衡到利益共享：自然保护区社区共管对土地使用权限制补偿不足的弥补

自然保护区及周边社区村民的土地使用权受到限制，直接影响了当地社区村民的基本生活水平与温饱问题，危及了村民基本的生存权与发展权，如果不予补偿，自然保护区与社区村民之间的利益将严重失衡。然而，在我国，《土地管理法》等相关法律法规并未规定对这种土地使用权限制的准征收情形予以补偿。尽管在生态管理实践中，生态补偿部分缓解了这种准征收不予补偿的利益失衡状态，但是，事关村民的基本人权，仅依靠生态补偿尚不能从根本上解决村民的贫困问题。而且，当地社区村民的生存权与发展权，在自然保护区条例中只有原则性规定即"应当妥善处理与当地经济建设和居民生产生活关系"，在有关自然保护区建设、管理及责任的条款中并无具体规范。为此，忠实执行立法指令的自然保护区管理机构将面临实施困惑，即与"妥善处理"相对应的行政行为应是什么。在无所适从于抽象原则的同时，其所进行的传统封闭式管理如要起到类似一个传送带[1]的作用，则只会执行更为明确的《自然保护区条例》所规定的禁止性或限制性条款。因此，由于制度设计之初的利益失衡，传统封闭式管理只会使利益单方向地倾斜于生态保护利益。显然，这种管理结果无益于缓解土地使用权限制不予补偿对当地村民利益造成的不利影响。而且，《自然保护区条例》有关"妥善处理"的规定并未得到有效执行。要想纠正这种利益失衡状态，应从立法实践视角进行实证分析。

由于法律法规未规定，我们暂且不论土地使用权限制的补偿问题。然而，有关"妥善处理"的执行则有必要深入分析。首先从文义解释，妥善处理绝非

---

[1] 理查德·B.斯图尔特.美国行政法的重构 [M].沈岿，译.北京：商务印书馆，2002：10.

是一方对另一方的支配、强制，而更接近于通过沟通、说服促进各方满意的意思。其次，从妥善处理的利益关系入手，侧重分析生态利益与村民经济私益之间的妥善处理。按照《自然保护区条例》第五条的规定，妥善处理的利益关系有两类：一是自然保护区管理机构追求的生态利益与当地经济利益。当地经济利益与地方政府的 GDP 挂钩，从总体上来说，更倾向于是经济公共利益。因此，这两种利益均为公共利益。二是生态利益与居民由生产生活产生的私利益。土地使用权限制补偿所指向的主要为村民私利益的保障。实践中，第二类利益关系即生态利益与经济私益之间的利益失衡较为严重，两方利益主体之间的冲突也较为激烈。如果要妥善处理该两方利益关系，则应兼顾双方利益，实现利益平衡。第三，从妥善处理的方式或模式着手，应构建一种机制使各利益主体能够沟通协调，平等协商决定生态利益与私经济利益之间的协同发展模式。自然保护区社区共管法律机制，变传统封闭式管理为开放参与式管理，使各利益主体共同参与决策，是能够有效实现"妥善处理"目的的最佳机制。综上分析，如果要使自然保护区条例关于"妥善处理"的规定得以有效执行，则应构建自然保护区社区共管法律机制，促进生态利益与村民私利益之间的协调发展。

反过来，我们再反思因土地使用权限制补偿制度的不足所引发的利益失衡问题。在我国现有制度框架内，土地使用权限制补偿制度的不足是我国所面临的立法与司法现状。改变此现状，有两条路径可供选择：一是呼吁新的立法，建构准征收补偿制度。二是采取迂回策略，通过其他法律机制如自然保护区社区共管来达到异曲同工之效。在实践中，我们可以采取两条腿走路的策略。显然，第一条路径的时间成本很高，相关的制约因素较多，立法预测困难度高。第二条路径中的自然保护区社区共管契合党的群众路线方针政策，在部分自然保护区也有相应的管理实践，实施的可行性较高。然而，将制度设计上的利益失衡与"妥善处理"的有效执行机制即自然保护区社区共管结合起来考虑，自然保护区社区共管能否弥补、缓解因利益失衡所导致的社区村民发展困境？自然保护区社区共管机制是自然保护区管理机构、地方政府和社区村民为生态保护与私经济利益协调发展而进行平等决策的机制。在该机制中，社区村民代表作为平等决策主体，可以在协商过程中，向自然保护区管理机构、地方政府代表充分阐述因土地使用权限制所造成的利益损失及日益加剧的贫困状况。这种协商的过程，实际上也是利益博弈的过程。本就不富裕的自然保护区及周边社区村民，由于土地使用权的限制，已经影响到其基本的生存权与发展权。利益失衡对村民的影响越大，在协商谈判过程中，具有高度政治觉悟的自然保护区管理机构与地方政府的代表作出妥协、退让的可能性越大。通过协商，具有扶贫职责的地方政府、具有"妥善处理"职责的自然保护区管理机构与社区可能合作开展可持续性的发展项目如养蜂等，甚至，社区村民参与这些项目还可能会享受银行贷款、税收减免等政策优惠。这些项目与政策优惠从性质上更接近于土地征收征用补偿中被学者称作的造血性补偿。确实，可持续发展项目与政策优惠提高了社区村民收入，最大限度保障了社区村民的生存权、发展权。如太白山自然保护区社区共管在实施养蜂、养牛、运输等社区发展项目上均取得了较高的投资回报，实现了以产业促增收。[1]从共管效果来看，自然保护区社区共管弥补或部分弥补了土地使用权限制补偿制度的不足。通过共管，可持续发展项目在增加社区村民私利益的同时保护了自然保护区的利益，使现有立法制度设计上的利益失衡转变为共管后的自然保护区的生态利益与社区村民的经济私利益之间的利益共享。如西洞庭湖自然保护区社区共管逐渐实现了经济效益与保护义务的一体化，既尊重了当地社区村民的生存权、发展权，又有效传递了科学保护管理的信息，扩大了保护的范围和领域，增添了保护力量。[2]

（二）从权利失衡到合作管理：自然保护区社区共管的程序性权利对实体性权利缺失的弥补

由当地社区村民基本的生存权、发展权演化出的草果地种植等习惯性土地使用权、生态旅游相关权利如旅游吸引物权或文化旅游资源产权、渔民的渔业权等，从应然层面，是当地社区村民应该享有的系列权利。然而，从实然层面，前两种权利尚处于学者呼吁探索阶段，后一种权利即渔业权与同为用益物权的海域使用权存在立法上的冲突。按照权利的利益说，对权利主体来说，权利是一种利益或必须包含某种利益。[3]学者之所以主张建构当地社区村民的上述权利，其目的还是通过权利设计改变村民的弱势地位保护村民的基本利益。按照传统的自然保护区封闭式管理，自然保护区管理机构的生态利益倾向明显，单向度的利益追求必然使作为行政相对人的社区村民要求相应的权利设置。但是，即便不管任何新型权利进行制度创设的复杂性程度，法律承认上述村民的习惯性权利、旅游相关权利，这些法律制度设计能够解决自然保护区与社区的

［1］张晓妮.中国自然保护区及其社区管理模式研究［D］.咸阳：西北农林科技大学，2012：97.
［2］张琛.西洞庭湖自然保护区社区共管体制研究［J］//李小云等.共管：从冲突走向合作［M］.北京：社会科学文献出版社，2006：165.
［3］张文显.法理学［M］.4版.北京：高等教育出版社、北京大学出版社，2011：93.

利益冲突问题吗？自然保护区的设立目的是保护自然环境和自然资源。法律上仅有这些实体性权利，而无相关的程序性设计，并不排除这样的可能性：社区村民由原先的非法对抗变为合法对抗，私利益的主张更加强硬，导致两者之间的非合作博弈会愈演愈烈，这并无益于自然保护区的立法目的实现。在此，我绝非想论证从法律上承认习惯性土地使用权、创设生态旅游相关权利不重要，而是想阐明从实体权利创设视角来平衡自然保护区与社区的利益，可能对法律提出了过高的要求。甚至，由于公权力的强大，参照哈贝马斯的观点，法律的有效运作可能以破坏传统的社会生活模式为代价。[1]显然，随着社会分化的专业化精细程度越来越高，法律已显示出超负荷的征兆。[2]卢曼和哈贝马斯均认为，持续的形式法的重新实质化把政治—法律的系统推入控制危机中。因为在功能分化的过程中，各种社会子系统已经获得了如此程度的内部复杂性，以至于无论是政治、法律、科学、经济、道德，还是它们之间的组合，已无法为它们的内部控制发展出必要的控制能力。[3]这种法律的自我限制，需要法律发展反思维度。按照哈贝马斯、托依布纳的分析研究，法律的反思，转向一种新程序主义（详细论述见第一章）。为了解决自然保护区管理的实践困惑，将新程序主义范式应用于我国自然保护区的法律建构过程，也许能够弥补权利配置失衡甚或是缓解关于创设新型权利也难以达到法律目的的担忧。在我国，这种程序主义范式在自然保护区管理中的适用，表现为自然保护区社区共管模式。该模式的法律构建，不是通过法律规范直接规制自然保护区管理机构的管理行为与社区村民的生产生活行为，而是通过社区共管委员会这种组织结构，由各利益主体按照规定的程序在其中进行民主的自我管理、自我调节。在共管委员会，自然保护区、地方政府与社区充分交流、商谈，避免了因信息不对称而造成的相互不信任，使生态利益、传统文化价值、传统生产生活方式等得到商谈各方的尊重和维护。对此，虽有学者担忧在我国会出现实质非理性问题，认为程序合法结果并不必然合理。[4]但季卫东认为，不能小看东方智慧以及职业法律家的作用，并指出新程序主义有可能实现"和而不同"的理想，即以在一定意义上价值中立的法律程序来保障各种价值相安无事，以理性方式来决定公共事务。[5]由此，自然保护区社区共管模式通过赋予社区村民对自然保

［1］图依布纳.现代法中的实质要素和反思要素［J］//矫波，译.北大法律评论，1999（2）：617.

［2］卢曼.法律的自我复制及其限制［J］//韩旭译.北大法律评论，1999，2（2）：465.

［3］贡塔·托依布纳.魔阵·剥削·异化——托依布纳法律社会学文集［M］.泮伟江，高鸿钧，等，译.北京：清华大学出版社，2012：301-302.

［4］苏力.法治及其本土资源［M］.北京：中国政法大学出版社，1996：82，142.

［5］季卫东.法律程序的形式性与实质性［J］.北京大学学报：哲学社会科学版，2006（1）：115-116.

护区事务的参与权、决策权，使社区村民通过其代表与自然保护区管理机构、地方政府公务人员的沟通、商谈，达到保护自己基本的生存权与发展权的目的，弥补了社区村民实体性权利缺失的遗憾，实现了合作管理。

（三）精准扶贫与生态保护的协同：弹性思维下的自然保护区社区共管

由于自然保护区管理机构的管理，当地社区村民的传统生产生活方式受到生态限制。在此情形下，如果当地社区村民无其他替代生计，则必然会加剧村民的贫困程度。这不仅涉及村民的生存权、发展权的保障问题，而且与国家的扶贫战略不一致。上述两部分从私权利的保护入手，论述了能够兼顾公私利益的应然管理模式即自然保护区社区共管。由于自然保护区及周边社区村民往往较为贫困，有关村民经济发展的私利益与国家的扶贫、脱贫战略紧密联系起来。在此，当地社区村民的生产生活、旅游项目开发不再仅是私利益，而转化为国家的扶贫职责。为此，在国家的战略部署上，自然保护区管理所追求的生态保护公共利益与国家扶贫所追求的经济公共利益，同为公共利益。既然同为公权力，国家对自然保护区的管理与对当地社区村民的脱贫支持包括资金、项目开发及政策优惠等，并无强弱势之分，这与私权利和公权力之间的关系明显不同。为了避免自然保护区管理与扶贫支持可能出现的冲突，国家发展改革委、国家林业局、财政部、水利部、农业部、国务院扶贫办还共同制定了《生态扶贫工作方案》，坚持扶贫开发与生态保护并重，以实现精准扶贫与生态保护的协调发展。2016 年 8 月，国家旅游局、国家发改委、国务院扶贫办等 12 部门还从具体生态产业如旅游入手，联合制定了《乡村旅游扶贫工程行动方案》。从上述政策制定的部门来看，已经形成有关生态保护与精准扶贫的协同管理或联合管理。但仅有行政部门之间的联合还难以达到生态保护与精准扶贫之间的协同发展目的，精准扶贫与生态保护之间耦合机制[1]的建构还需要更多的信息输入。贫困人口、贫困原因、村民的优势、传统文化习俗对生态保护的促进或破坏等信息，仅靠行政部门单方是难以获取的。因此，从"一刀切"到"私人订制"的精准扶贫，对贫困对象与标准的确定上需要进行协商，[2]以解决贫困信息的不对称问题。

而且，扶贫与脱贫不同，扶贫是手段、脱贫是目的，扶贫侧重的是政府的

---

［1］乔斌.精准扶贫背景下自然保护区周边社区发展路径构建［J］.资源开发与市场，2018，34（5）：635.

［2］吴晓燕，赵普兵.农村精准扶贫中的协商：内容与机制［J］.社会主义研究，2015（6）：103-104.

公共支持而脱贫更在于当地社区村民的主动配合、努力与付出。仅靠政府输血式扶贫并不是真正的脱贫，从绿色产业项目、技能培训等入手进行造血式扶贫，才是可持续的脱贫之路。因此，要想通过政府精准扶贫，实现脱贫目标，必须要扶贫对象即当地社区村民的合作与共同努力。然而，如果要想得到当地社区村民的合作，则应赋予村民相应的知情权、参与权，甚至必要的决策权。这就需要革新原有的仅仅行政部门之间的协同管理，因为公权力部门之间的联合并未改变政府的单向输入式管理模式。为此，协同管理的主体需要进一步拓展，管理结构需要进一步开放。而且，随着当地社区村民代表的参与管理，协同管理的性质甚至发生本质性变化，真正实现了公私合作管理。在自然保护区，这种公私合作管理模式就是本研究所致力的自然保护区社区共管模式。按此管理模式，管理主体与管理对象相融合，主体之间的商谈论证使信息能够及时得到反馈，管理成本大为降低。这种管理结构的开放性，增加了管理的弹性。以美国学者对瑞典克里斯蒂安塔德·温特瑞克湿地弹性的研究为例，克里斯蒂安塔德·温特瑞克博物馆（简称"EKV"）作为市政府机构的一部分，以论坛形式将个人和组织联合起来，商讨新议题、统一意见、提供反馈并交流思想，在建立信任和提高克里斯蒂安塔德·温特瑞克社会—生态系统的弹性方面发挥了极大作用，其多样化的成员组成正是它能够有效地处理系统复杂状况的一个重要因素。[1] 在湿地管理实践中，这种管理模式一方面使管理机构认识到生态系统需要的不仅仅是保护，还应通过积极管理和重建传统农业来维持其自然价值，从而既可以保护当地人文遗产也可以使适宜干草晒制和放牧业的湿地得到持续发展。[2] 另一方面也使当地村民认识到生态保护的价值，如成功说服当地村民以牺牲部分土地的种植为代价，与数量越来越多的苍鹭和平相处。[3] 因此，弹性思维下的自然保护区社区共管无论从管理方式上还是从管理结构上，都实现了生态保护与精准扶贫的协同发展。

（四）小结

无论对土地使用权的限制补偿还是对习惯性土地使用权、生态旅游相关权

［1］BRIAN W，DAVID S. 弹性思维：不断变化的世界中社会——生态系统的可持续性［M］.彭少麟，陈宝明，赵琼，等，译，北京：高等教育出版社，2010：130.

［2］BRIAN W，DAVID S. 弹性思维：不断变化的世界中社会——生态系统的可持续性［M］.彭少麟，陈宝明，赵琼，等，译，北京：高等教育出版社，2010：127.

［3］BRIAN W，DAVID S. 弹性思维：不断变化的世界中社会——生态系统的可持续性［M］.彭少麟，陈宝明，赵琼，等，译，北京：高等教育出版社，2010：129-130.

利、渔业权的论证分析，都是从权利建构视角试图维护当地社区村民的生存权与发展权。由于自然保护区及周边社区村民一般较为贫困，这使村民的生存权、发展权与国家的扶贫支持联系在一起。村民的生存权、发展权、国家的扶贫支持与自然保护区管理机构的生态保护都是正当的，对自然保护区的管理不宜实行一刀切式的绝对性封闭管理。有学者就认为，在重点生态功能区也可以进行适度的产业发展。[1]而且，仅对生态保护来说，采取排除所有人为因素的绝对性保护措施，并不一定有利于自然保护区的持续性发展。如上述有关瑞典湿地弹性的研究发现，湿地内继续干草晒制和放牧业的地方仍能保持其独特的文化价值和自然价值，但在已经放弃干草晒制和放牧业的地方，这些价值正在逐渐衰退。[2]为此，弹性思维下，绝对性封闭管理应当向商谈式开放性管理转变，实施自然保护区社区共管模式。而且，弹性思维下的自然保护区社区共管通过赋予社区村民参与权、商谈权、平等决策权等程序性权利，部分纠正了实体性权利缺失与补偿不足造成的利益失衡，实现了利益共享与合作管理，实现了生态保护与精准扶贫之间的协同发展。

---

[1] 胡文龙. 生态保护、产业发展与精准扶贫［N］. 中国社会科学报，2017-10-18.
[2] BRIAN W, DAVID S. 弹性思维：不断变化的世界中社会——生态系统的可持续性［M］. 彭少麟，陈宝明，赵琼，等，译. 北京：高等教育出版社，2010：127.

第六章

社区共管配套法律制度：环境公众参与、生态补偿

社区共管法律机制的构建，应当考虑相关法律制度的建立健全与完善。完善的公众参与制度，能够保障社区共管委员会社区居民代表的代表性与权威性，进而提高社区共管决策的执行效力。自然保护区生态补偿，是社区共管重要的资金来源。完善的生态补偿机制，将增进社区共管的管理效果。

一、环境公众参与

自美国将公众参与引入环境管理领域后，环境公众参与制度得到越来越多国家的认可和采用。我国新修改的环境保护法更是设专章予以规范，但在欣喜之余，更应对公众参与制度进行深层次考量和解析。在环境管理实践，公众参与制度尚存在诸多不足之处，如环境保护公众参与目前尚处于"象征性层面"；[1]环保公众参与在环境治理的政治系统内被"边缘化"等。[2]究其原因，应从两个方面进行分析：一是公众参与能力；二是公众参与机会与效果。

1.环境保护公众参与能力

从公众作为参与主体的视角分析，环境保护公众参与不仅是一份权利更是一份能力。[3]能力，是完成一项目标或者任务所体现出来的素质。[4]环境保护公众参与能力就是公众参与环保决策与管理的素质。环境保护相关科学知识

---

［1］朱海忠.农村环境冲突的防范与治理［J］.国家图书馆皮书数据库，2015 年 10 月 3 日访问.

［2］冉冉.中国地方环境政治［M］.北京：中央编译出版社，2015：222.

［3］陶传进.现代社区治理模式［J］.国家图书馆皮书数据库，2015 年 10 月 3 日访问.

［4］能力［EB/OL］.好搜百科.2015 年 4 月 22 日访问.

是公众素质的首要体现，而环境知识的积累需要一个长期的过程，很难一蹴而就。有调查显示，公众参与环境保护意愿虽高，但环境知识储备不足，严重制约了公众对环境保护的实际参与。[1]尽管如此，政府不能因为环境知识的缺乏而限制公众参与。参与是公众学习环境知识的最好方式，而且公众通过参与还学会了参与的技巧，进一步提高了公众参与的素质水平。除此之外，环境保护公众参与能力还需要现实的物质基础。因为公众参与需要付出成本，这种成本就包括了金钱利益的支付。从这个视角考虑，当地经济发展水平以及环保参与的成本均是环保公众参与能力的现实制约因素。在环境公益诉讼中，民间环保组织即便具有环境公益诉讼的资格，但其自身的薄弱能力和来自资金、律师、技术等方面的困境，一直严重阻碍着其功能发挥。[2]

2. 公众参与机会与效果

环境抗议、环境运动等体制外参与，事先未经政府批准，可能危害社会公共秩序。[3]因此，政府应当疏导体制外参与为体制内参与。这必然要求扩大体制内参与的机会，提高参与的效果。否则，尽管公众寻求体制外参与是无奈的最后选择，但为了解决问题，即便会出现零和博弈公众也可能在所不惜。体制内的公众参与以主导者、发起者的不同，可以分为两类：一类是以公众为主导者、发起者，如环保团体进行的环境宣传教育、环境公益诉讼；另一类是以政府或与环保相关的行政主管部门为主导者、发起者，如政府组织召开的座谈会、专家论证会、听证会等公众参与形式。对于企业基于环境影响审批压力而向公众征求意见的行为来说，主导者仍为环保行政主管部门。对于公众自身就可发起的公众参与，从表面上看，参与机会把握在公众自己手中。社会组织、环境保护志愿者开展环境宣传教育，按照法律规定，政府应当鼓励。然而，环境宣传是要付出社会成本的。偶尔为之也许可以，但要长期坚持，宣传者需要付出的金钱和时间成本将巨大。这就好比，一个人宣称要买下全世界的企业然后命令他们停止污染。因此，这种参与机会是建基于物质基础之上的理想化的机会，没有政府的组织和支持，必将遭遇巨大的现实障碍。至于环境公益诉讼，机会的把握更是困难重重。从深层次分析，没有政府的支持，环境公益诉讼亦会遭遇巨大困境。环境公益诉讼胜诉的关键在证据，而环境污染证据搜集技术性强，需要运用高科技检测手段，这导致环保团体在证据的获取能力及证据本

---

[1] 洪大用.中国民间环保力量的成长 [M].北京：中国人民大学出版社，2007：69.

[2] 半月谈网谈天下.环境公益诉讼如何跨越"三大难关" [EB/OL].2015 年 4 月 22 日访问.

[3] 厦门 PX 项目事件 [EB/OL].好搜百科.2015 年 4 月 22 日访问.

身的采信力方面远低于环保行政机关。可以说，环保行政机关提交的书面意见以及通过协助调查获取的证据，在环境公益诉讼中起到了至关重要的作用。因此，无论哪类公众参与，均需要政府的赋权，直接或通过间接支持提高公众参与的机会。至于参与的效果更离不开政府的支持和重视。对于环境公众参与，政府是关键，但立法授权、司法审查是环境公众参与的重要保障。至于环境立法，其本身也需要公众参与。

尽管环保公众参与的能力需要进一步提高，但参与是最好的学习。环境社会团体和环保志愿者、公众需要在参与中体现自己的价值，在参与中发展壮大。环保实践中，环保公众参与迫切需要的是拓展参与的机会和途径，并进而在更深层次上提高参与效果，实现从形式到实质的转变。随着环保法、民诉法的修改，环保公众参与出现了新的发展机遇，为此，有必要分析总结环保公众参与的实践形态，在反思的基础上，推进环保公众参与的进一步发展。

（一）从立法、管理到司法：环保公众参与的领域越来越广

随着法律的修改，环保公众参与的范围领域越来越广。当然，由于各权力机关的性质不同、所具有的权能和分工不同，对公众参与的定位与目的也不同，相比较而言，公众参与的形式与途径也差别较大。

1. 环境立法

按照立法法的规定，所有立法活动应当保障人民通过多种途径参与。列入议程的法律案，法律委员会、有关的专门委员会和常务委员会工作机构应当听取各方面的意见。但听取意见的形式是授权性规范，可以根据具体情况采取座谈会、论证会、听证会等多种形式。环境保护法的修改草案，依据从网上搜索获取的信息，主要采取网络公开的形式向社会公开征集意见。根据中国人大网法律草案征求意见参与人数和意见条数的统计，2012 年环保法修改草案第一次公开征求意见参与人数为 9 582、意见条数为 11 748；2013 年第二次征求意见分别为 822、2 434。从 2010 年开始到 2015 年为止，劳动合同法草案征求意见参与人数最多，共计 131 912 人，其次为 82 707（个人所得税法修改草案）、76 239（刑法修正案九 二次审议稿），最少的为 15（军事设施保护法修正案草案）、22（清洁生产促进法修正案草案及预备役军官法修正案草案）[1] 通过数据分析：一是公众参与法律草案征求意见人数相对于全国总人数来说，总

---

[1] 数据来源于中国人大网 .2015 年 12 月 17 日访问 .

体较少。这说明法律草案征求意见对参与人员的专业素质要求较高。二是公众对涉及环境公益的环境保护法及清洁生产促进法的关注程度远低于事关自己切身利益的劳动合同法、个人所得税法及刑法第九修正案。三是环保法修改草案第二次相对于第一次的人数大为减少，说明第二次审议稿很可能充分吸收了公众意见。

综合以上分析，从公众参与视角，反思此次环境保护法的修改，可以发现：一是公众参与环境立法的能力尚需提高。环境保护的专业技术性强、相关环保知识的素质要求较高，否则，很难参与到环境立法的活动过程中。二是环境宣传教育还需加强。除了参与素质、环境执行方面的因素考虑，搭便车心理是对环境立法关注度低的重要因素。因此，通过宣传教育形成环境共识，也许是破解集体行动逻辑的无奈选择。三是公众参与环境立法的效果初步显现。尽管与党的政策变化有很大关系，但环境保护法二次审议稿在征求各方面意见的基础上，对修正案草案初审稿所作的较大修改，也可以说是公众参与环境保护立法的初步效果。

2. 环境管理

由于传送带理论的失灵以及环境行政机关不公正的偏向于有组织的利益如大中型污染企业，环境管理是公众参与的主要领域和最关注的领域。环境管理诸如环境影响评价审批、排污许可、环境监测、监察、环境行政处罚等都直接关系公众的切身利益。因为利益联系，公众才最有积极性参与环境管理。也正因为利益影响，公众对环境管理才最有发言权。依照辅助性原则，在地方、社区、单位等规模较小的决策单位，应实施广泛和直接的参与。[1] 不断发生的环境污染事件在拷问政府环境管理实效的同时，也彰显着环境公众参与的正义之处。另一方面，环境行政机关在中国地方政治中的弱势地位，也需要公众参与增加环境执行的力度。

公众参与环境管理的最初方式为事后监督。按照《环境保护法》（1989）规定，公众可以检举控告污染和破坏环境的单位与个人。但这种事后参与所能起到的效果可能微乎其微。有一小区，晚上总会闻到刺鼻气味，居民怀疑附近制药厂，但几次举报，环保行政部门总是回复查无实据。另外，每次环境污染事件发生之前事关切身利益的居民或村民难道没有任何举报？而且，即便排除举报成本，事后监督往往基于环境危害已经发生的事实，也与环境保护的预防

---

[1] 王锡锌. 公众参与：参与式民主的理论想象及制度实践［J］. 政治与法律，2008（6）：8-14.

原则不一致。因此，有必要将公众参与的时间提前到环境污染未发生之前。于是，环境行政部门对建设项目环境影响评价的审批进入公众参与的视野。随着2002年《环境影响评价法》的颁布实施，除保密的情形之外，公众参与已成为事关公众环境权益的规划和建设项目环境影响评价的必经法律程序。2005年成功举行的圆明园防渗工程环境影响听证会成为典型的公众参与事例。公众参与的理念也从事后监督转变为事前参与和事后监督并重，或者基于政府主导型环境保护的重要性，事前参与为主兼顾事后监督。在环境行政法律关系中，程序性权利是公众实体性环境利益实现的重要保障。[1]当然，在环境管理实践中，这种程序性保障尽管尚未能真正实现哈贝马斯所推崇的沟通中的协商互动，但发展中的环保公众参与正不断呈现新形态。作为环保公众参与基础性条件的环境信息越来越公开，公众参与的范围也越来越宽泛，涵盖了制定政策法规、实施行政许可或者行政处罚、监督违法行为、开展宣传教育等活动。公众参与理念也逐渐形成了从事前、事中到事后的全方位参与。详细论述主要在其后两部分展开。

3. 环境司法

近年来，法院已审结或正在审理的与环境保护相关的案件数量越来越多，也建立了部分有利于环境污染受害人的诉讼制度如举证责任倒置等，确认、保护了相关环境利益，发挥了维护环境保护法律法规权威的功能。但从公众参与视角，环境司法改革的方向主要是构建环境公益诉讼制度，以便公众在环境保护的司法体系中具有相当的话语权。从理论上，法院无法主动介入环境公益保护。公众享有环境公益诉讼的诉权，就具备了启动司法监督环境公益保护的钥匙。环境公益诉讼的建构经历了一个漫长的发展过程。从2002年《环境影响评价法》颁布实施，有学者就认为，按照"有权利必有救济"的法律理念，该法关于征求公众意见的规定就意味着应该设立包括环境公益诉讼在内的诉讼机制。[2]随后，2005年，《国务院关于落实科学发展观加强环境保护的决定》，明确提出："发挥社会团体的作用，鼓励检举和揭发各种环境违法行为，推动环境公益诉讼。"在司法实践中，已开始有提起环境公益诉讼的尝试。如2005年北京大学三位教授及研究生提起的有关松花江污染的公益诉讼。该起诉尽管没有立案，但因一些重大环境污染事件的影响，法院关于环境公益诉讼的态度已开始转变。2007年、2008年，贵阳、无锡相继设立了环保法庭，并允许一

---

[1]最早关于程序正义的论述，可见季卫东.法律程序的意义[J].中国社会科学，1993（1）：83-103.
[2]吕忠梅.环境公益诉讼的进步与尴尬[J].国家图书馆皮书数据库，2015年10月4日访问.

定范围和具备一定主体资格的原告提起环境公益诉讼。2009 年 7 月 6 日无锡市中级人民法院受理了我国首例由中华环保联合会提起的环境公益诉讼。至此，环境公益诉讼正式拉开序幕。然而，由于没有法律上的依据，在我们这样的成文法国家，环境公益诉讼明显底气不足。尽管如此，实践中的探索仍然为立法提供了经验。2012 年修改的《民事诉讼法》明确规定，法律规定的机关和有关组织可以提起环境公益诉讼。尽管排除了公民作为环境公益诉讼的主体资格，但法律上的破冰之旅已然开启。2014 年新修改的《环境保护法》明确规定了可提起环境公益诉讼的社会组织条件，并拓宽了环境公益诉讼的受理范围、增加了生态破坏行为。同年，为了指导环境公益诉讼的审判实践，最高人民法院审判委员会通过了《最高人民法院关于审理环境民事公益诉讼案件适用法律若干问题的解释》。根据该司法解释，除了诉讼费用减免、事实与证据认定对原告的倾向性规定，[1] 社会组织提起环境公益诉讼的要求也被进一步放宽、受理案件范围从已经损害扩展至具有损害社会公共利益重大风险。因此，从发展的目光来看，无论法律规定还是审判实践，均已对环境公益诉讼开启方便之门。然而，环境公益诉讼的实践却并未如人们所预料的那样呈现井喷之势。据了解，自从今年 1 月 1 日新《环境保护法》生效以来，全国共有 9 家环保组织提起 23 起环境公益诉讼，这个数字比环保人士预估的要少得多。以至于有人认为，现今环境公益诉讼案件因其数量太少，对生态环境的改善效果有限，其意义更多体现在观念倡导上。[2] 究其原因，主要有两方面的因素考虑：一是中小型环保组织虽有提起环境公益诉讼的意愿，但因提起环境公益诉讼的社会成本太高，缺乏参与能力；二是在民政部认定的 700 多家环保组织中，官办的居多，缺乏提起环境公益诉讼的意愿。[3] 因此，环境公益诉讼的道路任重道远，既需要法律和司法解释诉讼主体资格的不断拓宽，又需要环保组织的快速发展以提高环境公益诉讼适格主体的数量和参与能力。

（二）从法律到规章：公众参与的路径由抽象到具体

多中心治理的提倡，并不影响政府在环境保护中的主导地位。环境立法至关重要，但以间接民主为主，公众参与的途径以征集意见为主，且对公众自身

---

[1] 如该解释第十三条规定，原告请求被告提供其排放的主要污染物名称、排放方式、排放浓度和总量、超标排放情况以及防治污染设施的建设和运行情况等环境信息，法律、法规、规章规定被告应当持有或者有证据证明被告持有而拒不提供，如果原告主张相关事实不利于被告的，人民法院可以推定该主张成立。

[2] 评论：环境公益诉讼案缘何不多 [EB/OL].2015 年 5 月 8 日访问.

[3] 金煜. 公益诉讼破局 环保组织"有心无力"[N]. 新京报, 2015-02-02.

专业化能力的要求较高。环境公益诉讼由于成本高昂，且环保法庭门可罗雀，所以影响甚小。因此，公众参与环境保护，也主要是从公众参与政府环境决策、管理的视角进行分析的。参与权的基础是知情权。环境保护公众参与的制度设计，应当充分考虑环境信息不对称、公众参与的具体方式等因素，并在现实基础上进行反思与重构。

1. 环境信息公开：环境公众参与的知情权得到制度性保证

为了保障公众环境知情权、解决环境信息不对称的问题，政府应当尽可能公开相关环境信息。从环境信息掌握的主体可以分为：政府环境信息、企业环境信息和事业单位环境信息。从环境信息公开的时间要求上来看：首先是企业环境信息的公开。按照 2002 年《清洁生产促进法》的相关规定，省级环境行政主管机关可以公布严重污染企业名单，而这些榜上有名的企业应当公布主要污染物的排放情况。2012 年修改后，公布名单变为未达到能源消耗控制指标、重点污染物排放控制指标的企业，公布事项变为能源消耗或者重点污染物产生、排放情况。其次是政府环境信息的公开。2007 年国务院制定的行政法规《政府信息公开条例》，促使包括环境行政主管部门在内的各级地方政府和政府部门都要公开包括环境信息在内的相关政府信息。同年，环境保护总局颁布了《环境信息公开办法（试行）》，专门就政府环境信息公开的范围、方式和程序进行规范。2014 年新修改的《环境保护法》首次以法律形式规定，各级人民政府环境保护主管部门和其他负有环境保护监督管理职责的部门，应当依法公开环境信息。最后是事业单位信息公开。新修改的环境保护法要求重点排污单位公开相关环境信息。而重点排污单位按照《企事业单位环境信息公开办法》规定，包括了实验室和二级以上医院等事业单位。

从环境信息公开的效力层次来看，从法律法规到具体的部门规章，效力层次结构合理、环境信息的公开详细具体。法律层面：《清洁生产促进法》（2002、2012 修改）、《环境保护法》（2014）有关环境信息公开的规定，尽管抽象，但提高了环境信息公开的立法效力层次，并从未达到能源消耗控制指标、重点污染物排放控制指标的企业到重点排污单位，拓宽了公开环境信息的主体范围。行政法规层面：《政府信息公开条例》（2007）有关政府信息公开的规定，成为环境保护行政部门公开相关环境信息的上位法依据。规章层面：《环境信息公开办法（试行）》《环境影响评价公众参与暂行办法》《企事业单位环境信息公开办法》等详细规定了环境信息应当公开的具体范围、主要事项、公开方式和程序、公开信息的变化和更改以及未公开的责任等内容。

　　从环境信息公开的强制性来看，企业环境信息分为强制公开与自愿公开。《环境信息公开办法（试行）》《企事业单位环境信息公开办法》分别将未达到能源消耗控制指标、重点污染物排放控制指标的企业与重点排污单位作为强制公开环境信息的主体单位，而将除此之外的企业作为自愿公开环境信息的主体单位，并且，《环境信息公开办法（试行）》还对自愿公开环境行为信息、且模范遵守环保法律法规的企业给予相应的奖励。至于公开的具体环境事项，强制公开与自愿公开有所不同。强制公开信息包括排污信息、设施运行、环境影响评价、行政许可、应急预案等主要与污染排放有关的事项。自愿公开的环境信息则相对广泛，涵盖了有关保护生态、防治污染、履行社会环境责任的所有相关信息。

　　综上分析，有关环境信息公开的法律法规和规章，形成了环境信息披露制度，保障了公众的环境知情权。然而，深入分析现有法律和规章，仍然存在值得商榷之处：

　　一是《环境信息公开办法（试行）》与《企事业单位环境信息公开办法》有关企业环境信息公开的规定在适用时可能会出现争议。《环境信息公开办法（试行）》既有政府环境信息又有企业环境信息的公开规定，其中，要求公开相关环境信息的企业主要依据《清洁生产促进法》确定。这与依据新修改的《环境保护法》的规定而制定的《企事业单位环境信息公开办法》有关重点排污单位的规定，可能有重合。如未达到重点污染物排放控制指标的企业可能被市级环保部门确定为重点监控企业，也可能因环境污染问题造成重大社会影响而被列入重点排污单位。除此之外，鼓励自愿公开环境信息的企业重合可能性更大。这种重合可能会带来规章适用中的冲突，如《环境信息公开办法（试行）》中对自愿公开环境信息的企业的奖励性规定，对《企事业单位环境信息公开办法》所规定的重点排污单位之外的企业是否适用。两部规章的效力层次相同，尽管按照新法优于旧法的原则，可能解决此类冲突，但这可能会影响部门规章内部的一致性，导致规章立法的严谨性、科学性缺失，也会影响企业自愿公开环境信息的效果。其实，相关规章的规定可以参照有关未公开环境信息的企业法律责任规定。《企事业单位环境信息公开办法》第十六条第二款规定"法律法规另有规定的，从其规定。"在立法上就确立了《环境信息公开办法（试行）》第二十八条关于依据清洁生产促进法的规定进行的行政处罚的优先适用。从而避免了在适用规章时所可能带来的争议。

　　二是法律、规章中关于商业秘密的限制性规定会对环境信息公开造成严重的不公正影响。环保部制定的《建设项目环境影响评价政府信息公开指南（试行）》，将环境影响评价信息作为主动公开事项，明确规定，"删除涉及国家秘密、商业秘密、个人隐私以及涉及国家安全、公共安全、经济安全和社会稳定等内容应按国家有关法律、法规规定执行。"而新修改的《环境保护法》规定，环境影响评价报告书应全文公开，并将排除范围缩减为国家秘密和商业秘密。按照该条规定，商业秘密的保护范围将直接决定环境影响评价报告书内容公开的多少。然而，按照《刑法》和《反不正当竞争法》的相关规定，企业商业秘密所指向的技术信息和经营信息，并无明确具体的确定标准。那么，环境行政主管部门在公开环境影响评价报告书时，具有相当大的自由裁量权。但是，在判断是否属于商业秘密时，企业比公众甚至比环境行政主体更有话语权。正如美国学者斯图尔特所论述的，政府在行使自由裁量权时会不公正的偏向于有组织利益。环境行政机关在公开环境影响评价报告书时，可能会尽量减少公开内容。商业秘密的保护是正当的，但如果因此造成对公众知情权的不公正限制，法律也应该采取一定的纠正程序。另外，《企事业单位环境信息公开办法》第六条关于企事业单位环境信息公开的国家秘密、商业秘密和个人隐私的例外规定，甚至可能直接影响重点排污单位的环境信息公布范围。如果企事业单位基于商业秘密保护，是否可以拒绝公开第九条规定应当公开的某条信息？一定程度上，公众获取环境信息依赖于企事业单位的主动公开。公众与企事业单位之间因环境信息获取与公开而形成的法律关系中，公众显然处于弱势地位。因此，对公众进行一定程度的倾向性保护更符合罗尔斯所论述的正义观点。也许，《环境信息公开办法（试行）》第二十条第二款的规定，"企业不得以保守商业秘密为借口，拒绝公开前款所列的环境信息。"更符合环境信息公开的现实要求。

三是有关规范环境影响评价信息公开的法律、规章，未规定相应的责任条款。无论是新修改的《环境保护法》还是《环境影响评价公众参与暂行办法》，均未规定未公开环境影响评价信息应该承担的法律责任。无法律责任，则意味着公众对环境影响评价信息的知情权将可能成为法律上的虚置性权利。

2. 环保公众参与的制度架构

有关公众参与环境保护的法律、政策及规章主要有：《环境影响评价法》、《环境保护法》（2014）、《中共中央国务院关于加快推进生态文明建设的意见》以及《环境影响评价公众参与暂行办法》、《关于推进环境保护公众参与的意见》《环境保护公众参与办法》等。从整体上分析上述法律、政策和规章，我国已基本形成符合环保公众参与实践的法律制度架构。概括起来，具有以下几方面特点：

一是确立了环境保护公众参与的法律权利。《环境保护法》（2014）第五十三条明确规定，"公民、法人和其他组织依法享有获取环境信息、参与和监督环境保护的权利。"在法律上首次确认了公众具有参与和监督环境保护的权利，为环境保护公众参与制度设计提供了法律依据。二是公众参与环境保护的范围广泛拓展。从《环境影响评价法》到新修改的《环境保护法》，公众参与的范围从环境影响评价扩展到制定政策法规、实施行政许可或者行政处罚、监督违法行为、开展宣传教育等几乎所有环境保护公共事务的活动。三是公众参与环境保护的路径方式从抽象到具体，具有较强的可操作性。从《环境影响评价法》《环境保护法》（2014）到《环境影响评价公众参与暂行办法》《关于推进环境保护公众参与的意见》《环境保护公众参与办法》，环境保护公众参与实现了从抽象的法律上的原则性规定到具体的规章上的详细规定等多层次制度设计。《环境影响评价公众参与暂行办法》《环境保护公众参与办法》分别是《环境影响评价法》、《环境保护法》（2014）的重要配套细则，是对相应法律具体落实执行和实施的办法，可操作性较强。如新修改的《环境保护法》仅抽象规定了，"完善公众参与程序，为公民、法人和其他组织参与和监督环境保护提供便利"。那么，这种程序权的具体实施与保障，则需要《环境保护公众参与办法》这部规章的具体规范。四是实现了制度内部的规范协调。《环境保护公众参与办法》与《环境影响评价公众参与暂行办法》均为环境保护行政主管部门的规章，具有同等效力。但前者是关于公众参与环境保护的一般性规定，后者则仅针对公众参与环境影响评价进行规范，属于公众参与环境保护的特殊性规定。按照《立法法》（2015）第九十二条规定，特别规定与一般规定不一致的，适用特别规定。《环境影响评价公众参与暂行办法》具有相对优先适用效力。因此，《环境保护公众参与办法》第十九条的规定，"法律、法规和环境保护部制定的其他部门规章对环境保护公众参与另有规定的，从其规定。"实现了公众参与制度内部的规范协调，避免了现实中可能会出现的冲突和争议。

总之，公众参与环境保护的制度体系已基本形成，其中，《环境影响评价公众参与暂行办法》自2006年3月18日至今，已实施9年有余。确实，该办法为《环境保护法》的修改、《环境保护公众参与办法》的制定积累了经验。然而，在实施过程中，该办法也有不足之处，须谨慎借鉴并加以改进。从公共选择视角分析，建设单位或环评机构也许会选择法律规避行为，如有意回避利益冲突尖锐的利害关系人作为征求意见者或者选择低成本行为，将公众参与环境影响评价方式集中在发放问卷和网上调查等方式，座谈会、听证会、论证会等参与方式开展不足。[1] 通过比较分析《环境保护公众参与办法》与《环境影响评价公众参与暂行办法》，除参与范围推广至更广阔的环境公共事务活动领域外，仅就公众参与路径、方式来说，前者与后者几无区别。即便有区别，也只体现在强制性上的不同。《环境影响评价公众参与暂行办法》对建设单位或环评机构征求意见的行为是义务性规定，即应当采取[2]，至于公众参与形式则可选择其一也可多选。而《环境保护公众参与办法》对环境行政部门征求意见的行为是授权性规定，即可以采取[3]，则环保行政主管部门对是否允许公众参与具有完全的自由裁量权。对于上述可能产生的规避行为，《环境保护公众参与办法》仅在召开专家论证会时，要求"同时应当邀请可能受相关事项或者活动直接影响的公民、法人和其他组织的代表参加。"这并未从根本上解决该问题。甚至，比较《环境保护公众参与办法》的征求意见稿与最终通过稿，我们可能会产生疑惑，该规章通过稿对一些规范的删除是否合适？如删除了对环保行政主管部门能够产生一定约束压力的条款，如监察员、监督员以及应将对举报进行调查和处理的结果向公众公开的规定。

3. 反思与重构：悖论的根结

2003 年 9 月 1 日实施的《环境影响评价法》第二十一条及 2006 年 3 月 18 日实施的《环境影响评价公众参与暂行办法》的规定，已形成公众参与环境影响评价的基本制度。排除自 2005 年起环评风暴所针对的未进行环境影响评价的项目，从厦门 PX 项目到四川什邡钼铜项目、江苏启东排海工程项目等均已通过环境影响评价审批，但却遭到民众强烈反对甚至引发冲突，最终政府宣布迁址或停建。尤其四川什邡钼铜项目是在《环境影响评价公众参与暂行办法》实施 6 年后的 2012 年 3 月 26 日通过环评审批的。这可能存在一个实效悖论：国家要求建设项目进行环境影响评价并公开征集意见，然而，已然通过审批程序的项目却最终因环保上的公众反对而下马。悖论彰显了公众参与的苍白，确需进行反思。分析公众参与的全过程，概括起来，影响公众参与实效的主要环节有：公众范围→采纳或不采纳公众意见的审查→责任救济。

公众范围的确定直接影响了公开征集的意见是否真实反映了民意。如果没

---

[1] 程进. 环境保护公众参与及创新 [J]. 国家图书馆皮书数据库，2015 年 10 月 4 日访问.

[2] 见该法第十二条。

[3] 见该法第四条。

有相应的具体规范标准，仅依据《环境影响评价公众参与暂行办法》第十五条及更为抽象的《环境保护公众参与办法》相关规定，根本无法限制建设单位或者环境影响评价机构、环境保护行政主管部门的自利行为或不公正偏向企业项目的偏好。这可能导致法律规避行为而使公众意见的征求形同虚设，无法体现真实的民意。然而，当建设单位或者环境影响评价机构、环境保护行政主管部门有征集公众真实意见的意愿时，应当如何确定公众范围、如何选择公众代表？这可能存在两个层次的问题：首先，从公民权利视角，谁有权参与环境影响评价或从环境事务有效管理视角，谁有能力参与？其次如果权利人或有能力者人数较多，如何选择代表？对第一层次问题，视角不同公众参与目的不同。按照宪法对自由权从消极防御到积极保护的转变，财产权直接或间接受建设项目或环境政策、管理影响的人或利益关系人有权参与环境影响评价或其他环境公共事务活动。从权利视角，利益关系人参与环境影响评价的主要目的乃是降低损害扩大利益。从有效管理视角，环境行政主管部门决策或环境影响评价方案的科学性和质量要求。这主要适用于论证会形式。从该视角，环境行政主管部门更需要专家等有能力者。上述厦门 PX 项目、四川什邡事件的发动者主要是受影响的利益关系人，其基于邻避效应而反对项目上马而不是关注于环境影响评价方案的科学性与质量。因此，如何确定利益关系人范围至关重要。至于第二层次问题，尽管代表者可能与被代表公众出现利益偏差，但不能因噎废食，在有权利的利益关系人人数较多时，也只能选举代表。代表如何选择以及代表人数的分配则更需要科学的技术规则引导。因此，国家环保行政部门确有必要加快制订发布《环境影响评价技术导则——公众参与》。2011 年 1 月 30 日环保部办公厅正式公布《环境影响评价技术导则——公众参与》征求意见稿，向全社会征求意见。然而，通过网络搜索却至今未发现《环境影响评价技术导则——公众参与》的正式通过稿。不管什么原因，公众参与技术导则的缺失已严重制约了公众参与制度的实施。

　　采纳或不采纳公众意见的审查是第二个重要环节。如果没有相关行政部门对采纳或不采纳公众意见进行监督审查，则公众意见的征求、汇总只会成为毫无实质意义的形式。在《环境保护公众参与办法》中，由于是授权性规定，有关归类整理的公众意见建议仅规定，"环境保护主管部门应当对公民、法人和其他组织提出的意见和建议进行归类整理、分析研究，在作出环境决策时予以充分考虑，并以适当的方式反馈公民、法人和其他组织。"该规定中，"充分考虑""适当方式"都属于环境行政机关的自由裁量权范畴。对于是否考虑也没有相应的监督机构进行审查。而在《环境影响评价公众参与暂行办法》第十七条第二款中规定，环境行政部门具有组织专家咨询委员会对意见采纳情况进行审议的权利。对此，环境行政主体具有选择权，可以进行也可以不进行。并且，对专家咨询委员会的处理建议，环境行政主体应认真考虑而非应当接受。这无疑是双重自由裁量权的选择。为此，采纳或不采纳公众意见的审查环节要么缺失要么存在制度设计缺陷而无法限制环境行政主体的选择。于是，公众意见是否会对环境影响评价或政府其他环境管理事务产生影响，则完全依赖于环境行政主体的意愿。如果环境行政主管部门在与强势的经济部门或地方政府进行博弈过程中，迫于压力，就极有可能牺牲公众利益。

有权利必有救济，公众参与环境保护的法律权利也应该有相应的救济制度设计。责任救济环节是公众参与环境保护程序性权利甚至实质性权利保障的决定性环节。无救济的权利只能是虚置的权利，被束之高阁。综合分析有关环境保护公众参与的法律、规章，从《环境保护法》（2014）、《环境影响评价法》到《环境保护公众参与办法》《环境影响评价公众参与暂行办法》，除对重点排污单位的环境信息公开有处罚性规定外，对于环境行政主体是否组织公众参与活动、是否采纳公众意见，主要以"可以……"形式规范，基本无强制性规定，自然也无相应的法律责任承担。因此，新修改的《环境保护法》关于公众参与环境保护的权利规定，即便是从程序性权利的保障视角，也只能被划入环境软法的范畴。

总之，环境保护公众参与制度不可能建基于海市蜃楼之中，其必然与一个国家的政治、经济和社会生活紧密联系。也许，该制度的发展尚需一个漫长的过程。

（三）地方探索日渐深入：公众参与的程度由形式到实质

我国地域广阔，各地自然生态容量、污染状况、经济发展水平以及风俗文化习惯不同，国家在确立节能减排的总量控制标准后，一方面，需要地方立法针对地方特异性制定具有地方特色的具体制度，另一方面，也需要地方实践做法的创新探索为国家立法积累经验。公众参与环境保护是环境保护立法、决策和管理的重要制度创新，增加了环境利益与经济利益抗衡博弈的力量。因此，近年来，有些地方尽管可能是迫于环境事件的外在压力，但也确实在公众参与制度构建方面进行了一些有益的探索。

1.环保公众参与的责任救济：地方立法的程序权保障

近年来，有创新性的地方性法规、规章并不多。然而，在有关环境保护公众参与的地方性法规、规章的规定中，与国家法律法规、部门规章相比，有了一些可喜的变化和创新探索。在《环境保护法》（2014）与《环境保护公众参与办法》颁布实施之前，按照当时国家法律法规、规章的相关规定，公众参与的范围主要限于建设项目的环境影响评价审批管理。由此，《沈阳市公众参与环境保护办法》（2005）、《昆明市环境保护公众参与办法》（2011）与《山西省环境保护公众参与办法》（2009）将公众参与范围拓展至环境立法、政策制定、污染防治和生态治理等领域确是创新性规定。当然，从公众参与制度的实效视角，更为可贵的是这些地方性法规、规章构建了部分公众参与行为的责任救济制度。有些法律责任甚至在《环境保护法》《环境影响评价法》《环境影响评价公众参与办法》《环境保护公众参与办法》等法律规章中也未规定。然而，未规定并不意味着冲突抵触也不意味着没有法律法规依据。如《环境保护法》（2014）《环境影响评价法》均规定，建设项目环境影响评价应当征求公众意见，但未规定如果企业弄虚作假怎么处理。因此，地方性法规、规章关于建设单位征求意见弄虚作假的责任规定并未违背《立法法》第八十二条第六款的规定，未增加建设单位新义务而只是未尽法定义务的处理。同时，按照《行政处罚法》第十三条第二款规定，法律法规未规定的，地方政府规章可以设定警告或者一定数量罚款的行政处罚。因此，《沈阳市公众参与环境保护办法》（2005）第二十三条规定，"建设单位在征求公众意见时弄虚作假的，由环境保护行政主管部门撤销审批决定，并处以3万元以下的罚款。"只要符合省级政府规定的限额即可。

概括起来，地方性法规、规章关于公众参与相关责任的规定主要为：未履行环境信息公开义务的行政处罚、征求意见弄虚作假时的行政处罚或处理以及未履行相应环境管理职责的行政处分等。其中，《河北省环境保护公众参与条例》（2014）对按日处罚进行了突破性规定，规定，"重点排污单位未依照本条例规定的方式公开企业环境信息的，由县级以上人民政府环境保护主管部门处四万元以上十万元以下罚款，并责令限期公开。逾期不公开的，可以按照原处罚数额按日连续处罚。"另外，《昆明市环境保护公众参与办法》（2011）与《山西省环境保护公众参与办法》（2009）均规定对"在审批建设项目时对公众提出的合理意见未充分考虑擅自审批的"相关责任人进行行政处分。该项规定意在保障公众参与的效果，促使行政主体充分考虑公众意见。然而，该项规定并未对"未充分考虑"进行界定，属于政府的自由裁量权，具体适用时不确定性较强，减弱了保障功能。综上所述，尽管地方性法规、规章规定了一些责任性条款，但不充分尚需进一步探索发展。

2. 环境行政处罚的公众决策权：地方环境执法的公众实质性参与

公众参与环境保护的范围越来越宽泛，但参与的程度和深度较浅，尚处于改良的自主管理决策或公众协商阶段[1]的公众参与影响力较弱。目前，环境立法的网上征集意见和环境影响评价审批的征求意见包括调查公众意见、咨询专家意见、座谈会、论证会和听证会等形式，主要目的在于搜集环境信息、咨询意见为立法或管理决策提供参考。其中，公众的意见和利益需求在最终立法和决策中可能有所体现也可能没有体现。因为，《环境影响评价公众参与暂行办法》尽管规定要求"认真考虑"公众意见，但不一定采纳。如不采纳只要附具理由即可。当然，不能因此灰心丧气而放弃公众参与的努力。从历史发展的过程来看，自《环境影响评价法》规定征求公众意见到新修改的《环境保护法》明确确立公众参与环境保护的程序性权利，这种发展进步的脉络清晰可见。并且，环境保护公众参与的地方探索一直没有停止。甚至，有些地方的环境保护行政部门在某一管理领域进行了实质性公众参与的制度改革和尝试。

2009年7月15日，南湖区环保局颁布实施了《南湖区环境行政处罚案件公众参与制度实施办法（试行）》，公众可参与评议原本为行政主体独享自由裁量权的环境行政处罚。公众评审团根据区环保局公布的《南湖区环境行政处罚自由裁量标准实施细则（试行）》，对有关行政处罚案件的处罚种类和罚款额度的合理性提出意见并提交集体会议讨论形成评审决议，以此作为环保局作出行政处罚决定的重要参考依据。[2] 该探索具有两方面的创新做法：一是公众代表的选取。迄今为止，还没有一种方法能够提供足够的信息来判断谁代表谁。[3] 如何选取参与环境行政处罚案件审议的公众代表，是该项制度探索能否成功的关键环节。南湖区环保局通过组织推荐和社会公开招募两个路径遴选公众代表并在主要媒体公示，已从多角度、不同渠道综合考虑了多种因素。因此，该种做法是一种有益的创新性尝试。二是公众对所评议环境处罚案件的实质性

[1] 约翰·克莱顿·托马斯.公共决策中的公民参与[M].孙柏瑛，等，译.北京：中国人民大学出版社，2010：27.

[2] 浙江省环保厅办公室.嘉兴南湖区建立环境行政处罚案件公众参与制度[EB/OL].浙江省环保厅网站.2015年12月28日访问.

[3] 约翰·克莱顿·托马斯.公共决策中的公民参与[M].孙柏瑛，等，译.北京：中国人民大学出版社，2010：45.

参与。所谓实质性参与是从公众参与的影响力角度进行的分析。影响力达到一定程度的参与视为实质性参与。公众代表评议区环保局的环境行政处罚案件并形成集体评审决议。当该评审决议与环保局初审意见不一致的，则环保局案件审核委员会最终采纳谁的意见，将是判断公众参与影响力程度的重要指标。根据南湖区环保局的统计，2009 年至 2011 年 8 月底，在公众参与评审的 336 起行政处罚案件中，公众评审决议与区环保局初审意见相异的有 20 起，该区环保局最终采纳公众评审意见 14 起，占异议总数的 70%。[1] 从该角度分析，公众参与环境处罚案件的影响力程度还是相当高的。因此，该项制度实践是环境保护公众参与从象征性参与到实质性参与转变的创新性探索。

从公众参与制度的发展视角，这样的地方性探索越多越好。无独有偶，最近，环保部华北督查中心开始探索开放式环保督查。在今年对安阳市、承德市的督查中，华北环保督查中心引入公众参与机制：首先，通过随机筛选，再综合考虑性别、年龄、职业、区县等情况最终确定市民代表。其次，市民代表与其他督查人员享有同等的发言权和投票权。[2] 尽管由于搜索到的资料有限，无法确知市民代表的影响力达到多大程度，但享有同等投票权则表示公众参与代表具有实质上的影响力。这些不断创新的实践做法将积累丰富经验并最终促进环境保护公众参与制度的发展完善。

3. 社区环境圆桌对话：协商民主的尝试

社区环境圆桌对话是一个建立在政府、相关单位与机构、居民三方之间，通过协商对话形式解决当地社区环境问题的机制。[3] 自 2006 年，原环保总局宣传教育中心与世界银行合作推动了社区环境圆桌对话项目。该项目涉及 14 个省的 24 个城市；截至 2009 年，先后 150 余个单位及 2 000 余人直接参与，[4] 影响深远，推动环保公众参与。社区环境圆桌对话机制的核心在于协商对话。协商的主体是利益相关方代表（社区居民代表）和责任相关方代表（企事业单位或政府部门代表）。对话的结果是会议共识或备忘录。备忘录虽无法律约束

---

[1] 南湖区环保局 . 南湖区区环保局坚持实施行政处罚案件公众参与制度成效显著 [EB/OL] . 嘉兴市环保局网站 . 2015 年 12 月 28 日访问 .

[2] 环境保护部 . 环境保护部探索开放式环保督查 [EB/OL] . 中国环境保护部网站 . 2015 年 12 月 29 日访问 .

[3] 环境保护部宣传教育中心 . 探索解决社区环境问题的新途径——社区环境圆桌对话指导手册 [M] . 北京：中国环境科学出版社，2009：11.

[4] 数据参见环境保护部宣传教育中心 . 探索解决社区环境问题的新途径——社区环境圆桌对话指导手册 [M] . 北京：中国环境科学出版社，2009：8，9.

力但据统计对话所讨论的环境问题解决率达 85.7%。[1]因此，从公众参与的影响力分析，这种社区层面的就具体环境问题治理的参与已非常接近公共决策阶段[2]或阿恩斯坦的上层阶梯中的公众与企业、政府的伙伴关系。[3]针对社区环境问题的治理方案是双方的共识，社区居民代表与企事业单位或政府部门代表具有同等的话语权。而且，协商对话的导向就是解决具体环境问题的，因此，社区居民代表甚至对解决方案具有主导性的影响力。当然，这种主导性的影响力仅仅是表象。事前案例选取的"找软柿子捏"、追求成功率的行政力量干预、[4]会前组织者的充分沟通协调、[5]会中主持人对企业的施压[6]等才是社区环境圆桌对话成功的内在主导因素。尽管如此，瑕不掩瑜，这并不影响该项目在公众参与探索发展中的进步意义。而且，这种探索不是浅尝辄止而是深度构建，是试图增加公众参与影响力的深层次探索。

从更深远的理论探索视角，社区环境圆桌对话可以算是哈贝马斯所倡导的协商民主的试验田。社区组织者选取议题所采用的公示、问卷调查、走访等形式，会前充分的沟通协商以及会中的直接协商对话，就会形成意见交流的公共领域。[7]在那里，有关特定环境问题的意见通过双方的沟通讨论而被过滤综合，最终集束成为公共意见，即双方达成的共识或备忘录。在这个过程中，传媒影响和舆论宣传起到了至关重要的作用。然而，在意见的交往之流中，行政权力的介入并不利于真实充分的沟通协商。哈贝马斯认为，"一种受权力压制的公共领域的结构是排斥富有成效的、澄清问题的讨论的。"[8]当然，探索难免美中不足，但其彰显的民主价值更加珍贵。在中国，没有权力介入，社区环境圆桌对话很难成功。也许哈贝马斯的观点过于理想化，这种尝试恰是中国特色的协商民主的体现。

---

[1]环境保护部宣传教育中心.探索解决社区环境问题的新途径——社区环境圆桌对话指导手册[M].北京：中国环境科学出版社，2009：8，9.

[2]有关公共决策的论述，详见约翰·克莱顿·托马斯.公共决策中的公民参与[M].孙柏瑛，等，译.北京：中国人民大学出版社，2010：27.

[3]朱海忠.农村环境冲突的防范与治理[J].国家图书馆皮书数据库，2015年10月3日访问.

[4]朱旭东.圆桌对话：为环境问题三方搭起沟通的桥[EB/OL].新华网.2015年12月29日最后访问.

[5]环境保护部宣传教育中心.探索解决社区环境问题的新途径——社区环境圆桌对话指导手册[M].北京：中国环境科学出版社，2009：56.

[6]环境保护部宣传教育中心.探索解决社区环境问题的新途径——社区环境圆桌对话指导手册[M].北京：中国环境科学出版社，2009：44.

[7]哈贝马斯.在事实与规范之间[M].童世骏，译.台北：三联书店，2003：446，447.

[8]哈贝马斯.在事实与规范之间[M].童世骏，译.台北：三联书店，2003：449.

（四）自然保护区社区共管：公众参与的更高阶段

　　环境保护公众参与的制度构建应遵循两条主线：一是利益，即谁有权利参与。公众参与尽管是民主政治价值的微观体现，但其内在推动力仍在于利益需求。环境保护公众参与无论从理论上的利益分析还是从实践上的确定参与主体，均应以利益为主线进行应然层面的制度设计和实然层面的操作规范。二是参与的影响力程度。无论设计何种参与路径或形式，均须考虑公众对环境管理决策的影响力。从另一个角度分析，公众影响力大小反映了环境管理决策对公众利益需求的吸纳程度。如果公众花费较多时间、物资成本但却收益甚微，则参与的积极性就会逐渐匮乏。相应地，环境行政主体设计环境保护公众参与制度的目的就很难实现。因此，管理者要想获得某种特定水平的公众参与，必须提供相当的影响权力作为激励方式。[1] 而对公众参与的责任救济规定也是对公众影响力的法律保障措施。

　　不同效力层次的环境立法虽因适用的行政地域范围不同而相关的利益群体有所差异，但任何效力层次的环境立法都不可能通过所有利益主体的直接参与来体现利益诉求。这主要依靠间接民主的形式来实现对利益的反映、保护。然而，环境管理决策尤其是地方政府的低层次管理不同。低层次的环境管理对公众产生最直接的利益影响，因而也是公众最为关注的环境公共事务。因为利益关切，公众对低层次环境管理具有浓厚兴趣如四川启东事件中的公众抗争。由于传送带模式的失灵以及宪法对自由权积极保护，公众也有权利参与地方政府的环境管理。接下来的问题是如何确定受环境管理决策影响的利益主体。如果受影响的利益主体人数较多，无法让所有利益相关者都参加，则还会产生谁代表谁的问题，即选取的代表是否会受私益影响而不会维护公共利益。斯图尔特就论述了利益代表模式的诸多弊端，但其最终仍认为，利益代表模式有可能发展成为可接受的方案。在这方面，我国已进行了相关探索。上海市环保局制定的《关于开展环境影响评价公众参与活动的指导意见》（2013），对征求公众意见的各种形式的具体操作进行了明确规范。环保部发布的《环境影响评价公众参与导则》（征求意见稿）明确确定了公众范围，并对公众代表的组成及核心公众代表的数量进行了详细具体的人数规定。其中，直接受建设项目影响的单位代表和个人代表数量不少于 600 人，占绝大多数，而人大代表、政协委员

---

[1] 约翰·克莱顿·托马斯.公共决策中的公民参与［M］.孙柏瑛，等，译.北京：中国人民大学出版社，2010：27.

和专家人数仅要求不少于 8 人。这体现了对公众利益诉求的重视，也是以利益为主线对公众参与环评进行制度设计的。至于参与的影响力即决策管理权力的分享甚或共享，虽有地方的创新探索但适用范围太小且行政介入的功利性较强。因此，地方探索还只是公众分享环境决策管理权力的制度萌芽或初步尝试。然而，地方探索的价值却像一盏指路明灯，引导进行地域更大、范围更广的公共决策尝试。

这样的理论分析与实践探索，构成自然保护区社区共管的制度基础。也可以说，自然保护区社区共管就是环境保护公众参与制度在自然保护区管理领域的进一步探索发展。2006 年的社区环境圆桌对话与 2009 年的南湖区环境行政处罚的公众评议模式，均为自然保护区社区共管的制度设计提供了有益经验。

世代居住在自然保护区及其外围土地、湿地上的原住民，其生活、生产与自然保护区的环境资源息息相关。因此，自然保护区行政机构的决策管理直接影响了原住民的生产生活利益。根据环境保护公众参与的利益分析，从利益保护视角，自然保护区内及周边社区村民有权利参与到自然保护区的环境管理决策中。如果社区村民较多则可以选取代表参与。至于采用何种环境保护公众参与形式，则应综合考虑自然保护区环境管理决策的质量要求和可接受性要求。对质量要求较高的自然保护区环境管理决策如《国家级自然保护区调整管理规定》《国务院关于做好自然保护区管理有关工作的通知》等对公众参与的需求就较小。而对可接受性期望较高的环境管理决策则对吸纳公众利益需求和分享决策权的需求就越大。当然，环境行政主体对自然保护区环境管理决策的质量需求和可接受性需求的判断具有较大的自由裁量权。然而，涉及个体生活的行政决定和决策过程、社区和村落的治理等微观层面上的事项，是公众所熟悉的，也是他们所关心的，公众参与不仅是可行的，而且也是必要的。[1]否则，因为行政官员对公众参与的偏见而对自然保护区环境管理决策的可接受性作出错误判断，则管理决策的权威性与实效就会大打折扣。如在自然保护区封闭式管理策略下，尽管管理部门想方设法加强巡护管理，但区内盗伐、偷猎、采药、放牧等现象屡禁不止，区内生态环境不断遭到破坏。[2]因此，越是地方性的具体管理决策，对可接受性的需求越高。相应地，公众对参与决策的影响力期待也就越高。在社区层面的环境管理决策，既要利用村规民约和乡土知识尊重村民的生存权和发展权，又要实现自然保护区的生态保护目的。这就必然要求

[1] 王锡锌. 公众参与：参与式民主的理论想象及制度实践 [J]. 政治与法律，2008（6）：10.
[2] 李小云，左停，唐丽霞. 中国自然保护区共管指南 [M]. 北京：中国农业出版社，2009：31.

自然保护区和社区的完全合作博弈。这种合作博弈的最好形式就是自然保护区社区共管，以图实现管理者与村民对自然保护区管理事项的共同决策与权力共享。按照阿恩斯坦的阶梯理论，[1]自然保护区社区共管应该达到了环境保护公众参与的上层阶梯中的公民权力层面。

二、自然保护区生态补偿

2005 年，《国务院关于落实科学发展观加强环境保护的决定》中第二十三项要求推行有利于环境保护的经济政策。其中，该项决定专门提出"要完善生态补偿政策，尽快建立生态补偿机制。中央和地方财政转移支付应考虑生态补偿因素，国家和地方可分别开展生态补偿试点。"自此，从中央到地方开始逐步推进相关生态补偿的探索性尝试。同时，该项政策促进了有关生态补偿的学术研究。截至今日，以生态补偿为主题在中国知网上搜索，相关论文共有 8 044 篇，其中，2005 年以后发表论文数为 7 831 篇。通过整理分析发现，这些研究文献既有理论分析也有实践探索。其中，许多论文对生态补偿概念进行了定性研究，有学者将这些研究分为非法学视角下的研究和法学视角下的研究。[2]当然，不同视角下的研究方法和研究重点也不同。归纳有关生态补偿的研究资料，自然科学或经济学、社会学方面的研究较多，而法学视角下的研究相对较少。在法学视角下，与本研究有关的一些问题虽有相关论述但尚需进行深层次的探索和研究。首先，在应然层面构建的生态补偿法律关系中的主体是谁？这既包括义务主体也包括权利主体，尤其是生态补偿的权利主体。在自然保护区的生态补偿关系中权利主体是否仅限于使用权受到限制的原住民或者更广？其次，作为权利主体的原住民是否应该补偿，是否有宪法、行政法上的法理依据？最后，如何实现生态补偿与自然保护区社区共管制度的有效衔接？

（一）生态补偿的主体

有关生态补偿概念的学术研究颇多，关注的视角和分析的侧重点也有所差异。王金南从五个方面界定生态补偿的内容，认为其应当包括生态服务价值付费、生态环境本身补偿、外部成本内部化、发展权限制补偿及保护性投入增加

---

［1］朱海忠.农村环境冲突的防范与治理［J］.国家图书馆皮书数据库，2015 年 10 月 3 日访问.
［2］汪劲.论生态补偿的概念——以《生态补偿条例》草案的立法解释为背景［J］.中国地质大学学报：社
　　会科学版，2014（1）：3.

等。[1] 该界定内容较为全面,甚至对现有法律制度进行了部分突破,如发展权限制补偿,在国外属于准征收补偿范畴,目前在我国对土地使用权等财产权限制尚无补偿的明确规定。但是,对于生态补偿的主体,该概念并未界定。李文华院士则认为,生态补偿是以保护生态环境,促进人与自然和谐发展为目的,根据生态系统服务价值、生态保护成本、发展机会成本,运用政府和市场手段,调节生态保护利益相关者之间利益关系的公共制度。[2] 该概念虽界定了生态补偿主体,但将生态补偿的权利义务主体描述为利益相关者,显然过于宽泛,不利于生态补偿的规范化。

从法律视角,分析生态补偿的法律关系,有学者认为生态补偿的主体为生态系统服务功能的受益者与生态系统服务功能的提供者[3]。也有学者认为,生态补偿的主体为生态保护受益者、生态损害加害者与生态保护者、因生态损害而受损者[4]。本研究认为,生态损害可以通过民事救济、行政处罚甚或公益诉讼等路径解决,不宜规定在生态补偿法律关系中。生态服务提供者虽可能同时是财产权因生态保护受限者,但前者的利益不能完全涵盖后者,故生态补偿的权利主体应为生态利益提供者或因生态保护而使财产权益受限者,义务主体应为生态保护受益者。

(二)生态补偿的法律性质

生态补偿法律关系是民事法律关系还是行政法律关系?对此,学者有不同观点:有认为属于"行政法律行为"[5];也有认为是"某种形式的约定过程"[6];但更多学者认为,生态补偿既有政府的行政手段也有市场手段。目前,在我国流域生态补偿中存在水权转让的市场调整方式,但对于耕地,虽曾在东部沿海地区出现"易地代保"形式,但很快被叫停。[7] 因此,在我国,生态补偿以政府行政手段为主。

对于自然保护区的生态补偿来说,由于自然保护区所产生的生态利益为纯

[1] 王金南,等.中国生态补偿机制和政策评述与展望 [J] // 中国社科院环境与发展研究中心.中国环境与发展评论 [M].北京:社会科学文献出版社,2007:116-117.

[2] 李文华,刘某承.关于中国生态补偿机制建设的几点思考 [J].资源科学,2010(5):791-792.

[3] 曹明德.对建立生态补偿法律机制的再思考 [J].中国地质大学学报:社会科学版,2010(5):29.

[4] 汪劲.论生态补偿的概念——以《生态补偿条例》草案的立法解释为背景 [J].中国地质大学学报:社会科学版,2014(1):7.

[5] 李爱年,刘旭芳.生态补偿法律含义再认识 [J].环境保护,2006(19):48.

[6] 杜群.生态补偿的法律关系及其发展现状和问题 [J].现代法学,2005(3):186.

[7] 张效军.耕地保护区域补偿机制研究 [D].南京:南京农业大学,2006:20.

公共物品，所以，国家应以税费、补贴等行政手段推行生态补偿。同时，国家应构建有利于社会补偿的政策法规，以弥补国家财政补偿的不足。因此，自然保护区类型的生态补偿法律关系主要应属行政法律关系。

（三）自然保护区生态补偿的主要受偿主体应为原住民

自然保护区生态补偿的主体是在生态补偿法律关系中享有受偿权利和承担补偿义务的人。没有无权利的义务，也没有无义务的权利。享有受偿权利者与负有补偿义务者以生态利益为媒介产生权利义务关系。有学者将生态补偿的法律关系主体分为生态补偿的实施主体和生态补偿的受益主体。而生态补偿的实施主体又有给付主体和接受主体之分，生态补偿受益主体同时还包括实施主体中的接受主体。[1]这种分类方法较好的说明了生态补偿主体的多元性和复杂性，但将接受主体包容进受益主体之中，可能会模糊权利主体和义务主体的界限。为此，有学者直接将生态补偿主体分为补偿实施主体即义务主体和补偿接受主体即权利主体。[2]这显然可能对补偿实施主体的理解产生歧义。实质上，从便于权利义务界分的视角，生态补偿法律关系的主体就分为两类：给付补偿的义务主体和接受补偿的权利主体。在自然保护区类型的生态补偿法律关系中，给付补偿的义务主体就是生态系统服务的受益者，而接受补偿的权利主体则是生态系统服务的提供者。

基于自然保护区社区共管的制度构建，本研究主要分析接受补偿的权利主体即生态系统服务的提供者。在此，提供者应为法律上的人，生态资源本身不是主体而是生态补偿法律关系的客体。生态系统服务的提供者有权接受补偿。曹明德教授对生态补偿的受偿主体界定了较为宽泛的范围，包括了生态环境建设者、生态功能区内的地方政府和居民、环保技术研发单位和个人、采用新型环保技术的企业、合同当事人和国家等。[3]然而，在这些受偿主体中，环保技术研发单位和个人、采用新型环保技术的企业这两类主体涵盖范围非常广，可能包括了几乎所有与新型环保技术有关的科研院所、企业和个人。这可能导致生态补偿泛化，带来生态补偿制度设计的困难，使原本就捉襟见肘的财政资金雪上加霜。并且，仅就自然保护区类型的生态补偿来说，不宜将这两类主体作为受偿主体范围。至于生态环境建设者、地方政府和居民、合同当事人，则

---

[1] 杜群. 生态补偿的法律关系及其发展现状和问题 [J]. 现代法学，2005（3）：187-188.
[2] 李爱年，刘旭芳. 生态补偿法律含义再认识 [J]. 环境保护，2006（19）：194.
[3] 曹明德. 对建立生态补偿法律机制的再思考 [J]. 中国地质大学学报：社会科学版，2010（5）：31.

可能出现交叉，为重复性主体，只不过主体表现出的身份不同而已。生态环境建设者如牧民，同时也是当地居民或原住民。生态环境建设者也可以不是当地居民，可能为外来自然人、法人或其他组织。但他们之所以进行生态环境建设，除少数志愿者外，主要基于成本效益分析的利润追求。在市场机制下，没有企业会亏本进行生态建设，除非法律因其开发利用或污染而强加其义务。在这种情况下，生态环境建设者虽可能使用了生态补偿资金进行生态建设，但不是受偿主体。合同当事人双方就生态补偿来说，则应以资源环境所产生的生态利益为媒介，一方为生态利益提供者而另一方为生态利益使用者。显然，使用者是给付者不是受偿主体，而提供者在自然保护区则为当地居民和地方政府。另外，国家是一类比较特殊的主体。从某种程度上说或按照理想状态，国家是生态补偿利益的中转站，国家从受益主体即给付义务主体收取税费作为补偿利益，然后再以一定标准分配给受偿主体，同时监督受偿主体提供合格生态产品和利益。因此，国家是不宜作为受偿主体的。

综上分析，自然保护区生态补偿的受偿主体主要是地方政府和居民。然而，居民可能是自然保护区建立以后在当地生产生活的自然人。从法理上分析，后来者应该接受对发展权等方面的限制而不予补偿。相对来说，自然保护区建立之前就在当地生产生活的原住民，才是受偿主体。另外，自然保护区管理机构通过对自然保护区的管理保障了受益主体共享的生态利益，因此而产生的管理成本应作为生态补偿核算成本。所以，自然保护区生态补偿的受偿主体应是原住民、地方政府、自然保护区管理机构。

在这些受偿主体中，地方政府和自然保护区管理机构均为行政机关，与中央政府属于纵面的上下从属关系。中央政府与地方政府、自然保护区管理机构之间属于内部行政关系，中央对地方及所属部委具有查明权、指挥权、介入权和纠正权。[1]因此，中央对地方或自然保护区管理机构进行财政转移支付的数额，社会公众关注度并不高，甚至会认为那是政府机构内部事务。然而，对于原住民来说，生态补偿的法律关系属于外部行政法律关系，行政主体应遵循依法行政原则、比例原则、平等权原则。在自然保护区生态补偿法律关系中，国家对原住民的补偿仍需依靠地方政府的贯彻执行。于是，地方政府具有双重身份：一是受偿主体，二是代表国家作为行政主体对原住民进行补偿。这种转换，从外部行政法律关系的视角来看，使地方政府由受偿主体转变为了代表国家分配补偿利益的行政主体。从而，这种利益分配成为自然保护区生态补偿的终端

---

[1] 陈新民. 中国行政法学原理 [M]. 北京：中国政法大学出版社，2002：96.

考量，也是自然保护区生态补偿制度设计的关键。因此，本研究认为，原住民是自然保护区生态补偿的主要或关键受偿主体。

（四）自然保护区原住民应当得到补偿的正当性

生态补偿是以保护生态环境为目的，调整受益主体与受偿主体之间权利义务关系的制度安排。该制度以生态服务价值理论及公共物品、外部性理论为基础，基于生态利益外溢事实，要求无偿享受生态利益的主体支付金钱、技术等经济性利益或其他相应对价。然而，生态效益的外溢量及生态服务价值的测算等现实问题，使生态补偿的外溢生态利益与对价支付之间的精确制度构建几乎不可能。所以，有观点认为，由于"区域"尺度的特殊性和复杂性，环境资源价值、生态服务功能、公共物品和外部性等理论都无法为重点生态功能区生态补偿提供科学的理论支撑。[1] 甚至有更为激进的观点，"此等见解根本性舍弃传统以来之财产权之社会拘束性、自然条件限制性、特别牺牲才构成义务补偿之架构，……除非经过思潮与体系的根本变动，否则很难为现行法所接受。"[2]

尽管存在不同的观点，但这些理论试图纠正这样的利益失衡情形：一方面森林、草原、湿地等生态系统退化、破坏严重；另一方面企业无偿利用资源环境追逐经济利益。因此，从环境利益与经济利益协调发展视角看，生态服务价值理论及公共物品、外部性理论体现了社会公平正义。虽然可能存在生态服务价值的测算困境，[3] 但这和理论的正确与否关系不大，这是理论应用层面的问题。这就好像爱因斯坦广义相对论对引力波的预言一样，100 年后才被证实存在。至于第二种观点，则属于传统行政法学逻辑对生态学、经济性知识的融合或借鉴、吸收问题。无论如何，国家依据上述理论，对环境资源消耗型企业征收环境税费，是有利于我国环境与生态保护事业发展的。

然而，这些理论无法有力地解释"自然保护区原住民是否应该得到补偿"。生态服务价值理论及公共物品、外部性理论等均是以生态效益的产生为前提的。我国生态补偿现有的实践探索，如森林生态公益林补偿、草原生态保护奖励补助政策、矿山环境治理和生态恢复等均以生态效益的增加为补偿的重要依据。

［1］任世丹.重点生态功能区生态补偿正当性理论新探［J］.中国地质大学学报：社会科学版，2014（1）：18.

［2］黄锦堂.财产权保障与水源保护区之管理：德国法的比较［J］.台大法学论丛，2008（3）：33.

［3］王金南，万军，张惠远.关于我国生态补偿机制与政策的几点认识［J］.环境保护，2006（19）：24-28.

按照这些理论，自然保护区原住民如要得到补偿，应以生态效益的产生、增进为基础。显然，这是不够的。诸多学者主张应当考虑的发展机会成本，不能以产生、增进的生态效益为基准进行衡量。因此，需要另辟蹊径，通过宪法、行政法财产权保障理论去阐释自然保护区原住民应该得到补偿的法律依据。

财产权是一种法律概念，它不仅指静态的对财产的权属关系，更重要的是指在经济运作的过程中，对财产支配转让和获取收益的动态财产关系。[1]我国《宪法》第十三条明确规定，公民合法的私有财产不受侵犯。但同时规定，为了公共利益，国家可以依照法律对私有财产实行征收或征用。但对征收或征用的内涵，宪法则没有具体的阐释和界定。在德国，联邦最高法院早期征收判决认为，征收不仅包括财产的剥夺而且包括财产限制。[2]但联邦宪法法院提出了一个实际上比联邦最高法院更为严格的征收概念，将具有财产价值的法律地位的剥夺确立为认定征收的关键标准。[3]在我国立法和司法实践中，如《国有土地上房屋征收与补偿条例》尽管没有界定征收的概念，但整部行政法规关于房屋征收的规定，基本指向的是行政权对房屋等私有财产的剥夺。由于财产剥夺对财产权利人造成了根本性侵害，所以，我国《宪法》要求"给予补偿"。然而，同样是为了公共利益需要，国家仅对财产权进行限制而非剥夺，是否仍应给予补偿？进一步说，国家对自然保护区原住民土地发展权的限制应否给予补偿呢？

没有无义务的权利，权利原则上与义务相对应，财产权也应受此限制。财产权利人应该承担对财产合法限制的社会约束性义务。对此观点，学术界基本认同。但社会义务的承担不应超过合理限度，否则，可能构成特别牺牲，从比例原则的角度来看不再具有正当性和可预期性，应予公平补偿。然而，实务上对限度的判断却没有确定的标准，需要深度的价值判断。而价值判断往往与情感因素直接相关联，对于同一问题，在道德、宗教、政治和文化等方面具有不同情感的人们，所给出的价值判断往往是有差别甚至是完全对立的。[4]现实生活中，利益是价值判断的重要基础。于是，对"限度"的判断转化成利益判断。相应地，对财产权限制应否补偿不再仅仅根据抽象的平等原则，而转换为实践中的利益衡平。按此分析，利益损失严重到一定程度就应该补偿。（本部分的

［1］黄浩珽.以土地使用限制补偿观点探讨桃园埤塘资源保存维护策略之研究［D］.台北：台北科技大学，2007：20.

［2］哈特穆特·毛雷尔.行政法学总论［M］.高家伟，译.北京：法律出版社，2000：667.

［3］哈特穆特·毛雷尔.行政法学总论［M］.高家伟，译.北京：法律出版社，2000：663.

［4］张文显.法理学［M］.4版.北京：高等教育出版社，北京大学出版社，2011：250.

详细论述见第五章）

自然保护区及周边社区村民对村集体所有而本人享有使用权之土地、水域，若原已被定性为"农牧用地或渔业水域"，则禁止放牧、开垦或捕捞的规定无疑使该土地或水域之经济性功能受到严重侵害，且与其他土地或水域之使用权人相比，显受不平等之待遇，已逾越忍受界限，形成一种特别牺牲，国家应予合理补偿。[1] 但是，在自然保护区管理实践中，由于当地社区的弱势，基于利益衡平的判断不一定有利于当地社区。为此，有必要在立法上综合平衡双方利益，促使双方采取合作博弈的策略。借鉴德国的类似立法如1986年修改的《联邦水利法》第十九条第四项规定，国家可以通过制定法律法规规章甚或规范性文件，给予当地社区"便宜性之衡平给付"，以减少自然保护区与当地社区之间的冲突，促进自然保护区政策的推行。或者，国家可以根据财政支付能力结合生态保护建设项目制定弹性的适当补偿政策。

（五）补偿实践是否指向原住民？

根据《国务院关于生态补偿机制建设工作情况的报告》，我国初步形成的生态补偿制度框架主要有：中央森林生态效益补偿基金制度、草原生态补偿制度、水资源和水土保持生态补偿机制、矿山环境治理和生态恢复责任制度以及重点生态功能区转移支付制度。分析这些生态补偿制度可以发现：不同的生态环境类型补偿的对象和方式存在着不同。

1. 中央森林生态效益补偿基金制度

按照《中央财政林业补助资金管理办法》第三章森林生态效益补偿的规定，国家对公益林的补偿分为国有与集体和个人两类标准。国有公益林补偿标准较低为每亩5元，集体和个人所有的国家级公益林为每亩15元。在补偿标准中，除管护国家级公益林的劳务补助等支出外，相对于国有公益林补偿，集体和个人尚有经济补偿支出。虽该规定对经济补偿的性质未进行明确界定，但显然不同于劳务补助。劳务补助是付出相应劳动的对应性报酬，是先有管护公益林的劳动后有补助。按照该办法，劳务补助支出并不是固定不变的，国有单位、集体和个人应与林业主管部门签订管护合同，并根据合同履行情况领取森林生态效益补偿。而经济补偿不同，其应该是对集体和个人所有的公益林的使用权限制所给予的补偿。从法律性质分析，国有公益林由国家所有，国有林场、苗圃、

---

[1] 李建良. 损失补偿 [J] // 翁岳生. 行政法：下册 [M]. 北京：中国法制出版社，2002：1775.

自然保护区、森工企业等国有单位仅仅是代表国家对公益林进行管护，国家仅对其劳务支出进行补助，而没有经济补偿。从行政法的损失补偿角度分析，无论是针对国有单位还是集体和个人，劳务补助支出不应属于损失补偿而更倾向于以民商合同为基础的劳务报酬。只不过，由于国家财政所限，劳务补助可能低于市场上的劳务价值。

2. 草原生态补偿制度

根据国务院常务会议决定，自 2011 年，我国在主要草原牧区建立草原生态保护补助奖励机制。该机制包含四个方面的内容：禁牧补助、草畜平衡奖励、生产性补贴政策以及加大教育和培训力度促进就业转移。为了保护草原，国家对部分恶化、退化草原实施禁牧补助，补助标准为每亩 6 元。尽管牧民可能对草原的恶化、退化负有责任，但政府的禁牧决定剥夺了牧民对草原的主要使用权利，而草原的传统使用方式就是放牧。甚至，放牧是牧民赖以生存的基本生产手段。按照《草原法》的相关规定，集体所有或国家所有但依法确定为集体经济组织使用的草原，牧民享有承包经营权。承包经营权是一种物权，按照《物权法》第一百二十五条规定，权利人对承包草地享有占有、使用和收益的权利，有权从事畜牧业等农业生产。因此，禁牧对牧民的限制最为严厉，其程度仅次于征收。中央财政对禁牧的补助实质上是国家对牧民财产权限制的一种损失补偿。

为了防止过度放牧，减少草原压力，国家在核定合理载畜量的基础上，实施草畜平衡奖励，对未超载放牧的牧民给予 1.5 元的奖励。[1] 按照《草原法》及《物权法》的规定，牧民对承包草地享有使用和收益权。原则上，牧民对放牧的牲畜的种类和数量是有自主决定权的。在市场机制下，过度或超载放牧不仅会对承包草地造成损害，同时也会影响牲畜生长，最终减少收益。虽然在短期内，牧民可能会片面追求牲畜数量，但在承包草地期限长达三十年甚至更长时，按照成本效益分析，牧民是会根据草地承载力适度增减牲畜数量的。然而，《草原法》规定草原承包经营者不得超过草原行政主管部门核定的载畜量，虽然具有一定的科学依据，但可能对牧民的自主经营权形成了限制。然而，该限制是在科学核算基础上的合理限制，意在防止牧民的短视行为，对牧民的承包经营权影响并不大。从法律性质分析，该限制应属对牧民承包经营权的社会义务性规定，不予补偿。国家以奖励的形式引导牧民进行合理放牧，属于正向激

[1] 李晓敏，李柱."以畜控草"与新疆草畜平衡管理的探讨 [J]. 草原与草坪，2012，32（5）：76.

励的萝卜政策。但对违反草畜平衡制度的规定，牲畜饲养量超过县级以上地方人民政府草原行政主管部门核定的草原载畜量标准的纠正或者处罚措施，由省、自治区、直辖市人民代表大会或者其常务委员会规定。这属于负向惩罚的大棒政策。目前，我国草畜平衡制度的实施主要为正向激励的奖励政策。然而，奖励虽与损失补偿的性质不同，但在实践中奖励意在促进牧民的合作，故将其理解为便宜性补偿也未尝不可。

为了支持牧民的畜牧业生产，国家实施生产性补贴政策，对牧区畜牧良种、牧草良种及牧民生产资料进行补贴。补贴是国家为了实现特定的公共利益目的，给私人发放财产性资助的行为。[1]国家的生产性补贴是一种亏损性补贴，是不要求领受人返还的金钱给付。牧民接受相应的补贴，无须相应的对价给付。然而，损失补偿是以限制造成的损失为代价构成特别牺牲而予以公平补偿或以利益衡平为基础提供便宜性给付补偿。显然，生产性补贴与损失补偿不同，前者无须对价而后者以限制造成损失为前提。尽管生产性补贴与前述禁牧补助均使牧民获得了利益，但两者的目的并不相同。生产性补贴意在支持畜牧业生产并非限制，而禁牧补助意在通过补助禁止牧民的放牧，最终通过限制特定草地的畜牧业生产以保护草原。

为了促进牧民转移就业，国家加大对牧区教育发展和牧民培训的支持力度。该项政策同样需要国家的财政支持，但支付形式有所不同。为了保护草原，国家实施的禁牧、休牧、轮牧政策对牧民的承包经营权造成了严重限制。为此，国家除了对牧民以直接给付金钱形式进行"输血式"补偿外，还积极推行教育、培训等"造血式"补偿。国家对牧区教育发展和牧民培训的支持，意在提高牧民适应社会的能力，转变过度依靠传统放牧形式的生产方式，实现转移就业。因此，该支持政策应属损失补偿的一种给付形式。

3. 水资源和水土保持生态补偿机制

根据《水法》《水污染防治法》《水土保持法》等相关规定，国务院及相关部委与省级地方政府已在有序探索构建水资源和水土保持生态补偿机制。

就目前我国的水环境管理实践，水资源生态补偿可分为两部分：一是根据《水法》《取水许可和水资源费征收管理条例》，围绕县级以上人民政府水行政主管部门收取的水资源费，而构建的征收、使用和监督管理等相关制度。二是根据《水污染防治法》，国务院相关部委与省级地方政府尝试构建的流域水

---

[1]哈特穆特·毛雷尔.行政法学总论[M].高家伟，译.北京：法律出版社，2000：424.

环境生态补偿。

根据《水法》，按照使用者付费原则，取用水资源的单位和个人，除例外规定外，均应缴纳水资源费。然而，水资源费的征收仅解决了资金来源问题。对于水资源的生态补偿来说，尚有重要的资金去向环节，即水资源费的使用问题。根据《取水许可和水资源费征收管理条例》第三十六条规定，征收的水资源费主要用于水资源的节约、保护和管理，也可以用于水资源的合理开发。显然，水资源费的补偿对象就是水资源。管理、保护、节约和合理开发，均是相关主体针对水资源而实施的行为。从法律关系的要素分析，水资源与行为均为客体。那么，围绕水资源费而构建的生态补偿法律关系的主体是谁？主体可分为给付主体与受偿主体。根据《取水许可和水资源费征收管理条例》，给付主体是取水单位和个人。然而，受偿主体的范围可能存有争议。国家作为水资源的所有权人，毫无疑问是受偿主体。国家无论是以所有权人的身份还是基于委托管理的理论假设而作为全民的代表身份，均有正当理由接受使用者对水资源的补偿。但同样对水资源进行保护、节约和合理开发的其他单位和个人是否为受偿主体？为此，有必要对该生态补偿的法律性质分阶段进行剖析。

围绕水资源费而构建的生态补偿法律关系可分为征收和使用两个阶段。在水资源费征收阶段，法律关系的主体为取水单位、个人与国家（中央与地方政府）；客体为金钱与水资源；内容为取水单位、个人负有缴纳水资源费的义务和享有使用相应水资源的权利，国家享有收取水资源费的权力但同时负有按照法律法规规定使用水资源费的责任与义务。在该法律关系中，国家作为所有权人或全民代表有责任将收取的水资源费专款专用，致力于水的管理、保护、节约和合理开发。这就进入生态补偿法律关系中的水资源费使用阶段。该阶段是水资源费征收阶段的延续，是国家对水资源费征收法律关系中义务的履行。在该阶段，法律关系的主体为承揽水利工程或水保护、节约的单位、个人与国家（中央与地方政府）；客体为金钱与水资源保护、管理、节约与合理开发行为。国家对水资源费的分配使用有两种方式：一种是县级以上水行政部门的管理、保护费用支出；另一种是以招投标等方式所实施的水资源保护、节约与开发支出。对于前者，国家负有水资源保护、管理的权利和义务；对于后者，水行政部门对水资源费的分配使用是给付行政，应遵循平等权原则，促使国家行政机关的"裁量自制"，[1]并受到国家财政预算的限制。借鉴德国的两阶段理论，

---

[1] 陈新民. 平等权的宪法意义［J］// 陈新民. 德国公法学基础理论：下册［M］. 济南：山东人民出版社，
  2001：672.

水行政部门实施水资源保护、节约与开发等项目的行政决定，是行政行为，为了保障公平减少寻租行为应受到《预算法》《招投标法》等公法以及平等权原则的约束。对于中标单位的承揽合同，则受到私法约束，按照中标约定规范双方权利义务。一般来说，水行政部门应按约定拨付资金而承揽单位有义务按要求实施水资源保护、节约与开发项目。由此，在该阶段，除水行政部门自我的管理、保护费用支出外，实施水资源保护、节约与开发项目的单位、个人是基于营利目的，其本身并未因国家限制而利益受损，不应是生态补偿法律关系中的受偿主体。

根据《水污染防治法》第七条规定，财政部、环保部以及河南省、江西省等省级人民政府开始逐步探索建构跨省及省内水环境生态补偿制度。2011 年，财政部、环保部与浙江、安徽两省共筹资 5 亿设立新安江水环境补偿基金，首度启动跨省流域生态补偿机制试点工作。以水质标准为依据，若安徽优于基本标准，浙江补偿安徽，否则相反。[1] 在该试点中，浙江补偿安徽，还是安徽补偿浙江并不确定，但生态补偿的主体均为地方政府，并不直接针对新安江上游养殖业受到限制（如网箱退养）的沿岸渔民。2010 年，河南省政府制定《河南省水环境生态补偿暂行办法》，根据各考核监测断面水质质量，对有关省辖市进行生态补偿和奖励。在此，水环境生态补偿的主体为各省辖市人民政府，并未涉及沿岸村民的补偿。2015 年，江西省政府制定了《江西省流域生态补偿办法（试行）》，规定从 2016 年起，筹集流域生态补偿资金，以省对县（市、区）行政区划单位为计算、考核和分配转移支付资金的对象。因此，该水环境生态补偿的受偿主体为县级人民政府。但分配到各县（市、区）的流域生态补偿资金，县级政府可统筹安排进行再分配，主要用于生态保护、水环境治理、森林质量提升、水资源节约保护和与生态文明建设相关的民生工程等。由于民生工程可能惠及河流沿岸村民或居民的医疗保障、教育及农村基础设施的建设等，为此，该水环境生态补偿的受偿主体也可能指向原住村民。

根据《中华人民共和国水土保持法》的规定，为了加强江河源头区、饮用水水源保护区和水源涵养区水土流失的预防和治理工作，财政部、国家发展改革委、水利部、中国人民银行联合制定了《水土保持补偿费征收使用管理办法》。按照该办法，县级以上水行政主管部门负责征收水土保持补偿费，并按比例分别上缴中央和地方国库。水土保持补偿费的资金支出严格遵守财政国库管理制度有关规定，专项用于水土流失预防和治理，主要用于被损坏水土保持设施和

---

［1］中国首个跨省流域生态补偿机制初见成效［EB/OL］.新华网.2016 年 4 月 25 日访问.

地貌植被恢复治理工程的建设。从法律关系的要素分析，水土保持生态补偿的给付主体为应缴纳水土保持费的单位、个人，而受偿主体应为国家（中央和地方政府）。至于承揽被损坏水土保持设施和地貌植被恢复治理工程建设项目的单位、个人，可参照围绕水资源费而构建的生态补偿法律关系的两阶段分析，不应认定为水土保持生态补偿法律关系中的受偿主体。

综上分析，水资源与水土保持生态补偿法律关系的受偿主体主要为国家或地方各级政府。其中，意在提高流域水环境质量、保护饮用水水源、防治水土流失的行政管制措施，由于可能对河流沿岸村民或渔民、饮用水水源保护区及水土保持区原住民等的承包经营权、发展权等权利产生限制，如网箱退养、一级保护区禁止种植、放养牲畜以及限制或者禁止可能造成水土流失的生产建设活动等，因此，可能会涉及原住民的损失补偿问题。在实践中，尽管江西省分配到各县（市、区）的流域生态补偿资金可能惠及原住村民，但这显然不够。我们可以借鉴德国及我国台湾地区有关水土保持区、水源保护区的补偿制度，如我国台湾地区《水土保持法》第二十一条规定，保护带内之土地，未经征收或收回者，管理机关得限制或禁止其使用收益，或指定其经营及保护之方法。保护带之私有土地所有人或地上物所有人之损失得请求补偿金。《自来水法》第十二条之二规定，因水质水量保护区之划设，土地受限制使用之土地所有权人或相关权利人应视土地使用现况、使用面积及受限制程度发给补偿金，并缔结行政契约。[1] 为此，在利益衡平的基础上，我国应促进合作博弈，给予便宜性补偿，以便保障原住民的合法权益，并利于政策推行贯彻。

4. 矿山环境治理和生态恢复责任制度

我国矿山环境治理和生态恢复，按照矿山环境问题产生的时间，可分别由中央财政专项资金、地方政府财政、企业保证金等承担。根据《矿山地质环境恢复治理专项资金管理办法》，在计划经济时期形成的或责任人已经灭失的矿山地质环境破坏，由中央财政安排专项资金进行恢复治理。而中央财政安排的专项资金来源于中央分成（收取）的矿产资源补偿费、探矿权采矿权使用费和探矿权采矿权价款收入。由此形成的矿山生态补偿法律关系中，受偿主体只能是作为矿产资源所有权人或全民利益代表的国家。同样，承揽矿山环境治理和生态恢复项目的单位、个人不应属于受补偿的权利主体。根据《关于逐步建立矿山环境治理和生态恢复责任机制的指导意见》，从 2006 年起，矿山企业须

---

[1] 黄浩珽. 以土地使用限制补偿观点探讨桃园埤塘资源保存维护策略之研究［D］. 台北：台北科技大学，2007：36-38.

按规定预提保证金，专项用于矿山环境治理和生态恢复。对于企业提取的保证金，各级政府相关部门具有监管职能，保证专款专用，但不能越俎代庖，直接支配使用保证金。而且，保证金列入企业成本。因此，在此制度设计中，企业进行矿山环境治理和生态恢复，是其应尽的义务和责任，或者说就是企业生产经营的环节之一。政府的监管并不能改变企业承担矿山环境治理和生态恢复责任的法律性质。企业治理矿山环境所形成的法律关系中无明确的受偿主体。对于在2006年前就已形成的矿山环境问题，按企业和政府共同负担的原则进行治理恢复。在此，如果政府使用地方分成（收取）的矿产资源补偿费作为专项治理资金，则可以将地方政府视为受偿主体。但企业应排除在外。

5. 重点生态功能区转移支付制度

根据国务院颁布的《全国主体功能区规划》，为了推动地方政府加强生态环境保护和改善民生，财政部特制定《国家重点生态功能区转移支付办法》。按照该办法，中央财政对限制开发的重点生态功能区以及包括国家级自然保护区在内的禁止开发区域给予补助。该补助是重点生态功能区生态补偿制度的重要资金来源。中央对省级及市县级的财政转移支付是内部行政行为，对外间接发生法律效果，即只有通过接受转移支付的市县级政府对该补助资金的使用才会产生外部效力。重点生态功能区生态补偿的外部效果主要体现在补助资金的使用环节。地方政府对资金的使用有两个去向：一是环境保护和治理；二是基本公共服务等民生领域。对于环境保护和治理的资金使用，地方政府则可能会以各种与环境保护和治理相关的项目形式支出。此时，地方政府与承揽项目的单位、个人之间形成的法律关系，可借鉴德国的两阶段理论进行分析，但承揽项目的单位、个人不应是重点生态功能区生态补偿法律关系中的受偿主体。至于基本公共服务等民生领域的资金使用，按照财政部的考核评估事项，地方政府应主要用于学龄儿童入学、每万人口医院（卫生院）床位建设、新型农村合作医疗保险、城镇居民基本医疗保险等。这些社会福利事业的推行，受益者为当地原村民或居民。虽然该部分补助资金没有具体分配给每个原住民，但原住民整体确实享受到了利益。然而，重点生态功能区的原住民，尤其是长期居住于国家级自然保护区的村民，会由于国家限制或禁止开发政策而遭受一定的发展利益损失。为此，地方政府对公共服务领域的支出可以认定为国家对原住民的便宜性补偿，受偿主体为原住村民和居民。

6. 小结

综合分析我国初步形成的生态补偿制度，生态补偿的直接受益对象为生态环境和原住民。地方政府给予原住民补偿的正当原因是原住民的承包经营权、财产权或发展权等受到限制甚至禁止，而原住民权利受到限制的正当原因是生态环境的保护。因此，生态补偿的最终受益对象为生态环境。也许，生态补偿中的"生态"二字就点出了该制度的目的指向。正因如此，有关生态补偿的制度设计对原住民的补偿尚存在诸多有待改进之处。在实践中，虽然森林生态效益补偿与草原生态补偿的制度设计较为凸显了对原住民的损失补偿，但是在水资源与水土保持生态补偿机制中却很大程度上缺失了对利益受损较为严重的原住民进行补偿的制度设计。另外，以公共服务等民生支出形式对原住民进行补偿不应代替对原住民的具体到个人的直接补偿。从形成的法律关系要素分析，接受中央财政转移支付的地方政府与原住民之间形成了损失补偿法律关系，受偿主体是原住民。至于补偿的方式可以是金钱、医疗教育等社会保障性福利支出、培训等"输血式"与"造血式"补偿。然而，地方政府与生态环境之间的法律关系相对复杂。生态环境是客体，地方政府受财政预算约束预先确定有关生态环境保护的项目，并与具体项目承揽者建立兼具公法与私法性质的法律关系。但项目承揽者是否承揽主要基于经济利益考虑，不应是政府给予合理补偿的主体。

（六）自然保护区社区共管与生态补偿的有效融合：生态保护产业

自然保护区生态补偿，是自然保护区社区共管重要的资金来源。根据国务院关于生态补偿机制建设工作情况的报告（2013年4月），我国对生态补偿的资金投入力度越来越大，截至2012年，中央财政安排的生态补偿资金总额已累计约2 500亿元。这些财政资金的去向有二：一是生态环境的保护和治理；二是财产权、发展权受到限制的地区与原住民的补偿如民生工程及森林生态效益补偿基金对集体和个人的经济补偿。因此，生态补偿在促进生态环境保护目标实现的同时兼顾了为此受到限制地区和原住民，不致使其利益遭受严重损失。而自然保护区社区共管制度设计的根本目的就在于促进自然保护区管理机构、社区居民或村民和地方政府的合作博弈，以便在实现生态环境保护目的同时兼顾地方经济文化的发展。所以，自然保护区生态补偿与自然保护区社区共管殊途同归、根本目的相同。然而，两者的侧重点不同：自然保护区社区共管是传统管理模式的创新，是从社区参与决策管理视角进行制度重构，意在使自然保护决策反映社区意志。而自然保护区生态补偿的重点在于补偿，意在通过外在资金的输入保护生态环境和维护原住民的一般生活水平。这种不同，却正好可以促进两者之间的优势互补。自然保护区生态补偿提供资金，而自然保护区社区共管机构则可以决策能够兼顾社区原住民利益的自然保护项目，减少自然保护区管理机关与社区的矛盾冲突。同时，通过社区环境教育、生态旅游和新式养蜂技术培训等"造血式"补偿方式，使社区村民或居民的能力大幅提高。因此，自然保护区社区共管与生态补偿的制度对接与有效融合，既有利于自然保护区的整体管理，又能够相互促进互惠互利：自然保护区生态补偿为自然保护区社区共管提供了资金，反过来，自然保护区社区共管降低了因冲突而导致的社会成本、提高了资金利用效率，促进了自然保护区生态补偿的目的实现。

第七章
域外法治借鉴：国外的国家公园社区共管

他山之石，可以攻玉。由于政治、文化、法律传统不同，国外的模式虽不能完全在中国适用，但也不能因噎废食。为了更好地建构我国的自然保护区社区共管法律机制，有必要借鉴域外相关法治资源。国外有关社区共管制度可资借鉴的国家有加拿大、美国及英国，下面分别予以详细分析。

一、加拿大国家公园社区共管

国家公园是加拿大的自然瑰宝，是加拿大优美自然景观和传统文化现象的杰出代表。根据加拿大《国家公园法》（*Canada National Parks Act*），国家公园是为"加拿大人民的利益、教育及享用"之目的，由加拿大政府单独划定或者在加拿大政府与利益相关方协商基础上共同划定并予以特殊保护的区域。

加拿大第一座国家公园是建于1885年的落基山公园（即现在的班夫国家公园）。经过一百多年的建设，目前加拿大全国范围内已经建成面积从14平方千米（乔治亚湾群岛国家公园，Georgian Bay Islands National Park of Canada）到45 000平方千米（伍德布法罗国家公园，Wood Buffalo National Park）不等的国家公园46座，总面积达303 571平方千米，约占加拿大陆地领土总面积的3%。[1]

（一）国家公园建立与管理的早期实践

1. 国家公园建立与管理的理念

从建立班夫国家公园的相关文件和政策讨论中不难发现指导该公园建立的

---

[1] 加拿大公园管理局网站［EB/OL］.2015年11月6日访问.

基本理念：一方面，要将公园建设成为供加拿大人民娱乐和享受的公共之地；另一方面，公园建设应同时有利于促进国家的经济发展。因为旅游业和商业既能为人们日益增长的娱乐和享受之需提供必要的满足，也可为国家和地方的经济发展带来巨大的可能性，因此，发展旅游业和商业便理所当然地成为当时国家公园建设的直接驱动力。也正因为这样，决策者们并无意将保护该地区丰富的自然资源和人文景观纳入其国家公园建设相关议题的列表当中。到1911年前后的贾思帕森林公园等国家公园相继建立之时，公园建设者们打出了具有一定迷惑性的旗号——保护当地的森林资源和自然景观。从表面来看，相对于建立班夫国家公园而言，这一时期建立国家公园的目的一定程度上体现了现代的生态保护理念，但是，这绝不意味着国家公园建立理念已发生了根本改变。实际上，所谓的保护森林资源和自然景观只不过是公园建设者们为发展旅游业而提供的便利手段而已，因此可以说，对经济利益的追求仍然是这一时期建立国家公园的终极目的。

经济利益驱使下的国家公园建设使得早期的国家公园更多地承担了经济发展载体的功能。[1]政府、企业家和开发投资者不约而同地将目光聚焦于国家公园作为旅游和休闲地的价值之上，因此，公园内的商业开发和以商业为目的的资源利用活动成为常态。这种做法一直持续到1930年《国家公园法》在国会的通过。《国家公园法》开创性地将国家公园作为保护区域加以运行管理，这就极大地淡化了国家公园管理中的商业化色彩。此后，这一理念逐渐根植于公园管理方和加拿大普通民众的观念之中。现如今，历经多次修改的《国家公园法》着重强调生态整体性建设在包括国家公园在内的保护区管理中的支配性地位，将"通过保护自然资源，维护或恢复生态整体性"作为国家公园管理中的最优先事项，从而使国家公园的管理彻底脱离了以经济利益为指导的传统方向。

2. 国家公园建立与管理的方式

加拿大国家公园建立与管理的早期实践深受1872年建立的美国黄石国家公园实践的影响。作为世界上第一个国家公园，黄石国家公园不仅为世界范围内保护区制度的建立提供了全新的理论模型，而且，其国家公园建立和管理的相关经验也被此后的国家实践广为借鉴。

概括来说，在公园的建立和管理上，黄石国家公园采取的是一种简单粗暴

---

[1]KEVIN MN: Filling in the Gaps: Establishing New National Parks [J]. The George Wright Forum, 2010, 27（2）: 142-150.

的排除方式。具体而言，在联邦政府拟建立国家公园的区域内，世世代代生活于此的原住民只能被迫接受强制迁移，并因此丧失了其传统的土地权利和文化权利。

加拿大国家公园建立与管理的早期实践可谓美国黄石国家公园实践的翻版。加拿大的早期实践证明，对于政府何时、在哪里、为何以及以何种方式对原住民的传统土地（traditional territory）进行开发，后者没有任何实质意义上的发言权。原住民往往除了被迫接受政府补偿并在附近社区重新定居之外别无选择。[1] 这一时期，加拿大国家公园的建立路径极为单一：首先由联邦政府的公园管理机构（即加拿大公园管理局：National Parks Agency of Canada）选择其认为适合建立国家公园的区域，然后由公园所在地的省政府或领地政府将公园范围内的原住民强制迁移，完成土地征收。例如，在 20 世纪早期加拿大先后建立 7 座国家公园的实践中，无一例外地都采取了排除原住民参与的政策：既没有在公园建立之前征求生活在公园范围内的原住民的意见，也没有在公园建立后为原住民提供参与公园管理的机会。甚至，原住民世代沿袭的在该区域内的狩猎和采集等传统活动，也在国家公园建立之后被完全禁止。[2] 这种在国家公园建立与管理中排除原住民参与的政策和做法不仅给原住民社区带来了重大的、消极的经济和社会影响，而且不可避免地引发了国家公园管理机构与原住民社区之间多年的对立关系。

（二）国家公园建立与管理实践中的社区共管

如果说以追求经济利益为指导的加拿大国家公园理念随着《国家公园法》的通过及修改而得以转变的话，那么国家公园建立与管理的早期实践中原住民权利保护的缺失则因为其后社区共管制度的引入而得以弥补。

1. 社区共管的含义

在加拿大，社区共管又被称为社区管理（community-based management）或社区资源管理（community-based resource management）。关于社区共管的含义，理论界和实务界存在着不同的理解，如社区共管是"政府和当地资源利用者之

---

[1] MacEachern, Alan. Natural Selections: National Parks in Atlantic Canada, 1935-1970 [M]. Montreal: McGill-Queen's University Press, 2001: 19.

[2] STEVE L, ROB P, NATHALIE G. Two Paths One Direction: Parks Canada and Aboriginal Peoples Working Together [J]. The George Wright Forum, 2010, 27（2）: 222-233.

间的权利与责任的分担"；社区共管是 "原住民与联邦政府之间有关保护区管理责任和权利的分担"。[1]在当前有关社区共管含义的各种界定中，加拿大原住民事务皇家委员会（Royal Commission on Aboriginal Peoples）的阐述被认为是最权威的表述。该委员会认为，所谓社区共管是指：政府与原住民或其他主体以正式协议的方式来明确各自的权利和义务，以此对特定区域内的自然资源进行管理的一种制度性安排。

有关国家公园社区共管的实践印证了上述社区共管含义的理论，同时也进一步丰富了其内涵。从这些理论和实践当中，可以总结出加拿大国家公园社区共管所具有的基本特征。首先，社区共管的对象是国家公园的土地或国家公园范围内的自然资源，或者二者兼有之。其次，社区共管的主体，即共管的参与方是加拿大政府和原住民。最后，社区共管的效力以共管主体之间的正式协议为依据，共管主体根据协议中所明确规定的各自的权利和义务执行共管事务。

2. 社区共管的登场及其社会背景

从发展的观点来看，社区共管是与国家公园管理有关的社会环境和社会背景发展到一定阶段的产物。一般认为，加拿大原住民权利意识的觉醒及与之相伴随的权利主张的出现是国家公园社区共管得以产生的社会基础。

从班夫国家公园的建立到整个 1950 年代，国家公园建立和管理中的加拿大政府与原住民之间形成了一种前者占绝对支配地位的权利构造模式。在这种权利构造之下，原住民对于被剥夺的传统土地权利和自然资源利用权利采取了虽不情愿但不得不接受的消极立场。因为原住民在国家公园的建立和管理中没有获得任何意思表达和利益陈述的机会，因此，早期的国家公园实践中很难听到原住民反对的声音，当然，原住民反抗的行动也尚未形成显在化、规模化的特征。

到了 1960 年代，在原住民权利保护国际国内浪潮的持续催化下，加拿大原住民的权利保护意识逐渐增强，越来越多的原住民提出对世代生活的传统土地（traditional territory）及其自然资源的权利主张，由此使得国家公园实践中联邦政府与原住民之间的、单边支配的传统权利构造模式逐渐瓦解。在国家公园相关事务中，加拿大政府转为不得不听取原住民的意见，并逐渐倾向于采取与原住民进行协商的立场。

---

[1] BUDKE I, A review of cooperative management arrangements and economic opportunities for aboriginal people in Canada national parks , Parks Canada , West Canada Service Centre , Vancouver , Canada.

实践证明，自 1960 年代以来，加拿大建立新的国家公园的计划开始受到原住民的强烈挑战。例如，当联邦政府提出在加拿大北部建立克卢恩、纳汉尼、奥尤伊图克三座国家公园的方案时，遭到了包括因纽特人在内的原住民的强烈反对。因为，历史经验使这些原住民清醒地认识到，随着新的国家公园的建立，他们将不得不离开世代生活的土地，丧失在这些土地上获取赖以生存的物质资源的权利。[1]到了 1970 年代末，随着加拿大国内有关原住民的法律和政策正式承认原住民的传统权利，越来越多的原住民组织开始通过土地请求（land claims）的方式主张在拟建立国家公园的土地上维持传统生活方式的权利。正是在这样的社会背景下，催生了有关在政府与原住民之间建立伙伴关系而对国家公园内的土地和自然资源进行管理的探讨。

尽管如此，关于国家公园社区共管的真正实践却是进入 1990 年代之后才出现的。[2]经过 1960 年代以来的几十年的实践，加拿大国内关于原住民权利的政治和法律环境发生了重大改变，并直接导致在国家公园的建立与管理中，联邦政府丧失一家独大、独断专行的绝对支配地位，转向在原住民居住地的国家公园管理中采用共管安排。[3]由此可见，正是原住民不断增强的权利意识以及与之相伴随的权利主张，为国家公园管理政策、法律的不断演变以及社区共管的登场提供了现实的社会土壤。

时至今日，社区共管已成为加拿大国家公园管理中广泛采用的管理模式。在加拿大国家公园体系内，有超过 50% 的国家公园土地是在原住民的支持下获得保护的。当前，加拿大公园管理局已经与超过 130 个原住民组织保持着良好的合作关系。在公园管理局管辖的公园范围内，通过与原住民签订正式的协定来进行共同管理的区域占到 68%。[4]这些数据在一方面充分证明，原住民已经成为加拿大国家公园管理中不可忽视的支配性的力量；另一方面也使得加拿大政府越来越意识到原住民的参与对于国家公园管理的重要性。特别是，当原

[1] ERIN E. SHERRY. Protected Areas and Aboriginal Interests：At Home in the Canadian Arctic Wilderness [J]. International Journal of Wilderness AUGUST，1999，5（2）：17-20.

[2] KAREN L S . A Comparative Analysis of Co-Management Agreements for National Parks: Gwaii Haanas and Uluru-Kata Tjuta，A practicum submitted to the Faculty of Graduate Studies in partial fulfillment of the requirements for the Degree of Masters of City Planning ［M］.Department of City Planning ，University of Manitoba ，2005.

[3] Wnndy Christy Wheatley，Co-management of Gwaii Haanas National Park Reserve and Haida Heritage Site: Panarchy as a Means of Assessing Linked Cultural and Ecological Landscape for Sustainability，A Thesis Submitted in Partial Fulfillment of the Requirements for the Degree of Master of Arts in the School of Environmental Studies ［M］.University of Victory，2006.

[4] STEVE L，ROB P，NATHALIE G. Two Paths One Direction: Parks Canada and Aboriginal Peoples Working Together ［J］. The George Wright Forum，2010，27（2）：222-233.

住民的传统土地被纳入国家公园范围内的情况下，原住民便成为公园管理中最值得关注的群体，如何通过社区共管协议有效平衡公园管理方与原住民的不同利益诉求便也成为整个公园管理中的重要课题。

（三）国家公园社区共管的法律基础

前已述及，在早期的加拿大国家公园实践中，原住民从未有过扮演"剧中人"角色的机会。在采取绝对排除主义的社会背景下，于被剥夺的原住民传统土地之上建立包括国家公园在内的各种保护区是加拿大政府的一贯做法。原住民虽已经世代生活于公园土地上并依赖其中的自然资源作为主要生存资源，但这并没有使原住民在国家公园实践中获得"权利人"（rights holder）的地位。换句话说，在加拿大政府居于国家公园建立与管理实践中的绝对支配地位的情况下，社区共管的出现是难以被期待的。

国家公园社区共管的基本要义是原住民根据其与政府间的正式协议参与国家公园的管理事务。既然如此，那么就有必要探究促使加拿大政府接纳原住民参与国家公园管理的原因究竟是什么。如果说原住民权利意识的觉醒和权利主张的提出为国家公园社区共管的出现提供了现实的社会土壤的话，那么导致社区共管成为当前加拿大国家公园管理中的一种全新的制度性安排的法律原因又是什么呢？

概括来说，是加拿大相关法律中对原住民传统权利（即原住民基于其对国家公园土地以及其内的自然资源的长期的占有和利用而主张的权利）的承认，为国家公园的社区共管提供了法律基础。1970年代以后，加拿大原住民法律和政策的重大变化之一即表现为对原住民上述传统权利的承认。变化后的法律和政策为加拿大政府的管理行为施加了新的义务。这表现为，在新的法律和政策下，若加拿大政府的管理活动涉及原住民可行使其传统权利的区域，则政府必须与原住民签订某种类型的共管协定，以便由双方对所涉区域进行共同管理。相关法律和政策对原住民传统权利的承认改变了原住民在国家公园管理中的传统地位，使其由原来的被动接受者变为当前的主动参与者。同时——而且更为重要的是——这些法律和政策也使得加拿大国家公园的社区共管成了一种由法律予以保障的制度性安排。

1. 加拿大法律对原住民传统权利的承认

在加拿大，国家公园中心相当一部分土地曾经是原住民传统的生活区域。

在国家公园建立之前，原住民已经在这些传统土地上世代繁衍生息，原住民传统的生活方式在这些传统土地上形成了独具特色的文化景观。但是，加拿大政府早期的国家公园实践人为地割裂了原住民与其传统生活区域的紧密联系。直到 20 世纪中叶以后，原住民才开始针对加拿大政府持续主张其在上述传统土地上的各项权利。这一运动引发的重大成果之一便是加拿大法律和政策中对原住民传统权利的承认。

原住民往往援引 1763 年乔治三世发布的王室公告作为证明其在传统土地上享有各项权利的重要依据。根据该公告，在公告发布之时，在英国所占有的北美土地中，除了哈德逊湾公司所有的，或者被欧洲移民者所占领的土地之外，其余全部土地均属北美原住民所有，由英国王室代表原住民行使这些土地的所有权。王室的这一单方宣言的重要法律意义在于：一方面，其以十分直白的语言明确承认了原住民对北美部分土地的所有权，而且将公权力限定为仅仅代表原住民行使其土地所有权的范围之内；另一方面，该公告使得任何想获得北美原住民土地的人都必须首先取得王室的许可，因此其客观上起到了对抗当时的土地投机者和移民的作用，由此使北美原住民的土地免于受到这些人的剥夺和瓜分。

尽管如此，在近代加拿大国内法律实践中，对原住民传统权利的正式承认和保护却长期存在空白，这一状况直到 1967 年加拿大联邦最高法院的 Calder 案判决后才得以彻底改变。

从判例法层面来看，在 Calder 案判决中，加拿大联邦最高法院首次承认了加拿大原住民在欧洲殖民者到来之前基于对其长期生活的土地的历史占有和支配而取得的对该土地的法律权利。在此基础上，法院确认，原住民的该项土地权利是独立于任何主张、法律和条约的。最高法院的 Calder 案判决成为此后各级法院处理原住民传统权利案件时必须遵守的先例。在其后的类似案件中，法院判决反复确认了原住民利用其传统土地以及在该土地上从事狩猎等传统活动的权利，为得出这一结论，法院往往援引欧洲移民者到来之前原住民对相关土地的传统的占有和利用作为证据。对原住民传统权利的承认要求加拿大政府在对原住民传统土地进行管理时采取有别于以往的措施和方法。在 1990 年的 Sparrow 案中，最高法院承认了政府保护和管理不可再生资源的必要性，但是基于原住民对作为这些资源载体的土地所享有的传统权利，法院判令政府在自然资源的管理过程中必须征求原住民的意见，以便减轻因管理活动而对原住民权利产生的影响。不仅如此，法院更进一步明确判令，政府应通过将原住民纳入其中进行共同管理的方式对所涉土地上的自然资源予以管理。

在制定法层面，承认原住民传统权利的最重要法律莫过于1982年的《加拿大宪法》。该法第二编以"原住民的权利"为题，其第三十五条第一款承认并确认了原住民的"既存"权利。基于对原住民"既存"权利的承认，该法规定：加拿大联邦政府和各省政府应在保证原住民参与的前提下解决原住民相关问题。

1982年《加拿大宪法》的上述规定在现实中经常成为加拿大政府和原住民之间纠纷的导火索，原因在于该法本身并没有就原住民的"既存"权利包括什么做出明确规定。正因为如此，加拿大政府一直坚持认为，宪法第三十五条第一款仅具有宣示的意义，在"既存"权利没有被明确定义之前，有关原住民权利的规定只不过是一个空盒子而已。而对于利益相关者的原住民而言，关于宪法第三十五条第一款的含义，则有着不同的解读。他们坚持自己作为"第一民族"（First Nation）的特殊身份，认为相对于"非原住民的加拿大国民"而言，原住民享有特殊的权利。在他们看来，这些权利涉及广泛的经济、社会和政治层面，表现为对其传统土地和资源的全部所有，而且这些权利直接根源于欧洲移民者到来之前原住民对该土地的长期的占有、支配和利用。

自从1967年加拿大联邦最高法院在Calder案中做出"承认原住民在欧洲殖民者到来之前基于对其长期生活的土地的历史占有和支配而取得的对该土地的法律权利"的判决以来，在有关原住民传统权利的领域，加拿大的判例法以及相关法律、政策的制定和修改均沿袭了上述判决的基调，因此，很难得出1982年宪法所承认的原住民的既存权利是一个毫无内容的"空盒子"的结论。相反，根据1960年代末以来的法律和政策实践，至少可以认为1982年《加拿大宪法》第三十五条第一款所承认的原住民的"既存"权利应当包括原住民对其传统土地及其资源的利用权。这一解释应该是更具有说服力的。

Calder案判决对此后的加拿大政府原住民政策也产生了极为深远的影响。此项判决做出之后，加拿大政府开始改变以往的传统做法，在对原住民的传统土地进行开发和规划时转为将原住民作为利益相关方对待。正式的、重大的政策转变发生于1973年。这一年，加拿大联邦政府首次公开承认了原住民的传统权利，时任印第安事务部部长（Minister of Indian Affairs）发表声明称：在原住民在所涉土地上的传统利益能够得以证明的情况下，政府将与原住民进行磋商，以便就有关补偿问题采取能够被双方接受的措施，或者作为补偿而向原住民提供某些利益。

2. 原住民传统权利的实现方式

既然加拿大现行法律和政策已经承认了原住民"在欧洲殖民者到来之前基于对其长期生活的土地的历史占有和支配而取得的对该土地的法律权利",那么这一权利又是通过何种方式得以实现的呢?

实践中,原住民往往与加拿大政府签订土地请求协定(land claim agreement)或者其他类似协定,并在协定中明确规定原住民在其传统土地上所享有的权利和承担的义务。借助这种方式,原住民实现了其被法律所承认的传统权利的具体化,并因此使这些权利具有了行使可能性。而上述形形色色的协定也成为加拿大原住民据以参加国家公园管理的具体法律依据。

(1)土地请求协定

根据缔结协定的基础事实的不同,土地请求协定分为具体土地请求协定(specific land claim agreement)和全面土地请求协定(comprehensive land claim agreement)两种类型。

①具体土地请求协定。具体土地请求协定缔结的基础事实是原住民与加拿大政府之间存在有关传统土地所有权让渡的协议(treaty)。

历史上,加拿大政府曾经与某些原住民群体就传统土地的法律地位问题签订了数量众多的协议。这些协议的共同特征表现为:原住民根据协议放弃其对传统土地的所有权,作为回报,加拿大政府向原住民提供一定的利益和补偿,包括在传统土地上划出一定的范围作为原住民的聚居区,向原住民提供一定数额的资金补偿,承认原住民在其已经放弃了所有权的传统土地上从事某些狩猎、捕捞等活动的特权等。

然而,在很长一段历史时期内,加拿大政府并没有诚实地履行协议规定的义务,其结果是,加拿大政府在对原住民让渡了所有权的传统土地进行管理时往往忽视了原住民根据协议所享有的权利。例如,在早期的国家公园建立和管理实践中,原住民往往只是被加拿大政府视为应予排除的对象,即便国家公园全部或者部分地建于原住民的传统土地之上,但是实际上,原住民并没有被允许参加国家公园的管理,甚至其根据与加拿大政府间的既存协议获得的在这些传统土地上从事狩猎等传统活动的权利也未能得到应有的尊重。此外,在加拿大政府对原住民的传统土地提出资源开发方案或者资源管理规划时,这些协议所保护的原住民的传统权利也几乎没有被关注和考虑。[1]

具体土地请求协定的目的是处理那些已经被原住民与加拿大政府间的协议

---

[1] TRACY C. Co-management of Aboriginal Resources [J]. Information North, 1996, 22(1): 123-134.

所规定、但是却没有被加拿大政府所遵守的事项。实际上，具体土地请求协定并没有为原住民创设新的权利，而是对原住民与加拿大政府之间协议中已经规定的原住民传统权利的再确认，并且为这些传统权利的实际行使提供了一种保障和救济机制。除此之外，在加拿大法律和政策已经明确承认原住民传统权利的制度背景下，具体土地请求协定还客观上起到了为国家公园社区共管提供具体法律依据的作用。

②全面土地请求协定。相对于具体土地请求协定而言，全面土地请求协定缔结的基础事实是原住民与加拿大政府之间不存在与传统土地所有权让渡有关的协议。尽管在基础事实方面存在着明显区别，但是在实际意义上，全面土地请求协定所追求的制度效果与具体土地请求协定所追求的并无二致。这是因为，与具体土地请求协定一样，全面土地请求协定所要解决的核心问题也是围绕原住民传统土地及传统权利引发的各种争议。现有的实践证明，全面土地请求协定往往也将最终实现原住民传统土地所有权的让渡，并在协定中明确承认原住民享有的传统权利以及因为让渡传统土地所有权而获得的补偿，包括承认原住民对于传统土地上的资源进行开发和管理的权利。从这一点来看，全面土地请求协定与具体土地请求协定之间确实存在着极大的相似性。

加拿大法律规定了能够与政府缔结全面土地请求协定的原住民群体的资格及缔结协定应满足的程序性要求和条件，包括：原住民对所涉土地进行了长期的占有和利用，并因此对该土地享有传统权利；原住民的此种权利没有被其他合法手段所消灭；原住民必须证明其所主张的传统权利具有持续性；原住民对于所涉传统土地的占有达到了排除其他社会群体占有的程度；原住民对所涉传统土地及其资源的权利没有被作为原住民与加拿大政府之间缔结的其他协定所处理的对象。

从加拿大全国范围来看，在全面土地请求政策出台的 1970 年代，只有英属哥伦比亚的部分地区以及魁北克的北部地区满足成为全面土地请求协定所涉的传统土地的条件。1984 年 6 月 5 日，加拿大第一个现代意义上的全面土地请求协定即《因纽维埃卢特协定》（*Inuvialuit Final Agreement*）在加拿大政府与原住民因纽维埃卢特人（Inuvialuit）之间达成。根据该协定，双方同意将原住民传统土地中的一部分划定为原住民聚居区，由原住民对聚居区的土地行使全部的所有权（full ownership）。加拿大政府除了向原住民提供 5 500 万加元的财政补偿外，还承诺于协定签订后一次性拨付 1 000 万加元的经济发展基金，用于原住民社区地方经济发展的需要。协定还保障了原住民在传统土地上获取野生动植物资源的排他性权利。

（2）其他特殊协定

由上可见，特殊土地请求协定和全面土地请求协定在原住民让渡传统土地所有权方面是共通的。与之形成鲜明对比的是，在加拿大的实践中还存在一种不以原住民传统土地所有权让渡为内容之一的协定。这类协定的典型代表是《瓜依哈纳斯协定》。虽然该协定也以解决原住民与加拿大政府之间围绕原住民传统土地的所有和利用而产生的矛盾为目的，但是这一目的的达成并不以原住民放弃传统土地所有权为代价。因为原住民坚持主张对传统土地的所有权，所以协定是在不改变原住民和加拿大政府双方既有的土地所有权主张的前提下缔结的。原住民基于协定中所承认的权利同加拿大政府一道对建立于其传统土地之上的国家公园进行管理，以此实现了其传统权利由法定权利向现实权利的转化。

3. 加拿大法律和政策中的社区共管

在原住民的传统权利已经获得法律保障的情况下，国家公园的建立和管理显然无法再延续以往简单粗暴的排除原住民的方式。为此，加拿大法律和政策中陆续出现了与国家公园社区共管相关的内容，这也为原住民以权利人（rights holder）身份参与国家公园管理活动提供了更为坚实的制度基础。

首先，在判例法层面，加拿大联邦最高法院1990年的Sparrow案判决开启了在判例中承认原住民参与传统土地资源管理之权利的先河。该案中，法院判令加拿大政府在对原住民传统土地上的自然资源进行管理时征求原住民的意见，并且要求加拿大政府以允许原住民参与的共同管理方式对这些资源进行管理。法院作出此项判决的重要法律依据之一是1967年联邦最高法院Calder案判决中对原住民传统权利的承认。以这一法律基础为出发点，法院按照以下的逻辑顺序展开推理论证并作出了上述判决：原住民对其传统土地享有法律权利——本案所涉自然资源位于原住民传统土地之上——原住民对位于其传统土地之上的自然资源享有权利——加拿大政府应在管理这些自然资源时征求原住民意见并采取允许原住民参与的共同管理方式。

Sparrow案判决虽然没有直接涉及国家公园社区共管的问题，但是法院在判决过程中所采取的逻辑推理模式暗含了该判决对于国家公园社区共管发展的潜在价值。在国家公园建立于原住民传统土地的情况下，原住民基于其传统权利而获得了对国家公园内自然资源的管理权，因此，在对国家公园内的自然资源进行管理时加拿大政府不仅应征求原住民意见，而且应采取能够保障原住民切实行使其传统权利的共管模式。正是从这个意义上讲，可以认为以Sparrow

案判决为代表的加拿大判例为国家公园的社区共管提供了法律保障。

其次，加拿大《国家公园法》在制定法层面为国家公园社区共管提供了法律基础。根据《国家公园法》第十二条，环境部长应在国家、区域或地方层面向原住民提供机会，使其能够参与国家公园建立和管理方案以及国家公园政策和条例的制定，能够参加国家公园的土地利用规划、公园社区的开发以及环境部长认为与国家公园管理相关的其他任何事项。《国家公园法》还承认了原住民在国家公园内从事狩猎、捕捞、采集等传统活动的权利。针对瓜依哈纳斯国家公园的管理，《国家公园法》还做出了特殊的安排，即环境部长可在加拿大总督的授权之下与海达委员会（当地原住民海达人的自治组织）就该公园的管理和运营订立协定。

最后，加拿大国家公园政策中也不乏有关国家公园社区共管的规定。例如，现行的加拿大公园管理局政策（Parks Canada policy）明确规定，在解决当地居民土地所有权争议并建立国家公园时，公园管理局应当与当地居民代表在正式建立国家公园之前进行协商，以便就国家公园的规划和管理建立共同管理的机制。从加拿大国家公园建立和发展的历史来看，这一政策中所提的"当地居民"显然包括、而且主要是指在所涉土地上享有传统权利的原住民，这一点应该是毋庸置疑的。加拿大国家公园管理局政策对于整个国家公园系统所具有的约束效力，使得在涉及原住民传统权利的土地上建立和管理国家公园的活动必须被置于社区共管的机制之下。

（四）国家公园社区共管的模式

1. 两种不同的社区共管模式

如前所述，在当前的实践中，加拿大原住民主要是通过与政府签订各种协定的方式来实现其被法律和政策所承认的传统权利。而正是这些协定，使得加拿大国家公园社区共管的法律机制得以建立。从微观层面来看，每一个单独的协定也就成为原住民与加拿大政府共同管理协定中涉及的在原住民土地之上所建立的国家公园的具体法律依据。

从法律后果来看，原住民是否在协定中让渡传统土地所有权直接影响了其在国家公园社区共管中的法律地位，因此也在实践中形成了不同类型的社区共管模式。

在以《瓜依哈纳斯协定》为代表的特殊协定中，因为原住民坚持主张对传统土地的所有权，所以协定并没有规定原住民传统土地所有权的让渡问题。相对于对传统土地之上的自然资源的利用权而言，传统土地所有权属于初始的、第一顺位的权利，对这一权利的坚持使原住民拥有了在传统土地管理中能够与加拿大政府平等对抗的重要武器，因此也确保了其在国家公园管理中与加拿大政府完全平等的法律地位。这也就决定了，在国家公园的管理活动中，加拿大政府只能采取与原住民平等协商的方式。本书将这种在双方平等协商的前提下实施的社区共管模式称为平等协商型共管模式。

与上述特殊协定不同的是，土地请求协定（无论是具体土地请求协定还是全面土地请求协定）最终均以原住民传统土地所有权的让渡为其重要内容之一。根据土地请求协定，原住民可在已经让渡了所有权的传统土地上行使狩猎、捕捞、采集等传统权利。但是，因为这些权利以附着于传统土地之上的自然资源为对象，因此相对于传统土地所有权的初始性、第一顺位的特征而言，其在权利性质上属于从属的、第二顺位的权利。相对而言，加拿大政府则通过土地请求协定取得了原住民传统土地的所有权，因而获得了初始的、第一顺位的权利。由此可见，由土地请求协定所实现的原住民传统土地所有权让渡导致了加拿大政府和原住民之间权利顺位的落差，这也使得在对建立于土地请求协定所涉土地上的国家公园进行管理时，加拿大政府和原住民具有不同的法律地位。具体而言，加拿大政府基于其初始的、第一顺位的土地所有权而在国家公园管理中处于支配地位，原住民则因其享有的从属的、第二顺位的自然资源利用权而处于国家公园管理中的从属地位。不同的法律地位和权利状态导致原住民只能在加拿大政府的授权之下部分地参加国家公园管理，而且有关国家公园管理的多数事项的最终决定权均掌握在加拿大政府手中。本书将这类国家公园社区共管模式称为政府支配型共管模式。

接下来，本书将分别援引瓜依哈纳斯国家公园（基于特殊协定建立）和克卢恩国家公园（基于土地请求协定建立）的实践，分析上述两种国家公园社区共管模式的运行机制和基本特征。

2. 平等协商型共管模式——瓜依哈纳斯国家公园社区共管

（1）瓜依哈纳斯国家公园社区共管的建立

瓜依哈纳斯位于夏洛特皇后岛的南部，距离不列颠哥伦比亚省西北约 80 千米。瓜依哈纳斯由许多岛屿组成，包括莫尔斯比岛的大部分。原住民海达人已经在这里生活了约 7 000 年。瓜依哈纳斯的海达古村落以及超过 600 处的考古遗址，成为海达人历史上占有和利用该地区的有力证据。岛上弥漫着浓郁的海达文化气息，海达人的传说、歌曲、地名、语言等生动形象地反映了海达人的历史和生活方式，而岛上的自然资源则成为海达传统文化不可分割的一部分。

正是基于历史上的占有和资源利用的传统权利，海达人将群岛视为自己的土地，他们主张群岛的土地所有权，认为群岛应为海达人集体或者个人利益服务，并由海达人自治组织即海达委员会对群岛土地进行管理。而加拿大政府则视瓜依哈纳斯群岛为联邦土地，因此主张群岛受加拿大议会和不列颠哥伦比亚省的立法管辖。加拿大政府认为：根据《加拿大宪法》及1988年7月12日加拿大政府和不列颠哥伦比亚省之间的协议，加拿大应是瓜依哈纳斯群岛的所有人。

围绕群岛土地所有权产生的争议似一道鸿沟横亘于加拿大政府和原住民之间，成为长期以来围绕群岛及其资源利用所爆发的争端的原点和最终归结，同时也不可避免地为群岛自然资源的管理实践带来了现实中的诸多困境。

20世纪70年代，在经济利益的驱使下，加拿大政府制定了在瓜依哈纳斯的本拿比岛上扩大林木砍伐面积的计划。这一计划成为政府、采伐业者与原住民之间纠纷的导火索。为了防止岛上林木的过度砍伐，原住民海达人于1985年单方面指定瓜依哈纳斯的部分陆地和海洋区域为"海达遗产地"，以便对指定区域采取特殊的保护措施。在当时的国际国内环境下，有关原住民权利和环境保护的话题极易成为政治家和普通民众关注的焦点。因此，海达人指定"海达遗产地"的单方举措，在全国范围内引发了一场围绕土地权利、环境保护和资源管理的旷日持久的政治、法律争论。争论的结果是，1993年加拿大政府和海达委员会签订了《瓜依哈纳斯协定》（*Gwaii Haanas/south Moresby Agreement*），建立了瓜依哈纳斯国家公园保护区，在搁置瓜依哈纳斯土地所有权争议的前提下，建立了由联邦政府和原住民共同管理的国家公园管理模式。

（2）瓜依哈纳斯国家公园社区共管中的平等协商

原住民海达人对瓜依哈纳斯国家公园内土地的所有权主张为其平等地参加公园管理提供了法律基础。《瓜依哈纳斯协定》为原住民参加国家公园管理提供了具体的法律依据。在《瓜依哈纳斯协定》中，原住民在瓜依哈纳斯国家公园共同管理中的平等地位是通过共管机构的建立、共管机构的成员构成、共管机构的表决程序三个方面加以体现的。

①共管机构建立及其职责方面的平等协商。

首先，瓜依哈纳斯国家公园共管机构的建立以加拿大政府与原住民的平等协商为前提。在《瓜依哈纳斯协定》中，加拿大政府和原住民均主张对瓜依哈纳斯群岛的所有权，但是双方并无意通过该协定解决这一土地所有权争议。在承认围绕瓜依哈纳斯群岛土地所有权存在争议的前提下，双方一致认为，为保护群岛成为世界自然和文化宝藏之一，不仅需要长期的保护措施，而且应当适用最高的保护标准。为此，在不影响各自土地权属立场的前提下，双方同意在规划、经营和管理群岛方面进行合作。为了给双方的合作提供平台，《瓜依哈纳斯协定》规定建立群岛管理委员会。协定双方承诺，在包括国家公园在内的整个群岛的运营和管理方面，双方应通过群岛管理委员会进行合作。由此可见，与以往的国家公园管理实践不同，在瓜依哈纳斯国家公园管理中，公园管理机构的设定并非加拿大政府的单方决策，而是加拿大政府与原住民协商的结果，该结果通过《瓜依哈纳斯协定》条款的形式而被最终固定下来。

其次，瓜依哈纳斯国家公园共管机构的职责是在双方平等协商的基础上加以确定的。《瓜依哈纳斯协定》中明确规定了群岛管理委员会的职责。因为《瓜依哈纳斯协定》是双方基于平等协商原则而签订的共管协议，因此，可以认为，该协定中所有关于群岛委员会职责的规定都是加拿大政府与原住民平等协商的结果。

根据《瓜依哈纳斯协定》，群岛管理委员会的职责是审查和决定所有关于群岛规划、运行、管理的动议和事务。双方应秉承充分公开的精神，将影响群岛规划、运行和管理的任何程序、行动或计划提交群岛管理委员会。具体而言，《瓜依哈纳斯协定》明确规定了管理委员会的如下职责：在征询公众意见的前提下，完成《共同目标陈述与管理方案》，并在加拿大政府和原住民双方认为必要时对其进行修改；规定有关海达文化活动和传统可再生资源获取行为的事项；认定群岛内在精神和文化方面对于海达人而言具有特殊重要意义的地点，包括历史性居住地、墓葬地，并根据各地点的不同特性对其进行管理；在协定双方的其他部门或机构的行为或其授权行为将影响到群岛的规划、运营和管理时，与上述部门或机构进行协商交流。

最后，《瓜依哈纳斯协定》还规定，为群岛的保护和利用，群岛管理委员会可制定有关以下事项的指南及其适用条件，包括：商业旅游的经营、调查或其他行为的许可或执照；渔民的进入和利用；制定年度工作计划，包括需要做的工作以及如何完成，双方关于群岛规划、运营和管理所需的人员、预算和支出；制定处理可能的紧急事态的程序，包括涉及公共安全和对自然资源与文化景观的威胁；在考虑双方对协定附件4所做承诺的前提下，制定相关方针以帮助海达人和海达组织充分利用伴随群岛规划、运营、管理产生的经济和雇佣机会；根据本协定，制定群岛管理委员会的运行程序和规则。

②共管机构成员构成上的双方平等。根据《瓜依哈纳斯协定》，作为瓜依哈纳斯国家公园共管机构的群岛管理委员会最初由4名成员构成，其中2名成员代表加拿大政府，另外2名成员代表原住民（海达委员会）。协定设想了群岛管理委员会共管事务变化的可能性，因此，在委员会成员构成上采取了开放性的规定模式。根据协定，群岛管理委员会可根据共管事务的需要对其成员人数进行适当增减，但是此种增减应当以双方的协商一致为前提，且最终必须保证委员会中的政府代表和原住民代表人数相同。

这一有关群岛管理委员会人数的开放性规定在2010年得到了具体适用。2010年5月，加拿大政府（由加拿大环境部长作为代表）与海达委员会签订了《瓜依哈纳斯国家海洋保护区与海达遗产地管理与区划临时方案》。这一协定扩大了群岛管理委员会的职责范围，使其包括了国家公园以外的瓜依哈纳斯海洋区域的规划、运营、管理和利用。为了适应群岛管理委员会新的管理职责的需要，协定双方增设了群岛管理委员会的成员名额，并对委员会的部分活动程序进行了修改。

一方面，在成员构成上，新的群岛管理委员会成员总数由最初的4名增加到6名，包括3名加拿大政府代表（分别来自公园管理局、加拿大渔业和海洋部）和3名海达委员会代表。加拿大政府和海达委员会均有权指定上述成员中的1名作为群岛管理委员会的主席。另一方面，在程序修改方面，为实现有效的权力制衡，协定双方同意：群岛管理委员会的所有会议应由以上2名主席共同召集和主持，会议记录也应由其共同署名；在2名主席协商一致的情况下，主席的职权可交由1人行使，并定期进行轮换。

③共管机构表决程序中的双方平等。

首先，群岛管理委员会任何与共管事务相关的决定的通过均应遵循双方协商一致的原则。根据《瓜依哈纳斯协定》，群岛管理委员会应努力以建设性和合作的方式审议任何有关国家公园管理的建议或动议，以期在加拿大政府和原住民的成员代表之间获得一致决定。只有通过这种方式获得的群岛管理委员会的决定，才能被提交给双方指定的代表、机构或部门，并因此被视为共管机构对加拿大政府和海达委员会就公园管理提出的建议。在通过该项决定的会议记录中，应当明确记录群岛管理委员会授权实施该决定所需采取的任何程序或步骤。在履行上述程序或步骤的过程中，若有任何一方提出要求，则群岛管理委员会应进一步就该事项进行讨论。若在任何一方均无反对的情况下完成上述程序或步骤，则该决定将被视为获得通过，并因此对双方产生约束力。

其次，群岛管理委员会的争端解决程序遵循双方协商一致原则。根据《瓜依哈纳斯协定》，在群岛管理委员会的成员之间就共管事务中的某一事项存在明确的、最终的分歧的情况下，与此事项相关的任何决定及由此产生的任何行动将自动停止，而该事项则被提交给海达委员会和加拿大政府，以期双方能够本着善意原则就该事项达成一致。为取得一致，双方可寻求经其同意的、中立的第三方的帮助。为此而暂停的事项将被排除出群岛管理委员会的正常事务清单，直到所有成员就如何理解和处理该事项接到了来自加拿大政府和海达委员会的指示为止。任何此类争端及由此引发的公园共管事务的暂停，不得影响群岛管理委员会秉承善意审议其他建议和动议，并努力就此获得一致决定的义务和能力。

（3）瓜依哈纳斯国家公园社区共管的评价

与加拿大国内外的其他国家公园社区共管实践相比，瓜依哈纳斯国家公园社区共管的鲜明特征表现在：其是在搁置原住民传统土地所有权争议的前提下建立起来的一种制度性安排。正是因为原住民基于传统的占有和支配所提出的对公园内土地的所有权主张形成了足以对抗加拿大政府排他性管理的权原，因此使得原住民在共管协议中获得了与加拿大政府"平起平坐"的法律地位。作为社区共管机构的群岛管理委员会同时也是对国家公园所有管理事务负有最终职责的唯一机构，加拿大政府与原住民在协商一致的基础上形成有关瓜依哈纳斯国家公园管理的最终决定。在此过程中，加拿大政府的法律地位明确而又单纯：其与原住民一样仅仅是群岛管理委员会的组成部分，而不是凌驾于委员会之上的某种存在。因此，在这样的制度结构下，无论是原住民还是群岛管理委员会，相对于加拿大政府而言都是独立而不受支配的。

3. 政府支配型共管模式——克卢恩国家公园社区共管

（1）克卢恩国家公园社区共管的建立

现代考古研究成果表明，早在远古时代，就已经有原住民生活在现今的克卢恩国家公园所在的土地之上。世代的繁衍生息使原住民适应并逐渐改变了这里的环境，获得了在这块土地上生存所必需的技能，并形成了独具特色的原住民文化。这些事实都为原住民此后主张该土地为其传统土地提供了证据支撑。

1943 年，加拿大政府在上述原住民的土地上建立了野生动物保护区，禁止原住民在保护区内从事任何狩猎、采集、捕捞等传统的获取自然资源的活动。随着禁令的发布，原住民被迫离开了传统的生活区域，他们为生活所需而构建的各种生活设施也随之被拆除或者烧毁。随着 1970 年代加拿大原住民政策的重大转变，原住民的传统权利得到了加拿大政府的承认。在这样的社会背景下，1976 年加拿大政府在该区域解除了对原住民传统狩猎活动的禁令，但是因为长期的排除政策所造成的心理冲击，许多原住民由于害怕受到报复而不敢回到上述区域行使其传统权利。直到 1993 年，该区域的部分原住民（Champagne and Aishihik First Nations）与加拿大政府达成了土地请求协定（Champagne and Aishihik First Nations Final Agreement），这一协定不仅正式承认了上述原住民在其传统土地上的传统权利，而且也为克卢恩国家公园的建立提供了具体的法律依据。2003 年，该区域的另一部分原住民（Kluane First Nation）通过与加拿大政府之间的类似协定（Kluane First Nation Final Agreement），获得了与加拿大政府一道对克卢恩国家公园进行管理的部分权利，克卢恩国家公园社区共管机制由此得以正式建立。

（2）克卢恩国家公园社区共管中的政府支配

在宏观层面上，克卢恩国家公园的社区共管与瓜依哈纳斯国家公园社区共管具有相同的特征，如：因为国家公园是建立在原住民的传统土地之上，所以未经原住民的同意不得任意扩大或者缩小公园的规模；加拿大政府承认原住民在建立国家公园的传统土地之上的历史和文化，因此承认原住民享有对国家公园进行规划和管理的权利；承诺在对国家公园进行开发、运营和管理时为原住民提供经济和雇用等机会。但是，从微观层面来看，相对于瓜依哈纳斯国家公园社区共管中原住民与加拿大政府的平等协商而言，克卢恩国家公园的社区共管带有强烈的政府支配的色彩。

①加拿大政府对国家公园社区共管事务的最终决定权。在克卢恩国家公园社区共管中，加拿大政府对共管事务的最终决定权表现在以下两个方面。

首先，加拿大政府就公园的管理事项接受共管机构的建议并作出决定。

在土地请求协定中，原住民与加拿大政府同意建立克卢恩国家公园管理委员会（The Kluane National Park Management Board）作为克卢恩国家公园的共管机构。根据协定，公园管理委员会由 6 名成员构成（原住民代表 4 名，包括 Kluane First Nation 代表 2 名，Champagne and Aishihik First Nations 代表 2 名；加拿大政府代表 2 名），其管理职责及于公园的全部范围。

协定规定，公园管理委员会应就克卢恩国家公园的以下管理事项向加拿大政府提出建议，包括：原住民为行使其获取公园内自然资源的传统权利而进入公园的路径、方式和方法；原住民在公园内所能获取的自然资源的限制（如允许的获取量）以及可进入公园获取自然资源的季节；原住民在公园内获取自然资源的位置和方法；有关公园内原住民遗产资源的管理；指定公园内的某些区域（除了 Slims River 南岸以外）为原住民不得行使其传统的获取自然资源之权利的区域，或者对上述指定区域进行更改；对已经指定的 Slims River 南岸的非获取区域进行变更；关于公园管理方案的修订；加拿大联邦政府部长转交给公园管理委员会的、与公园的开发或管理相关的事项；有关公园范围调整的提议；与其他机构协商管理跨国家公园界限的鱼类和野生动植物资源；与公园相关的既存的或新的立法提议；在公园的自然资源和文化资源管理中能够使原住民传统与现代科学知识相结合的方式方法。

协定要求，公园管理委员会的上述所有建议必须严格保密，除非联邦政府的相关部长作出了无须保密的指示，或者所涉建议已经履行完毕协定规定的全部程序或已经超过了协定规定的处理期限。

协定规定了加拿大政府处理公园管理委员会建议的相关程序。具体而言，联邦政府相关部长在收到公园管理委员会建议的 60 天内可作出接受、驳回或者改变该建议的决定。在驳回或者改变公园管理委员会建议的情况下，相关部长应将此项驳回或者改变决定通知委员会并附带书面理由。在作出上述决定的过程中，相关部长可考虑委员会在提出建议时没有考虑的、与公共利益相关的信息和事项。相关部长有权将做出决定的时间延长 30 天。公园管理委员会应在收到相关部长的驳回或者改变决定后的 30 天内向后者提出对该相关事项的最终建议（final recommendation）并附带书面理由，除非相关部长允许延长提交最终建议的期限。在收到委员会最终建议的 45 天内，相关部长可作出接受、驳回或者改变该最终建议的决定并将决定结果通知委员会。相关部长的最终决定具有执行效力，若公园管理委员会未能履行该决定，则相关部长可在对委员会作出通知后自行履行该决定。

其次，加拿大政府对原住民某些具体权利的行使享有最终决定权。

例如，协定规定，为了确保原住民能够有效行使其在国家公园内获取自然资源的传统权利，原住民可在遵守本协定所规定条件的前提下，在国家公园内新建、扩建仅为行使其获取自然资源权利所必需的木屋、帐篷、储藏间及小径。协定明确了原住民申请在公园内新建、扩建木屋所应履行的程序，即原住民应向公园管理委员会提出申请，由委员会审查该申请并判断以下条件是否得到满足：拟建木屋的位置是否符合公园管理方案的要求；拟建木屋是否为原住民行使协定所规定的获取自然资源的权利所必须。审查结束后，公园管理委员会应根据协定规定的具体程序向加拿大政府相关部长提出建议，由后者最终决定是否批准原住民的拟建申请。

再如，协定不仅规定了原住民为出售毛皮之目的而在国家公园内诱捕毛皮动物的权利，而且将这一权利规定为原住民的排他性权利。根据协定，公园管理委员会应依据相关程序就原住民上述权利行使的相关事项向加拿大政府相关部长提出建议，具体包括：国家公园内原住民可行使其猎捕权利的区域；原住民可行使猎捕权利的季节、可猎捕之毛皮动物的数量以及与此相关的可能事项。在猎捕方法上，原则上原住民可采用传统方法在国家公园内行使其猎捕毛皮动物的排他性权利，但如果政府部长在公园管理委员会的建议之下认为此种方法过于残忍，则这一方法的采用就是被禁止的。

②原住民对国家公园管理事务的部分参与。如前所述，克卢恩国家公园的所有管理事务由包括4名原住民代表在内的公园管理委员会负责。但是，这并不意味着原住民代表可参与所有的国家公园管理事务的审议。因为根据协定的规定，当公园管理委员会的审议事项涉及某些特定的内容时，原住民代表是无权参与其中的。换句话说，在此情况下的审议只能由公园管理委员会中的加拿大政府代表单独实施。这些事项包括：为在公园内行使获取资源权利而进入公园的路径、方式方法；原住民在公园内获取自然资源的限制和季节；原住民在公园内获取自然资源的位置和方法；有关公园内遗产资源的管理；指定或修改公园内的非获取区域。

（3）克卢恩国家公园社区共管的评价

在克卢恩国家公园社区共管机制下，无论是在公园宏观事务的管理方面，还是关于原住民某些具体权利的行使，加拿大政府均握有最终的决定权。在这样的制度下，公园管理委员会中表决权占优势的事实对于原住民参与公园管理而言并无太多实质上的意义。因为即便某项与公园管理有关的、反映原住民切身利益的提案在公园管理委员会获得了通过，但由于公园管理委员会所具有的"建议者"的地位，使得其决定本身无法获得自动执行的效力。加拿大政府对公园管理事务的最终决定权使反映原住民利益诉求的公园管理委员会建议能否获得执行的效力完全取决于原住民无法左右的政治裁量。

另一方面，虽然包括原住民代表在内的公园管理委员会的职责涉及公园管理的所有事项，但是在现有的制度设计切断了原住民就某些管理事项表达其利益诉求的有效通道的情况下，并非在公园管理的所有领域均能听到原住民的声音。在行使某些对其传统文化的延续而言至关重要的权利时，原住民只能被动地接受加拿大政府的单方决定。

上述分析表明，在克卢恩国家公园的社区共管中，加拿大政府与公园管理委员会——进而言之即加拿大政府与原住民——之间形成的是一种垂直的、领导与被领导的权力关系。相对于加拿大政府的支配地位而言，在克卢恩国家公园的社区共管中，原住民毫无疑问地处于一种被支配的地位。

（五）国家公园社区共管中的利益衡平

国家公园社区共管制度的表象背后隐藏了加拿大政府与原住民之间的利益冲突。一方面，加拿大政府基于"加拿大人民的利益、教育及享用"这一公益目的建立和管理国家公园，其以"信托人"身份对国家公园行使管理权力的正当性毋庸置疑。另一方面，在现有的法律和政策背景下，已经获得权利人地位的原住民坚持主张在建立国家公园的传统土地上行使各项权利。加拿大政府与原住民之间的权利对抗既孕育了现代意义上的国家公园社区共管制度，同时也为这一制度的有效运行提出了现实的考验。

国家公园管理中完全排除原住民的做法不仅被历史证明为失败之举，而且亦不能为现行的法律和现代国家公园管理理念所接受。作为一种制度性安排，国家公园社区共管在为加拿大政府和原住民双方提供合作平台的同时，也追求通过共管实现双方互利共赢的价值目标。因此，在具体的制度设计上，国家公园社区共管的内容必然反映共管双方的利益诉求。只不过，因为在几乎所有的国家公园社区共管中实际上都是单方向地对原住民一方施加限制或约束，而且，因为参与共管的原住民的私权利相对于加拿大政府的公权力而言居于绝对的劣势地位，因此就要求国家公园社区共管中利益衡平的天平有必要向原住民一侧适当倾斜。这一要求反映在加拿大当前社区共管实践中的是，无论是在平等协商型社区共管模式下还是在政府支配型社区共管模式下，具体的共管安排中均包含有相当部分的、有利于保证原住民利益的规定。

1.承认原住民的传统权利

在加拿大的国家公园社区共管实践中，无论在哪一种共管模式之下，原住民从事传统活动的权利都得到了承认。这不仅因为加拿大国内法为原住民传统权利的保护提供了坚实的法律基础，而且得益于加拿大政府基于多年的国家公园管理实践得出的以下经验：国家公园社区共管的有效性取决于原住民的权利是否得到有效承认和保护。

授权管理性共管模式，是基于土地权利请求的模式，让渡所有权的代价是换取补偿和对传统权利的承认。

（1）平等协商型共管模式下的原住民传统权利的承认

在瓜依哈纳斯国家公园的社区共管中，双方基于平等协商这一前提，承认原住民海达人在公园内从事一系列传统的文化活动和获取可再生资源的活动。这些活动包括：进入群岛并在群岛内通行；收集（gathering）传统的海达食物；药用或仪式目的的植物的采集；因传统仪式或艺术活动而对特定树木进行砍伐；陆生哺乳动物的猎捕及毛皮动物的诱捕；淡水、溯河产卵鱼类的捕捞；具有传统的、精神的、宗教意义的仪式的举行、教育和游行；寻求文化及精神的启示；为从事上述活动而利用避难所和设施。

在以瓜依哈纳斯为代表的平等协商型共管模式下，对原住民从事传统活动的任何限制只能根据共管委员会的决定来进行。而共管委员会能否最终通过上述类型的限制决定，根本上取决于代表不同利益的各方代表能否就此达成一致，全体一致的表决程序决定了，只要管理委员会中的原住民代表对限制措施持反对意见，那么以此类限制为内容的管理委员会决定的通过就难以期待。

（2）授权管理型共管模式下的原住民传统权利的承认

在以授权管理为特点的克卢恩国家公园管理实践中，原住民传统权利也得到了一定程度的认可和保护。例如，共管协定规定：原住民有权于一年内的任何季节，在国家公园内获取任何数量和种类的鱼类、野生动植物、可食用植物及菌类，以满足其自身及其家庭生活所需，原住民的上述权利是排他性的权利；在遵守克卢恩国家公园管理委员会所规定的条件的前提下，原住民可采用任何传统的方式或装备获取自然资源；为维持原住民相互分享的传统，原住民之间可赠与、交换、买卖为生存之需获取的可食用鱼类或野生动植物制品以及可食用植物和菌类，但此类活动不得带有商业目的；原住民获取自然资源的传统权利包括在育空地区获得和运输鱼类、野生动植物、可食用植物和菌类及其制品或者组成部分的权利；为行使获取自然资源的权利，原住民有权在一年内的任何季节采伐公园内的树木；原住民非因商业目的或者为行使获取自然资源权利而进入或利用国家公园，不得被征收任何使用费或者其他类似费用。

克卢恩国家公园共管协定承认原住民各项传统权利的行使受到公园管理协定、公共健康及公共安全等限制，但是要求在施加此类限制前，政府应当征求原住民的意见，虽然并不以原住民的同意为通过此类限制的必要条件。

2. 对原住民的财政和雇用支持

（1）平等协商型共管模式下对原住民的财政和雇用支持

《瓜依哈纳斯协定》规定，加拿大环境部长应在获得财政委员会核准之后，与经过授权的海达委员会代表签订财政支持协议（contribution agreement）。协议所涉支持总额应由双方协商确定，但应足以支付海达委员会参与群岛管理委员会所需的所有合理费用，其中包括群岛管理委员会的海达成员在其任期内从事群岛管理活动所需支付的所有费用。

根据《瓜依哈纳斯协定》，使群岛内的原住民海达人在群岛管理中获得加拿大公园管理局的雇佣机会是双方的共同目标之一。为实现这一目的，《瓜依哈纳斯协定》规定，加拿大政府将根据相关法律和可获得的岗位数量，为海达人提供必要的培训，以帮助其满足雇佣岗位所需的各种条件。对于加拿大公园管理局在群岛管理中所需岗位人员的选任，《瓜依哈纳斯协定》规定，将根据加拿大的现行法律，建立由相同人数的双方代表组成的选任委员会来确定岗位条件并评价候选人的任职资格，在此基础上向加拿大政府相关部门提出建议。

（2）授权管理型共管模式下对原住民的财政和雇用支持

在克卢恩国家公园管理中，加拿大政府应在咨询原住民后，制定有关原住民雇佣的程序和政策，以保证国家公园内公共服务岗位所雇佣原住民的比例至少相当于育空印第安人在原住民核心区的总人口中所占的比例。

在适当时间内，加拿大环境部长应在咨询后，准备一份影响与利益分配方案，方案内容包括：确定原住民因公园的开发和运营可获得的潜在的商业和雇用机会；确定原住民利用上述经济机会的战略；确定因公园的开发和长期运营给原住民带来的潜在的消极影响，以及缓解此种影响的战略。

对于公园内的商业骑马活动、商业狗拉雪橇活动等，原住民享有排他的优先经营权，对于环境部长向加拿大公园管理局在公园内利用驼兽之目的而提供的合同，原住民有优先缔结权。为保证原住民上述优先缔结权的行使，环境部长应通知原住民，说明相关合同的条款和条件，若30日内原住民没有接受合同的意思表示，则环境部长可以上述相同的方式向公众提供合同。若向公众提供的合同没有成功签订，则环境部长可根据以上程序再提供包括新的条款和条件的合同。此外，共管协定还就建设公园内游径和道路之目的而由环境部长提供的合同的缔结、环境部长签发的以国家公园为目的地的公共交通线路和机船旅行线路的经营许可和执照的获得，以及环境部长新签发的在公园内建设和经营零售店的许可和执照的获得，规定了原住民的优先权利，并就如何确保这些权利的实现规定了相应的程序。

二、美国国家公园社区共管

（一）美国国家公园概况

美国的国家公园实践始于 19 世纪末期。1872 年建立的黄石国家公园是美国最早建立的国家公园。伴随国家公园实践的展开，人们逐渐认识到，国家公园的建立不仅会带来环境方面的诸多利益，比如保护生物多样性，防止乱砍滥伐等，而且还可通过对具有代表性的自然景观的保护来提升民众的爱国主义情怀和民族自豪感。随着 2013 年的尖顶国家公园（Pinnacles National Park）的建立，目前，全美已经建成 59 座国家公园。这些国家公园都由设立于 1916 年、隶属于内政部的国家公园局（National Park Service）负责管理。

从国家公园的发展历史可以发现，公园管理机构与原住民之间的矛盾和对抗是贯穿于美国国家公园实践的一条主线。在国家公园建立之前的 19 世纪 30 年代，画家兼旅行家乔·卡特琳（George Catlin）在其作品中描述了国家公园的应有状态。在卡特琳看来，国家公园应当包括自然状态下的一切人与动物的整体。[1]可见，这样的理解不但并不排除原住民在国家公园内的居住和活动，而且还将原住民作为国家公园的一个自然组成部分加以看待。但是在实践中，卡特琳对国家公园含义的理解并没有被采用。例如，在黄石公园被探险队发现之后不久，来自公园周围的怀俄明州和蒙大拿州的代表便向国会提交了一份法案，将黄石公园划为专门供公众享受的游乐场所。法案要求根据美国法律对黄石公园加以特殊保护，不但禁止任何人在公园内居住，而且不允许对公园的任何形式的占用和买卖。国会在没有任何争议的情况下通过了该法案。在此后的长期实践中，这种以黄石国家公园实践为模板的、禁止任何人在具有特殊自然景观的区域内居住，并且纯粹为公众之目的而对该区域进行特殊保护的做法常常被称为"美国最伟大的创举"。[2]但实际上，这样的伟大创举也不可避免地激起了原住民长期且强烈的反抗。这是因为，一方面，为了绝大多数人的利

---

[1] MARK D S. Dispossessing the Wilderness: Indian Removal and the Making of the National Parks［M］. New York: Oxford University Press，1999：190.

[2] U.S.National Park Service，Famous Quotes Concerning the National Parks （4 January 2014），available at http://www.cr.nps.gov/history/hisnps/NPSThinking/famousquotes.htm，201 年 5 月 13 日访问 .

益而对国家公园内的资源和景观加以保护往往意味着排除在数量上居于相对少数的原住民的权利和利益。在很多情况下，原住民世代珍视的、其自身与国家公园内资源之间的紧密的联系会因为被禁止利用公园内的土地、猎场和传统仪式场所而被突然切断。另一方面，与此相联系的是，因为国家公园往往接近或涵盖了原住民的宗教圣地及传统利用土地，因此无论是强制性地建立国家公园，还是在与原住民协商基础上建立国家公园，其结果往往都将影响到原住民组织的财产权制度和资源管理机制。因此，当国家公园管理机构以服务于公众利益为旗号对国家公园进行管理时，常常会遇到来自原住民的阻力。

以黄石国家公园为例，虽然考古研究证明早在 11 000 年以前就已经有印第安人在黄石公园内居住和狩猎，[1] 但因为相关法律规定，在公园内居住或者占用公园内任何部分之土地的人将被视为入侵者，并应从公园内迁出，所以实际上，公园内的原住民部落是被强制迁出了公园，而且在他们试图回到公园内生活时，不得不面临被强制驱赶的命运。对于已经被强制迁出的公园周边的原住民而言，回到公园从事传统活动往往意味着承担与公园管理者发生冲突的危险。

黄石国家公园建立以来的实践表明，公园管理者所追求的是将国家公园建设成为无人居住的观光胜地。在这一目标的驱使下，原住民被迫通过土地转让将其世代生活的土地拱手让给公园管理机构，因而全部或者部分地丧失了其在这些土地上从事传统活动的权利。国家公园局则常常通过从原住民手中征收土地的方式，将原住民从国家公园内加以驱除，禁止原住民对国家公园土地和资源的利用，这一做法一直贯穿于整个 20 世纪的国家公园管理实践。[2] 甚至直到今天，美国政府仍然固执且有效地维持着其排他性的、单方面的国家公园管理方式，有时还通过采取政策，明确限制原住民为传统目的而利用这些公共土地和资源。

当然，随着国家公园计划的实施和越来越多的国家公园的建立，为了缓和国家公园管理机构与原住民之间的紧张关系，目前，美国极少数的国家公园通过与原住民之间的相关协定，允许原住民为举行传统仪式的目的而利用公园土

---

[1] U.S.National Park Service, Famous Quotes Concerning the National Parks (4 January 2014), available at http://www.cr.nps.gov/history/hisnps/NPSThinking/famousquotes.htm，2016 年 5 月 13 日访问.

[2] MARY A K. Co-management or Contracting? Agreements between Native American Tribes and the US National Park Service Pursuant to the 1994 Tribal Self-governance Act [J]. Harvard Environmental Law Review，2007 (31)：475-530.

地和资源，或者承诺在公园管理中为原住民提供雇用的机会。但一般来讲，这些相关事项均是由公园管理机构单方面决定的，原住民在整个决策过程中没有任何实质意义上的发言权。

由此可见，在美国国家公园管理的角色分配中，公园管理机构居于绝对的核心地位，而原住民因为几乎没有任何一般意义上的针对国家公园管理进行决策甚至建议的权利，因此其地位是被极端边缘化的。虽然有关国家公园社区共管的研究将社区共管的目的描述为"双方共同协作以应对和解决那些对各自而言都至关重要的关键问题"，强调"共管并不追求原住民针对联邦政府的否决权，而是寻求在影响原住民权利和资源利用的事项的决策中终结联邦政府的单边主义"，并呼吁通过共管"建立一种有效的程序，以期能够以建设性的方式在共同参与的框架下吸收各方的政策经验和技术经验"，[1] 但是，从整个美国国家公园管理实践来看，研究者们设想的社区共管的价值和目标并未实现。实际上，通过比较可以发现，美国并不存在类似于加拿大那样的国家公园社区共管机制。因此，将美国国家公园管理中原住民的作用表述为一种初级层次的参与似乎更为贴切。

（二）美国国家公园社区共管的法律基础

事实上，直到今天，美国尚没有明确的法律法规要求国家公园管理机构与原住民就国家公园的管理签订共管协定，同样也没有类似的法律文件允许国家公园管理机构采取类似的行为。因此，似乎可以得出结论，即当前美国国家公园的社区共管尚缺乏直接的法律基础。

但是，这并不影响原住民在对国家公园管理机构的管理行为存在质疑时根据相关法律寻求救济的实体性或程序性权利。目前，1994 年的《部落自治法》（Tribal Self-Governance Act）为原住民挑战公园管理局所做出的拒绝其参与国家公园管理的决定提供了法律依据。《部落自治法》将原住民的传统居住地转化为联邦土地，并授权联邦政府对该土地进行管理。但是联邦政府的该项土地管理权并非完全排他的权利，因为根据《部落自治法》，那些已经被联邦政府承认为具有自治权利的原住民部落，可以向内政部提出请求并且在获得内政部授权的前提下，对在被转化的联邦土地上进行的、具有特殊的地理、历史和文化意义的联邦项目进行规划、实施和管理。这一规定的实际意义在于，对于那

---

[1] GOODMAN E. Protecting Habitat for Off-Reservation Tribal Hunting and Fishing Rights: Tribal Comanagement as a Reserved Right [J]. ENVTL.L., 2000（30）：284-285.

些符合条件的原住民部落而言，其有权请求参与以国家公园内的土地和自然资源为对象的联邦项目的管理。

不仅如此，《部落自治法》还为原住民参与联邦土地和资源管理创设了具体的路径。具体而言，《部落自治法》建立了一个政府对政府（government-to-government）的交涉程序。顾名思义，该程序将原住民部落置于与联邦政府平等的地位之上，保证了在联邦土地和资源管理问题上原住民能够与联邦政府进行有效的磋商。《部落自治法》建立的交涉程序有别于以往的原住民参与程序。[1] 一方面，在以往的程序下，除了印第安事务局（Bureau of Indian Affairs）之外，任何联邦政府机构均不负有与原住民进行协商的义务。正因为如此，在实践中经常会发生原住民参与程序被架空的情况。另一方面，在以往的原住民咨询、参与程序下，当围绕原住民是否可以进入联邦土地从事宗教和传统活动等问题而在原住民和联邦政府机构之间产生纠纷时，法院的判例往往承认后者的最终决定权，因此经常导致行政裁量掩盖下的原住民权利的实际丧失。而在《部落自治法》建立的交涉程序下，内政部的任何机构在原住民保护区内或者其附近实施的任何行为对于享有自治权的原住民部落而言均是协商事项，因此，这些机构必须就此类相关事项与原住民进行协商。

由此可见，通过承认原住民部落参与联邦土地管理以及相关交涉程序的设定，《部落自治法》有可能将原住民的文化价值、传统的生态观念以及管理实践纳入联邦土地的管理当中，因此其对于美国的国家公园社区共管而言是一个重大进步。[2]

但另一方面，从解释论的角度来看，《部落自治法》中的某些规定也可能成为妨碍原住民部落参与联邦土地和资源管理的障碍。例如，该法中"禁止让渡联邦政府的固有职能"的规定有可能被援引作为否定原住民公园管理权利的根据。实际上，《部落自治法》并没有对"联邦政府的固有职能"的含义加以界定，这就导致解释者完全有可能以有利于自身利益的方式对该规定进行解释。例如，鉴于《部落自治法》通过之后尚无相关条例对"联邦政府的固有职能"的含义做出权威解释，内政部法务官员 John Leshy 公布了在内政部内部对该用语进行解释时应当遵循的标准。John Leshy 认为，在联邦政府的固有职能的让渡方面存在着以下两个限制：一是联邦政府不得让渡那些已经被法院判定根据

---

[1] MARY C W. Symposium on Clinton's New Land Policies: Fulfilling the Self-Governance for Indian Tribes: From Paternalism to Empowerment [J]. CONN. L. REV., 1995 (27): 1272.

[2] DAVE E M. Kat Anderson, Theme Issue: Native American Land Management Practices in National Parks [J]. ECOLOGICAL RESTORATION, 2003 (21): 245.

宪法不得让渡的职能；二是联邦政府不得让渡本属联邦政府所特有的裁量性权力。当然，上述解释只不过是内政部的一家之言，在没有相关法律和判例对其含义加以明确之前，围绕"联邦政府的固有职能"的解释问题所产生的对立仍将继续。但不容置疑的是，对于内政部下属机构的国家公园局来说，其在解释何为联邦政府的固有职能时必须受到上述内政部法务官员所提出的相关标准的限制。因此，至少从解释方法上来讲，国家公园局完全可以将管理建立在联邦土地之上的国家公园的权力解释为联邦政府所特有的权力，从而以该项权力的让渡被禁止为理由而将原住民排除于国家公园的管理之外。这样一来的结果便是，虽然公园管理机构根据《部落自治法》承担与原住民就公园管理相关事项进行交涉的义务，但实际上原住民并无法据此获得参与国家公园管理的真正权利。

另一方面，《部落自治法》将部落自治与联邦土地管理联系在了一起。从以往的联邦土地管理实践（不是国家公园管理实践）来看，联邦土地管理者在吸纳原住民参与联邦土地管理时并不喜欢使用"共管"一词。按照通常的理解，正式的共管机制的核心特征表现在共管参与方对共管事项所享有的决策权。在现有的联邦法律制度下，联邦土地管理机构是不得将土地管理的最终决策权限委托给共管伙伴或者咨询委员会等其他主体的。这一现实也引发了这样一种担忧，即尽管原住民在建立于联邦土地之上的国家公园管理事务的参与方面有别于其他形式的利益相关者或订约人，但是鉴于联邦土地管理机构在现行联邦法律制度下承担的上述义务，因此在联邦土地上建立的国家公园的社区共管究竟能走多远还存在诸多不确定性因素。[1]

（三）美国国家公园的社区共管实践

总的来看，与加拿大的国家公园实践不同的是，美国的国家公园管理中还没有孕育出具有推广价值、可复制的、成型的共管模式。在下文将要介绍的美国国家公园管理实践中，原住民不仅并不享有对国家公园管理事务进行决策的权利，而且甚至无法对国家公园局在公园管理决策上的倾向施加任何影响。

1. 大河谷国家纪念碑的共管实践

（1）原住民土地权利的让渡

大河谷国家纪念碑（Grand Portage National Monument）位于明尼苏达州的

---

[1] MARTIN N. The Use of Co-Management and Protected Land-Use Designations to Protect Tribal Cultural Resources and Reserved Treaty Rights on Federal Lands [J]. Natural Resources Journal, 2008（48）：585-647.

东北部，建于1951年。在很长一段时期内，该地区是当地闻名的皮毛交易枢纽。与此前建立的国家公园相比，大河谷国家纪念碑的显著不同在于公园土地的取得方式。如前文所述，美国早期的国家公园实践表明，国家公园局往往通过强制征收的手段从原住民手中获得其传统土地并建立国家公园，而在大河谷国家纪念碑，国家公园局对原住民土地的取得并非通过强制征收。相反，国家公园局一反常态地与当地原住民进行协商，并达成了土地让渡协议。根据协议，原住民将其传统土地及土地上的所有权益让渡给内政部长，并通过与国家公园局共同管理对双方以及对一般公众而言具有重要意义的这一区域，从而从联邦政府获得一定的经济利益。在该协议下，国家公园承担承认和尊重原住民在公园内的某些传统权利的义务，承诺在公园内给予原住民某些特权和经济利益。协议约定，若大河谷国家纪念碑被取消，则根据协议让渡给联邦政府的土地应自动归还给原住民。

（2）原住民在大河谷国家纪念碑的特权

在大河谷国家纪念碑内，原住民享有某些特权和经济利益。例如，国家公园局应根据内政部长制定的条例，承认原住民向游客提供住宿和其他服务的优先特权，其中包括在同业竞争的情况下，承认原住民有权优先向国内外游客提供内政部长认为在公园内确有必要的导游服务。再比如，国家公园局在大河谷国家纪念碑内拟进行或正在进行的任何工程建设、设施维护以及服务提供方面，应尽可能保证优先雇用当地的原住民。此外，国家公园局鼓励原住民成员在大河谷国家纪念碑内从事工艺品的制作和销售，而对于原住民成员在大河谷国家纪念碑外所从事商业或贸易活动，国家公园局不得以任何理由和形式进行干涉。不仅如此，原住民成员还享有为特定目的而进入或通过大河谷国家纪念碑的特权。一方面，这里所说的特定目的包括从事伐木、捕鱼或者泛舟等传统活动；另一方面，原住民还有权为返回家园、从事商业活动或者进入其有权进入的公园外的其他区域从事传统的捕猎活动等目的而穿过大河谷国家纪念碑。内政部长可依法制定条例，以对原住民进入或通过大河谷国家纪念碑的活动进行具体的规制。除此之外，根据原住民与国家公园局之间的协议，国家公园局应在可利用资金允许的情况下在大河谷国家纪念碑的西北公司区域建造并维护泊船设施，并根据内政部长制定的相关条例，将该泊船设施提供给原住民免费利用。最后，协议规定，在可利用资金和人员条件得以满足的情况下，国家公园局可以向原住民提供必要的咨询服务，以便帮助他们在临近大河谷国家纪念碑的区域进行设施规划和土地开发。

（3）原住民对纪念碑管理事务的参与

虽然大河谷国家纪念碑早在 1951 年便已建立，但是原住民就参与纪念碑管理事务而与国家公园局进行正式的交涉却始于 1996 年。起初，原住民的诉求是由其承担大河谷国家纪念碑的全部管理职能，但最终双方并未就共同管理问题达成正式的协议，而是根据《部落自治法》签订了一份年度基金协定（Annual Funding Agreement），承认原住民组织承担新建立的大河谷国家纪念碑维修部（GPNM's maintenance department）的运营职责。

从组织机构来看，大河谷国家纪念碑维修部隶属于原住民自治组织，是原住民自治政府的组成机构，虽然其在工作中接受原住民自治组织和国家公园局的双重指示，但从运作规则和程序来看，其主要还是根据原住民自治组织为其制定的政策和程序展开工作。根据年度基金协定，相较于其他与国家公园局建立了合作关系的私人缔约者而言，大河谷国家纪念碑维修部在工作开展方面享有更大的自主权和回旋余地。例如，维修部设有自己的建筑公司，由建筑公司向维修部租借器械设备以便其完成公园内的维修工作，维修部也可承揽大河谷国家纪念碑范围以外的业务。尽管如此，对年度基金协定的具体内容进行仔细研读后不难发现，实际上该协定只是为在大河谷国家纪念碑的运行和管理中优先雇用原住民提供了一种保障性机制，因为原住民并未根据协定获得任何实质上的共同管理的权利和地位，因此可以认为该协定实质上是将原住民组织置于在国家公园局的命令下提供服务并获得报酬的普通合同当事人的地位。

（4）评价

大河谷国家纪念碑被评价为原住民借助《部落自治法》的规定而获得公园管理权的最成功的案例。但实际上，通过比较不难发现，大河谷国家纪念碑的做法与加拿大国家公园社区共管实践存在根本的区别。在加拿大的国家公园社区共管实践中，共管方之间往往签订正式的共管协议，以便对双方在共管活动中的权利和责任等提供明确的书面陈述。这样的做法无疑对在共管中处于弱势地位的原住民一方是有利的。因为一方面，在正式的共管协议的约束下，政府一方很难随意地改变共管方案或者任意地对共管政策施加影响；另一方面，在围绕共管产生纠纷的情况下，正式的共管协议又可为原住民一方通过包括诉讼在内的各种方式维护自身权利提供明确的依据。而大河谷国家纪念碑的做法与上述加拿大的国家公园社区共管实践不同，实际上，其在内容和性质上表现出的是一种非正式协定的特征，不仅没有明确规定原住民和国家公园局在大河谷国家纪念碑管理方面的权利和义务，而且采取了一种兼具开放性和随机性特征的合作机制，试图根据管理中出现的不同时机和产生的不同需要随时扩展合作的内容。

大河谷国家纪念碑的合作机制很大程度上源于国家公园局对共管所持的谨慎态度。这一方面是因为国家公园局担心随着共管的深化和扩展而逐渐失去本该由其自己承担的工作，从而丧失对纪念碑内众项目的控制权；另一方面，国家公园局实际上对原住民管理大河谷国家纪念碑的能力存在着质疑，并担心原住民管理者在利益的驱使下将其自身利益置于公园利益至上，从而根本上影响国家公园目的的实现。

大河谷国家纪念碑的成功之处是原住民与国家公园局根据《部落自治法》的相关规定而签订了年度基金协定，从而将联邦政府的与大河谷国家纪念碑相关的计划和资金部分地转移给原住民自治组织。大河谷国家纪念碑年度基金协定发挥了一定的示范效应。就目前的实践来看，除了大河谷国家纪念碑以外，国家公园局还与为数不多的几个国家公园签订了类似的年度基金协定，涉及诸多分散、孤立的项目，包括河流和流域的修复、人种学和考古学研究、国家公园局设施的规划和建设等。这些年度基金协定中并不包括原住民对相关项目的管理权力和参与程序等规定。就此而言，大河谷国家纪念碑年度基金协定似乎可称为一个例外，虽然如前文所述，该协定并没有明确规定原住民与国家公园局的共同管理权利，但是其承认了原住民自治组织对大河谷国家纪念碑维修部的运营权利。

在研究美国国家公园社区共管这一问题时，大河谷国家纪念碑可谓是为数不多的考察对象中的最佳代表。虽然从比较研究的视角不得不承认大河谷国家纪念碑社区共管的滞后性，但即便如此，原住民通过自己的努力获得一定大河谷国家纪念碑管理权力的成功实践还是激励了他们就公园管理的其他事项与国家公园局进一步进行交涉、并最终签订正式的共管协定的欲望。当然，有必要指出的是，大河谷国家纪念碑管理中原住民上述权利的取得是以付出巨大的代价为前提的，这些代价包括但不限于长达三年实践的艰苦的交涉，以及为此所支付的大量的律师费用。付出巨大的时间和金钱代价后，换来的却仅仅是并不如意的"伙伴关系地位"，这或许说明了，对于同样面临国家公园社区共管选择的大多数原住民组织来说，大河谷国家纪念碑的实践很难成为值得借鉴的模式。

2. 建立部落国家公园的努力与挫折

近年来，美国国家公园管理中出现了一种新的尝试，即把国家公园本属于原住民的土地归还给原住民，并在联邦政府财政支持下将归还给原住民的土地继续作为国家公园进行管理，最终将整个国家公园的管理权完全移交给原住民，按照这样的方式建立和管理的国家公园被称为部落国家公园。

有关部落国家公园（A Tribal National Park）建立和管理的最先尝试源于奥格拉拉苏部落（Oglala Sioux Tribe）对恶地国家公园南部地区（South Unit of Badlands National Park）的相关权利主张。1942年，战时的美国陆军部宣布将现在的恶地国家公园南部地区临时用作陆军靶场和炸弹试验场，为此要求该地区范围内的900户家庭必须于两星期内迁出该地区。1968年，美国政府将纷争地区归还给了奥格拉拉苏部落，但当时是由美国内政部对该地区实施托管。根据托管协议，该地区被划为恶地国家公园南部地区。从1976年开始，美国政府与奥格拉拉苏部落根据二者之间的一份谅解备忘录对该地区实施共同管理。但实践证明，有关该谅解备忘录的争议从来没有停止过，即虽然谅解备忘录呼吁对恶地国家公园南部地区实施共同管理，但事实上由于有关该地区管理项目的年度预算仅占整个恶地国家公园年度预算的4%，致使许多共管计划根本无法实施，其结果是，久而久之，恶地国家公园南部地区的共同管理实际上处于一种几乎被完全忽视的状态。

尽管如此，奥格拉拉苏部落并未放弃争取在其传统土地上重获管理权的努力。在奥格拉拉苏部落不断努力和持续施压下，国家公园局于2002年同意就恶地国家公园南部地区的管理起草一份独立的"一般管理方案"。在制定一般管理方案的过程中，国家公园局广泛地征求了公众意见，结果显示，公众对将更大的管理权限移交给部落方表现出强烈的支持。2012年，国家公园局公布了恶地国家公园南部地区一般管理方案的最终文件。

在恶地国家公园南部地区一般管理方案最终文件中，内政部长建议在纠纷地区建立美国的第一个部落国家公园。一般管理方案规定在纠纷地区建立部落国家公园，允许奥格拉拉苏部落为一般公众（包括部落居民和非部落居民及游客）的教育与休闲之目的而拥有并管理公园土地，但部落应以保护自然环境、文化和历史资源及其价值为目的，根据部落制定的法律和条例以及与国家公园系统有关的法律、条例及政策对公园内的自然资源进行管理。此外，只有在严格遵守奥格拉拉苏部落所制定之规则的情况下，部落成员在公园内的狩猎等传统活动才是被允许的。根据一般管理方案，部落国家公园与任何其他国家公园一样受国家财政支持，在适当的时候，部落国家公园将真正实现由奥格拉拉苏部落自身进行管理，届时，只要不与现行的法律法规相冲突，奥格拉拉苏部落将自主对公园管理作出决策。

部落国家公园的建立对于切实维护原住民部落的传统权利而言无疑是大有裨益的，但因为公园管理权限由联邦政府向原住民部落的移交需要经过国会的同意，而在美国当前复杂的原住民政策环境下国会很难就此达成一致意见，因此使得国家公园建设进程屡遭挫折，其发展前景也尚处于混沌不明的状态。

（四）美国国家公园社区共管中的利益衡平

加拿大国家公园管理实践表明，公园管理机构总是在承认原住民传统权利和保护生物多样性、保护自然资源方面尽量寻求平衡，从而实现利益相关方之间的利益衡平。相比较而言，美国国家公园实践体现出了较强的政府强权色彩，管理中更多采用的是排除而非协商的方式，这反映出了美国国家公园局过于追求公园环境保护的单一价值取向，从这个意义上说，美国国家公园共同管理中的利益衡平机制是相对缺乏的。

首先，关于原住民为了传统活动或者仪式目的而利用国家公园内的资源，美国政府的官方立场规定在国家公园局制定的条例中。国家公园局的现行条例"禁止占有、毁坏、损害、移动、挖掘公园内的野生动植物、生物标本、文化或考古资源及其部分或者全部制品，禁止妨害公园内上述资源的自然状态"，禁止拥有或者使用从公园内砍伐的树木。对于这些禁止，并没有考虑原住民的传统活动或需求而设置例外。相反，条例非常明确地规定，该条例适用于原住民的活动，并且以上这些禁止性规定不得解释为授权基于仪式或者宗教目的而取得、利用或者占有公园内的野生动植物资源，除非联邦法律或者条约对此有明确的例外规定。[1]

其次，一部分国家公园的管理实践也证明，美国国会和法院是倾向于将联邦政府保护国家公园的目的置于其根据让渡协定而对原住民承担的义务之上的，这也成为论证美国国家公园管理中利益衡平机制相对缺乏的有力证据。

一个典型例子是冰川国家公园（Glacier National Park）的管理实践。根据1896年黑脚族（Blackfeet）与联邦政府之间的黑脚族条约（Blackfeet Treaty of 1895），前者以150万美元的代价将大约40万英亩的土地让渡给联邦政府。后来，

---

[1] MARTIN N. The Use of Co-Management and Protected Land-Use Designationsto Protect Tribal Cultural Resources and Reserved Treaty Rights on Federal Lands [J] . NATURAL RESOURCES JOURNAL, 2008（48）: 585-647.

黑脚族让渡给联邦政府的土地的绝大部分由冰川国家公园进行管理，而其余的约 13 万英亩土地由路易斯与克拉克国家森林（Lewis and Clark National Forest）管理。

在 1896 年条约中，原住民黑脚族保留了在其让渡给联邦政府的土地上的部分权利。条约第一条规定：原住民将保留其在让渡土地之任何部分上通行的权利，保留为其机构和学校目的，或者为其个人修建房屋、栅栏，以及所有其他的内部目的（all other domestic purposes）而在让渡土地上砍伐林木和从该土地上搬运林木的权利；原住民保留在让渡土地上狩猎和在让渡土地的河流中捕鱼的权利，只要不违反蒙大拿州相关法律的规定。

但是，当联邦政府于 1914 年在黑脚族让渡的土地上建立了冰川国家公园后，却禁止包括黑脚族在内的任何人在公园范围内获取野生动植物资源。原住民黑脚族认为，根据其与美国政府之间的土地让渡协定，黑脚族享有在被划定为国家公园的公共土地上狩猎、捕鱼和通行的权利。而联邦政府则认为，自从冰川国家公园建立之时，黑脚族让渡的土地从性质上便不再是公共土地而是"公园用地"，因此，黑脚族根据让渡协定享有的捕猎、通行等权利已经被取消。原住民对联邦政府的上述解释提出了挑战，但在其后的诉讼程序中，联邦政府的主张得到了法院的支持。蒙大拿地区法院判定，黑脚族不享有在冰川国家公园内的狩猎权，理由是国会选择通过建立冰川国家公园的方式取消了黑脚族基于让渡协定而保留的权利，法院认为，国会的意图是在公园内建立禁猎区，因此，内政部长不得授权允许公园内的狩猎活动。

在国家公园管理中否认原住民传统权利的另一个例子来自埃弗格莱兹国家公园（Everglades National Park）的实践。米科苏基部落（Miccosukee Tribe）生活在埃弗格莱兹国家公园（Everglades National Park）内及其周边的土地上。1994 年，热带风暴戈登引发的洪水给对于宗教和文化活动而言至关重要的部落设施和玉米、其他蔬菜等作物带来了近乎灾难性的影响。由于洪水的原因，部落希望在公园内砍伐植物、拆除台阶，以便泄洪。起初，部落一方提出了宗教自由和印第安信托理论来支持其上述请求。在此后的诉讼程序中，部落方还援引《埃弗格莱兹国家公园法》的相关规定作为其诉讼请求的法律依据。根据《埃弗格莱兹国家公园法》，该法的任何规定不得解释为减损原住民享有的、符合《埃弗格莱兹国家公园法》所规定之目的的任何既存权利。判决中，法院援引了《国家公园局设立法》（National Park Service Organic Act）中有关"保护景观、保护自然和野生动植物资源是所有国家公园管理的主要目的"的规定，认为只有当原住民主张的传统权利不与国家公园的目的发生冲突时，国家公园局才承担尊重原住民传统权利的义务。此外，法院还认为，原住民与联邦政府之间的信托关系并不对政府施加积极的义务，也不要求政府必须协助任何原住民部落从事宗教活动。

作为国家公园概念的诞生地，美国致力于在国家公园管理方面担当旗手角色。然而在实施国家公园管理的过程中，美国却强占了本属于原住民的土地，导致了长期的对原住民的不公正，忽视了他们要求和解的呼声。在美国的现行国家公园制度中，几乎没有可供原住民寻求有效救济的正式的程序安排，也没有统一的可以利用的制度以帮助将国家公园的管理权限移交给原住民。以大河谷国家纪念碑为代表的微弱成功源于原住民不懈的坚持和努力。部落国家公园的建设将是朝向正确方向迈进的关键一步，但是复杂的法律和政治程序仍使得其能否实现充满变数。

借鉴加拿大国家公园社区共管的经验，对于美国的国家公园管理来说，首先应当允许原住民基于传统生活习惯而合理地对公园内的自然资源加以利用，任何有关这一原则的例外都必须是严格的、明确定义的，而且此类例外的制定应经过与原住民的协商程序。此外，在分析某一机构决策过程中的公众参与问题时，共同管理经常被认为是最可靠的、参与度最高的参与形式，[1]因此，在国家公园的共同管理中给予原住民的公园管理权力不应仅仅限于提出建议，而应包括能够对决策机构施加限制和影响的措施与手段。最后，如果公园管理机构和原住民之间纠纷的仲裁人是联邦政府机构或者联邦政府官员，那么就应当设立一个允许向公正无私的另一机构或者个人进行申诉的程序。

三、英国国家公园社区共管

（一）英国国家公园概况

1. 国家公园的建立及其目的

英国国家公园体系建设的发端始于 1949 年英国议会通过的《国家公园与

---

[1] MARY A K. Co-management or Contracting? Agreements between Native American Tribes and the US National Park Service Pursuant to the 1994 Tribal Self-governance Act [J]. Harvard Environmental Law Review, 2007（31）：475-530.

乡村进入法》（ *National Parks and Access to the Countryside Act* ）。该法将具有代表性景观的地区划为国家公园，由国家负责进行保护和管理，这就宣告了只有一小部分王公贵族才能对优美景观进行占有和享用的历史结束。[1]在 1951至 2000 年，国家公园只存在于英格兰和威尔士境内。直到 2000 年，苏格兰才通过了《国家公园法》（ *National Parks Act* ），开始了在苏格兰境内设立国家公园的实践。而目前在北爱尔兰境内还没有设立国家公园。截至目前，英国全国境内共有 15 个国家公园，其中英格兰境内 10 个，威尔士境内 3 个，苏格兰境内 2 个。

1995 年的《环境法》（ *Environmental Act* ）对英国国家公园的目的做了具体的规定。根据该法，英国国家公园的目的有两个，其一是对自然美景、野生动植物资源、文化遗产等进行保护和提升，其二是增进公众对于上述特殊区域的理解和利用。《环境法》规定，国家公园在追求实现上述目的的同时，还必须致力于促进国家公园内社区的经济和社会发展。

1995 年《环境法》规定了桑福德原则（Sandford Principle），明确了自然保护与开发之间的关系，强调促进地方社会经济发展要遵循可持续发展的原则，承认了自然保护优先于经济发展的基本价值。

与美国的国家公园实践相比，英国的国家公园实践体现出以下两个方面的明显不同。一方面，相对于美国的国家公园土地均属联邦政府所有而言，英国国家公园的土地所有者呈现出多样化的特点，其中既包括私人土地所有者，也包括国家信托（National Trust）、森林委员会（Forestry Commission）等组织机构，还包括中央和地方政府。另一方面，美国国家公园实践表现出对公园社区居民的强烈排斥，除了在极为有限的情况下可以进入公园和利用公园内资源以外，公园附近社区的原住民被禁止随意进入国家公园。相比较而言，英国国家公园往往是人口聚居区，社区居民在公园土地上放牧或定居，通过自身的活动保护公园内的自然和人文景观。因此，国家公园内的农场和乡村生活已经成为公园的独特的景观。据统计，目前，在全国的 15 个国家公园内至少生活着 331 000 人。

2. 国家公园的管理

英国的国家公园采用的是传统的国家公园管治模式。在国家层面，中央政府通过财政拨款的方式支持国家公园的建设和发展。就全国范围来看，英国环境、食品和乡村事务部（Department for Environment，Food and Rural Affairs）

---

[1]王应临，杨锐，埃卡特·兰格.英国国家公园管理体系评述［J］.中国园林，2013（9）：11-19.

对国家公园进行统一管理。但是因为苏格兰、英格兰、威尔士具有相对独立的政治、经济体制，因此其境内国家公园的管理体制各不相同。具体而言，分别由英格兰自然署（Natural England）、威尔士乡村委员会（Countryside Council of Wales，CCW）和苏格兰自然遗产部（Scottish Natural Heritage）负责各自境内的国家公园的划定和管理。

另一方面，国家公园的日常管理工作则由各公园依法建立的公园管理机构来承担。[1] 根据 2006 年的《自然环境与乡村社区法》，各国家公园应当建立国家公园机构（National Park authorities）负责公园的日常管理工作。国家公园机构负责制定公园的管理方案。公园管理方案是国家公园最重要的文件，规定了各相关组织和个人如何协作以获得公园管理的共同目标。在制定管理方案时，当地社区、土地所有人和相关组织会被征求意见。

《自然环境与乡村社区法》对国家公园机构成员组成做了强制性的规定，要求国家公园机构由 10 到 30 名成员组成，并由其中 1 名成员担任主席。国家公园机构的成员主要来自三部分：一定数量的当地社区成员，国家任命的秘书长，教区（Parish）提名的秘书长。另外，每个区、郡和公园所在的其他独立地方当局都应任命至少一名成员，除非其选择弃权。来自地方当局任命和教区提名的成员数量必须超过国家派出的成员数量。这样的成员构成有利于国家公园做出广泛代表当地不同利益相关者真实意愿的管理决策。

（二）英国国家公园社区共管的法律基础

1. 土地管理契约

土地管理契约是指在私人土地建立国家公园之前，公园管理部门需要事先与土地所有者通过协商确定契约的规范内容，如要求土地所有人从事的活动符合自然保护的标准，以及对土地所有者的补偿等。通过这项建立双方认可的契约，避免了土地所有者与管理部门的冲突，并且使土地所有者成了国家公园保护者。除使用土地的直接补偿外，政府还定期向受到影响的农民和牧民发放各种类型的生产补贴。[2]

根据《国家公园与乡土利用法》以及《自然环境与乡村社区法》，英国自

---

[1] THOMPSON N. Inter-institutional relations in the governance of England's national parks:A governmentality perspective [J]. Journal of Rural Studies, 2005（21）：323-334.

[2] 邓朝晖，李广鹏. 发达国家自然保护区开发限制的立法借鉴 [J]. 环境保护，2012（17）：76.

然署可与享有土地利益的人就土地的管理和利用签订管理契约。管理契约可以对享有土地利益的人就该土地的利用施加义务，也可对享有土地利益的人就其土地权利的行使施加限制。为实现土地管理契约的目的，契约可规定实施上述工作的主体，并规定由其中一方向他方或任何其他个人支付报酬。除非双方另有规定，否则管理契约对于从与英国自然署签订管理协定的人之处取得权利之人产生约束力。

相关法律还就苏格兰和威尔士的自然保护区管理规定了管理契约制度。根据该法的相关规定，若威尔士自然资源机构或者苏格兰自然遗产署认为将某块土地作为自然保护区加以管理符合国家利益，则它们可与土地所有人、租赁人以及土地占有人签订管理契约。为实现管理契约的目的，管理契约可以对受其约束的人行使其土地权利施加限制。根据相关法律规定，任何类似的管理契约可以为实现契约之目的而规定土地管理的方式、土地管理方式的实施以及与此相关的其他事项。管理契约可以规定前述事项的实施，或者规定为实施这些事项而由土地所有人或者其他人支付费用，或者由威尔士自然资源机构或者苏格兰自然遗产署全部或部分支付费用。管理契约可包括由威尔士自然资源机构或者苏格兰自然遗产署付款的规定，特别是包括由上述机构对前款所规定的限制造成的影响进行补偿的规定。

2. 制定地方发展规划时的公众参与权

在英国，公众参与地方发展规划的制定是一项被法律所承认的权利，也是社区居民参与国家公园管理的法律基础。

2011 年的《地方主义法》（Localism Act）在"关于可持续发展计划制定方面的合作"条款中明确规定，地方发展规划人员或者地方发展规划机构必须采取合作措施，以使对包括国家公园在内的、有重大影响的土地的开发和利用的地方发展计划文件发挥最大功效。这一义务特别要求上述个人或者机构持续地、积极地参与制定地方发展计划文件的任何程序，考虑是否在从事制定地方发展计划文件等活动时以共同合作的方式咨询相关人员并与之签订相关协议。

《国家规划政策制度》（National Planning Policy Framework）定义了在制定地方发展规划时需要进行合作的事项，其中包括：当地发展所需要的岗位设置，制定有关当地零售业、休闲业以及其他商业的发展规划，当地交通、电信、垃圾管理、供水以及能源提供，健康、安全社区基础设施和文化设施的建设，气候变化对策，保护和提高自然和历史环境等。这些规定为社区居民参与国家公园管理方案的制定提供了具体的法律依据。

（三）英国国家公园的社区共管——以凯恩戈姆山国家公园社区共管为例

凯恩戈姆山国家公园位于苏格兰东北部，建于 2003 年，是英国最大的国家公园，面积约 4 528 平方千米。凯恩戈姆山国家公园的 47% 是荒地，公园内拥有英国最大的自然荒地。国家公园的土地所有者性质复杂，其中 75% 是私人，15% 是慈善机构，10% 的土地则由公共机构所有。最大的所有人拥有 40 000 英亩公园土地，最小的只有 100 英亩。目前约有 18 000 人居住和工作在该公园内。如何对这些土地进行管理关系到公园能否健康发展。

在大多数情况下，能够对公园土地如何进行管理施加最大影响的是土地所有人，但也有诸多其他的因素，例如财政激励、地形地貌，生物资源栖息地的分布等，也会对土地的管理产生重大影响。

凯恩戈姆山国家公园机构（Cairngorms National Park Authority）与公园内的土地所有人有紧密的工作关系，公园管理机构的目的是通过互相合作获得公园发展的最大目标，即既能使所有人个人及其社区获得利益，又能维护公园的可持续发展。

1. 不动产管理报告

在多主体参与的情况下如何对国家公园土地进行有效的管理和利用是公园管理机构面临的主要问题。为此，公园机构创立了关于国家公园内土地的"不动产管理报告"（Estate Management Statements）制度。由土地所有人或管理人书面提交有关其土地的概述，阐述他们目前所关注的优先事项，如何与国家公园机构合作来执行国家公园方案等。

不动产管理报告提供了有关公园土地管理最优先事项的重要信息，便于公园机构对土地的利用情况进行监督，及时发现问题，提供建议和指导。不仅如此，不动产管理报告对于沟通和连接公园管理机构与社区居民，促进二者之间的有效合作并最终提高国家公园管理水平也起到了非常重要的作用。

2. 土地管理训练计划与农场主论坛

不同类型的土地利用容易导致土地所有人之间的冲突。为回应这些可能的挑战，国家公园机构与土地所有人和管理人之间紧密合作，有助于通过资金提供、技术支持和项目实施等手段缓和或者排除不同土地所有人之间的冲突，从而实现各利益相关方的互利共赢。

为此，凯恩戈姆山国家公园实施了土地管理训练计划（Land Management Training Project），支持和鼓励那些公园内从事土地管理、农业、林业以及其他产业的人提高其技能，增长其专业知识，提高其土地利用和管理能力。在2015—2016年，公园机构继续在主要的农业技能领域实施培训，共花费掉短期课程预算中的近30%，主要用于培训越野车辆驾驶、电锯的使用技术、猎鹿、环境监测、农药使用、急救护理等。

此外，从2009年开始凯恩戈姆山国家公园面向公园内的农场主举办农场主论坛，以便其能就可能影响公园内农业生产和相关农业活动的任何问题开展讨论和进行经验交流。农场主论坛经常邀请专家嘉宾就某些专门性问题进行讲解。论坛主题通常由参加者从其现实中遇到并急需解决的问题当中选出。农场主论坛的主要作用在于帮助提高公园内农业活动的发展能力和可持续性，在农场主之间分享和交流经验，通过讨论和交流发现新的发展机会，获得具有实践意义的建议。

3. 社区居民参与公园管理方案的制定

在凯恩戈姆山国家公园，社区居民参与公园管理方案的制定有以下两种方式。一种是间接的方式，即社区居民通过其选出的国家公园机构成员对公园管理方案的制定发挥影响力。凯恩戈姆山国家公园机构由19名成员构成，其中的5名成员是从社区居民中选出的。作为社区居民代表的这5名公园机构成员通过行使自己在机构中的职权的方式为社区居民整体代言。另一种是直接的方式，即通过直接向公园机构阐述自己意见和建议的方式对国家公园管理方案的制定产生影响。根据相关法律规定和实践，凯恩戈姆山国家公园管理方案的制定必须广泛征求当地社区居民的意见。征求意见的方式主要有问卷调查、听证会、论证会等，社区居民基于自身的判断和意愿，通过灵活运用上述各种方式来行使其管理国家公园的权利。

（四）英国国家公园社区共管中的利益衡平

1. 土地生态补偿

英国的土地生态补偿主要有三种，分别为乡村管理计划、环境管理计划和环境敏感区域计划。

（1）乡村管理计划

乡村管理计划（Countryside Stewardship Scheme）最初开始于1991年，

是英国政府管理的一项农业—环境计划。乡村管理计划于 2014 年结束并以 2014—2020 年英格兰农村发展计划的名义重新启动。在重启后的乡村管理计划之下，英国政府将启用 31 万英镑的政府资金用于环境友好型农业和环境友好型林业的发展。

乡村管理计划是一项竞争型资助计划，面向所有符合申请条件的农场主、林业者和土地管理者，政府将在申请者中选出那些能够在环境友好型生产条件下为社区发展带来最大可能性的申请者进行资助。

（2）环境管理计划

从性质上讲，环境管理计划（Environmental Stewardship）是一项农业—环境计划，其目前在英格兰由环境、食品及乡村事务部负责管理，其目的是通过该计划的实施获得广泛的环境利益。该计划从 2005 年开始实施。

初级环境计划（Entry Level Stewardship）是环境管理计划的主要组成部分。初级环境计划在乡村的广大地区实施，通过采取相关激励措施来实现提高平水质和降低土壤恶化的目的。此外，环境初级计划还致力于改善鸟类、蝴蝶和蜜蜂等野生动植物的生存环境，通过维持传统土地边界的方式来保护自然景观。最后，初级环境计划旨在保护历史环境。土地所有人和土地管理者按照与政府签订的契约承担以有利于农业和环境的方式利用和管理其土地的义务，政府对积极履行了上述义务的土地所有人和土地管理者提供一定数额的补偿。

（3）环境敏感区域计划

环境敏感区域计划（Environmentally Sensitive Areas Scheme）主要适用于因其独特的自然景观、野生动植物资源及历史价值而需加以特殊保护的农业区域。环境敏感区域计划开始于 1987 年，起初是由农业、渔业及粮食部长负责，当前则由英格兰自然署负责管理。2005 年，环境敏感区域计划被环境管理计划所取代，从这一年起，环境敏感区域计划不再接受新的申请，但是已经被批准的计划将持续到项目结束为止，正因为如此，目前在全国范围内仍然有数量众多的环境敏感区域计划在发挥着效力，其中包括英格兰的 22 个项目和苏格兰的 10 个项目。根据环境敏感区域计划，农户与政府之间签订一项为期 10 年的契约，根据契约，农户必须在其土地上从事环境友好型的农业活动，对于按照契约约定管理和利用土地的农户，政府每年支付一定数额的金钱补偿。

2. 促进公园社区经济发展

通过"社区可持续发展"政策缓解自然性与生产性的矛盾是英国国家公园

管理实践中总结出的宝贵经验。[1]国家公园机构在对国家公园进行管理时有义务采取措施促进当地社区的经济和社会发展。国家公园机构通过与农场主、土地所有人和管理人、当地企业等的合作来实现在保护环境质量的同时为地区创造更多的经济发展机会和提供更好的社会福利。从经验来看，国家公园机构为公园社区提供良好的社会福利和服务，能够增强社区居民对国家公园的认可度和接受度，从而在国家公园机构和社区居民之间建立良好的合作关系。为此，实践中，国家公园机构往往通过促进社区高速宽带的利用率和为当地青年提供学徒体验的机会等措施来为社区福利的提高提供帮助。

评价国家公园机构是否履行了促进公园社区经济和社会发展的责任，很重要的一个指标是其采取的措施或开展的活动是否实际上促进了公园社区人口的有效就业。为此，各国家公园机构往往将提高公园社区人口就业率放在其公园管理工作的重要位置上。总的来说，国家公园在此领域的探索和实践是比较成功的。以湖区国家公园（Lake District National Park）为例，该公园内的常住人口共计 41 000 人，在 2012—2013 年，公园社区人口的失业率明显低于地区和全国平均水平，在总人口中申请失业补助的人口仅为 300 人左右。公园人口中自主经营者约占五分之一，接近全国平均水平的 2 倍。从统计数字来看，除了2 500 人从事农业活动之外，约有 15 000 人从事旅游相关职业。

促进社区经济社会发展的另一重要手段是设立各种发展基金。通过对社区发展项目的资助，实现社区经济的发展。例如，湖区国家公园于 2012 年设立了湖区社区基金（Lake District Communities Fund），用来资助那些由湖区国家公园社区居民所实施的或者能够为湖区国家公园社区居民带来利益的计划和项目。从 2012 年建立以来，湖区社区基金已经实际拨付了约 250 000 英镑的资助经费。通常来讲，每一国家公园机构都会就其设立的发展基金规定明确的申请标准。例如，湖区社区基金的申请标准规定为：申请资助的计划或项目必须能够被证明符合湖区国家公园的发展规划；项目或计划必须涉及公园社区发展的特定事项或者能够回应公园社区发展的特定需求；必须提供已经向公园社区进行过咨询等证据来证明该项目或计划能够满足当地社区发展需要或者已经获得了当地社区的支持；证明项目或计划从长远来看具有能够有利于社区将来发展的明确的结果，或者计划或项目从长远来看有利于当地生物多样性及野生动植物资源的保护，或者能够为应对气候变化产生积极影响。应证明项目或计划自身具有可持续性，一旦最初的资助基金被投入后该项目或计划能够实现良好的

---

[1] 王应临，杨锐，埃卡特·兰格.英国国家公园管理体系评述 [J]. 中国园林，2013（9）：14.

自我发展；项目或计划还应尽量证明已附带的价值，例如项目中的义工的工作情况、实物捐赠情况，社区居民的培训机会以及对湖区国家公园本身发展产生的积极影响等。到目前为止，湖区社区基金资助的案例包括：旨在对社区内青年课后活动提供资助的青年课后活动计划，以给社区孩子购买传统体育用具为目的的社区儿童运动委员会，为社区开发和运行相关网站以提高社区相关信息和服务的利用率。

参考文献

［1］莫于川.行政法治视野中的社会管理创新［J］.法学论坛，2010（6）：
　　18-24.

［2］国务院新闻办公室.中国人权法治化保障的新进展白皮书［OL］.国务院
　　新闻办公室网站，2018年8月8日访问.

［3］马克思恩格斯全集：第3卷［M］.北京：人民出版社，1972.

［4］简资修.寇斯的〈厂商、市场与法律〉：一个法律人的观点［J］.台大法
　　学论丛，1996，26（2）：229-246.

［5］李建良.基本权利理论体系之构成及其思考层次［J］.人文及社会科学集
　　刊，1997，9（1）：39-83.

［6］樊成.公众共用物的政府责任研究［D］.武汉：武汉大学，2013.

［7］肖巍，杨寄荣.从新发展议程看马克思主义前瞻性［J］.河海大学学报：
　　哲学社会科学版，2017（6）：1-6，29.

［8］邓行.试论当前城市民族工作的主线［J］.中南民族大学学报：人文社会
　　科学版，2008，28（4）：38-41.

［9］彭昆.我国西部发展权的证成［J］.商业文化：上半月，2011（21）：
　　32-33.

［10］郑少华.从对峙走向和谐：循环型社会法的形成［D］.上海：华东政法
　　学院，2004.

［11］北京法院网.土著民的环境权［EB/OL］.2016年11月8日访问.

［12］高德义.争辩中的民族权：国际组织、国际法与原住民人权［C］.原住
　　民人权与民族学术研讨会议论文集，1998：10-14.

［13］李嫚嫚.人权保障视野下的刑讯逼供问题研究［D］.贵阳：贵州民族学院，2011.

［14］魏功庆.自然资源国家所有权行使探究——以无线电频谱资源为例［J］.智富时代，2015（3）：161-162.

［15］魏功庆.无线电频谱资源国家所有权研究［J］.法制博览，2015（6）：25-27.

［16］邱秋.中国自然资源国家所有权制度研究［M］.北京：科学出版社，2010.

［17］刘超.自然资源国家所有权的制度省思与权能重构［J］.中国地质大学学报：社会科学版，2014（2）：50-58，139.

［18］张建文.转型时期的国家所有权问题研究：面向公共所有权的思考［M］.北京：法律出版社，2008.

［19］胡伟.试析自然资源财产性权益的归属与行使［J］.生态经济，2018（8）：216-219.

［20］江平.民法学［M］.北京：中国政法大学出版社，2000.

［21］温世扬.物权法要论［M］.武汉：武汉大学出版社，1997.

［22］孙宪忠.德国当代物权法［M］.北京：法律出版社，2001.

［23］孟勤国.物权二元结构论［M］.北京：人民法院出版社，2002.

［24］金海统.资源权论［M］.北京：法律出版社，2010.

［25］房绍坤.用益物权基本问题研究［M］.北京：北京大学出版社，2006.

［26］孟勤国.物权二元结构论———中国物权制度的理论重构［M］.3版.北京：人民法院出版社，2009.

［27］黄锦堂.台湾地区环境法之研究［M］.台北：月旦出版社，1994.

［28］约翰·克莱顿·托马斯.公共决策中的公民参与［M］.孙柏瑛，等，译.北京：中国人民大学出版社，2010.

［29］罗斯科·庞德.法理学：第三卷［M］.廖德宇，译.北京：法律出版社，2007：14.

［30］吕忠梅，刘超.多种博弈与诉求下的剑走偏锋—关于环评风暴的法社会学分析［J］//吕忠梅.环境资源法论丛，2007（7）：52-68.

［31］杜健勋.从权利到利益：一个环境法基本概念的法律框架［J］.上海交通大学学报：哲学社会科学版，2012（4）：39-47.

［32］张志辽.环境利益公平分享的基本理论［J］.社会科学家，2010（5）：73-76.

［33］理查德·B.斯图尔特.美国行政法的重构［M］.沈岿，译.北京：商务印书馆，2002.

［34］奥斯汀·萨拉特.布莱克维尔法律与社会指南［M］.高鸿钧，刘毅，危文高，等，译.北京：北京大学出版社，2011.

［35］P.诺内特，P.塞尔兹尼克.转变中的法律与社会：迈向回应型法［M］.张志铭，译.北京：中国政法大学出版社，2004.

［36］程波.程序正义的社会心理学及在纠纷解决中的运用［J］.北方法学，2016（1）：16-24.

［37］余凌云.现代行政法上的指南、手册和裁量基准［J］.中国法学，2012（4）：125-135.

［38］肯尼斯·卡尔普·戴维斯.裁量正义［M］.毕洪海，译.北京：商务印书馆，2009.

［39］谢立斌.公众参与的宪法基础［J］.法学论坛，2011（4）：100-106.

［40］谷德近.区域环境利益平衡［J］.法商研究，2005（4）：126-130.

［41］饭岛伸子.环境社会学［M］.包智明，译.北京：社会科学文献出版社，1999.

［42］约翰·罗尔斯.正义论［M］.何怀宏，等，译.北京：中国社会科学出版社，1988.

［43］文同爱.美国环境正义概念探析［J］.武汉大学环境法研究所会议论文集，2011：400-404.

［44］赵震江.法律社会学［M］.北京：北京大学出版社，1998.

［45］翟小波.软法概念与公共治理［J］//罗豪才，等.软法与公共治理［M］.北京：北京大学出版社，2006.

［46］罗豪才，毕洪海.通过软法的治理［J］//罗豪才，等.软法与公共治理［M］.北京：北京大学出版社，2006.

［47］千叶正士.法律多元——从日本法律文化迈向一般理论［M］.强世功，等，译.北京：中国政法大学出版社，1997.

［48］田红星.环境习惯与民间环境法初探［J］.贵州社会科学，2006（3）：84-87.

［49］凯斯·R.孙斯坦.法律推理与政治冲突［M］.金朝武，等，译.北京：法律出版社，2004.

［50］苏力.法制及其本土资源［M］.北京：中国政法大学出版社，1996.

［51］盛华仁.全国人大常委会执法检查组关于跟踪检查有关环境保护法律实施情况的报告［R］，全国人大常委会公报，2006（7）.

［52］鲁曼.生态沟通：现代社会能应付生态危害吗？［M］.汤志杰，鲁贵显，译.台北：桂冠图书股份有限公司，2001.

［53］卢曼.法律的自我复制及其限制［J］//韩旭，译，北大法律评论，1999，2（2）：465-466.

［54］贡塔·托依布纳.魔阵·剥削·异化——托依布纳法律社会学文集［M］.泮伟江，高鸿钧，等，译.北京：清华大学出版社，2012.

［55］罗伯特·C.埃里克森.无需法律的秩序——邻人如何解决纠纷［M］.苏力，译.北京：中国政法大学出版社，2003.

［56］哈贝马斯.在事实与规范之间［M］.童世骏，译.台北：三联书店，2003.

［57］季卫东.法律程序的形式性与实质性［J］.北京大学学报：哲学社会科学版，2006（1）：109-131.

［58］贡塔·托依布纳.法律：一个自创生系统［M］.张骐，译.北京：北京大学出版社，2004.

［59］图依布纳.现代法中的实质要素和反思要素［J］//矫波，译，北大法律评论，1999（2）：579-632.

［60］黎莲卿.亚太地区第二代环境法展望［M］.北京：法律出版社，2006.

［61］卢建军.警察权软实力的建构［J］.法律科学，2011（5）：49-56.

［62］葛修路，李爱国.论行政管理与行政法的人文精神：服务［J］.济宁学院学报，2010，31（2）：45-49.

［63］R. M. 昂格尔 . 现代社会中的法律［M］. 吴玉章，周汉华，译 . 南京：译林出版社，2001.

［64］崔卓兰，赵静波 . 中央与地方立法权力关系的变迁［J］. 吉林大学社会科学学报，2007（2）：66-74.

［65］叶必丰 . 行政法的人文精神［M］. 北京：北京大学出版社，2005.

［66］黄学贤，陈峰 . 试论实现给付行政任务的公私协力行为［J］. 南京大学法律评论，2008（Z1）：52-63.

［67］詹镇荣 . 民营化后国家影响与管制义务之理论与实践［J］. 东吴大学法律学报，2003，15（1）：1-40.

［68］李喜英 . 制度祛魅与德性复兴——关于公民培育理论的一个反思［J］. 南京师大学报：社会科学版，2012（4）：77-83.

［69］威尔·吉姆利卡，威尼·诺曼 . 公民的回归［M］//毛兴贵，译，许纪霖 . 共和、社群与公民［M］. 南京：江苏人民出版社，2004.

［70］叶俊荣 . 环境政策与法律［M］. 北京：中国政法大学出版社，2003.

［71］蔡守秋 . 环境资源法教程［M］. 北京：高等教育出版社，2004.

［72］陈慈阳 . 环境法总论［M］. 北京：中国政法大学出版社，2003.

［73］蔡守秋 . 环境资源法学教程［M］. 武汉：武汉大学出版社，2000.

［74］吕忠梅，高利红，余耀军 . 环境资源法学［M］. 北京：中国法制出版社，2001.

［75］韩德培 . 环境保护法教程［M］. 北京：法律出版社，1998.

［76］王灿发 . 环境法学教程［M］. 北京：中国政法大学出版社，1997.

［77］陈新民 . 中国行政法学原理［M］. 北京：中国政法大学出版社，2002.

［78］哈特穆特·毛雷尔 . 行政法学总论［M］. 高家伟，译 . 北京：法律出版社，2000.

［79］朱迪·弗里曼 . 合作治理与新行政法［M］. 毕洪海，陈标冲，译 . 北京：商务印书馆，2010.

［80］吴向阳 . 北京城市环境治理的公众参与［J］. 国家图书馆皮书数据库，2015 年 10 月 4 日访问 .

［81］环境污染案原告诉求多被驳 宁夏高院：维权面临三大障碍［N］. 法制日

报，2011-12-1.

［82］戴烽.公共参与——场域视野下的观察［M］.北京：商务印书馆，2010.

［83］埃莉诺·奥斯特罗姆.公共事务的治理之道［M］.余逊达，陈旭东，译.台北：三联书店，2000.

［84］周海晏.新社会运动视域下中国网络环保行动研究［M］.上海：华东理工大学出版社，2014.

［85］章国锋.哈贝马斯访谈录［J］.外国文学评论，2000（1）：27-32.

［86］洪大用.中国民间环保力量的成长［M］.北京：中国人民大学出版社，2007.

［87］桑德罗·斯奇巴尼.民法大全选译·正义和法［M］.黄风，译.北京：中国政法大学出版社，1992.

［88］周枏.罗马法原论：上册［M］.北京：商务印书馆，1994.

［89］姚辉.人格权的研究［J］//民法总则争议问题研究［M］.台北：五南图书出版公司，1998.

［90］马俊驹.法人制度的基本理论和立法问题之探讨（上）［J］.法学评论，2004（4）：3-12.

［91］尹田.论自然人的法律人格与权利能力［J］.法制与社会发展，2002（1）：122-126.

［92］柯坚.环境法的生态实践理性原理［M］.北京：中国社会科学出版社，2012.

［93］柳经纬.民法典编纂中的法人制度重构——以法人责任为核心［J］.法学，2015（5）：12-20.

［94］汉斯·凯尔森.法和国家的一般理论［M］.沈宗灵，译.北京：中国大百科全书出版社，1996.

［95］张文显.法哲学范畴研究：修订版［M］.北京：中国政法大学出版社，2001.

［96］叶秋华，洪荞.论公法与私法划分理论的历史发展［J］.辽宁大学学报：哲学社会科学版，2018（1）：141-146.

［97］吴庚.行政法的理论与实用［M］.台北：三民书局，1996.

［98］卡尔斯腾·施密特.德国法人制度概要［J］// 郑冲，译，孙宪忠.制定科学的民法典——中德民法典立法研讨会文集［M］.北京：法律出版社，2003.

［99］王泽鉴.民法总则［M］.北京：中国政法大学出版社，2001.

［100］邵薇薇.论法人的分类模式——兼评民法典草案的有关规定［J］.厦门大学法律评论，2004（7）：235-250.

［101］卡尔·拉伦茨.德国民法通论［M］.王晓晔，等，译.北京：法律出版社，2003.

［102］江平.法人制度论［M］.北京：中国政法大学出版社，1994.

［103］梁慧星.民法总论［M］.北京：法律出版社，2001.

［104］王利明，郭明瑞，方流芳.民法新论［M］.北京：中国政法大学出版社，1988.

［105］佟柔.中国民法学·民法总则［M］.北京：中国人民公安大学出版社，1990.

［106］江平.法人制度论［M］.北京：中国政法大学出版社，1997.

［107］张力.法人制度中的公、私法调整方法辨析——兼对公、私法人区分标准另解［J］.东南学术，2016（6）：160-171.

［108］蒋学跃.法人制度法理研究［M］.北京：法律出版社，2007.

［109］王钰.自然保护区建设的社区参与共管实践［J］.江西林业科技，2007（4）：56-58.

［110］盐池县人民政府.关于成立宁夏哈巴湖国家级自然保护区社区共管委员会的通知［EB/OL］.新华网宁夏频道.2015年10月8日访问.

［111］张金良，等.社区共管——一种全新的保护区管理模式［J］.生物多样性，2000，8（3）：347-350.

［112］张宏，等.自然保护区社区共管对我国发展生态旅游的启示——兼论太白山大湾村实例［J］.人文地理，2005（3）：103-106，66.

［113］刘超.自然保护区的社区共管问题研究［D］.长沙：中南大学，2013.

［114］韦惠兰，何聘.森林资源社区共管问题初探——以甘肃白水江国家级自然保护区为例［J］.林业经济问题，2008，28（2）：113-116.

［115］森林共管开发：中欧天然林管理项目森林共管现状和启示》［EB/OL］.中国林业网，2018 年 6 月 15 日访问.

［116］任琳，胡崇德.公众参与自然保护区管理的实践与思考——以太白山自然保护区为例［J］.现代农业科技，2011（22）：237-239.

［117］潘大东，王平，杨帆，等.哈巴雪山自然保护区与周边社区发展的冲突及对策［J］.安徽农业科学，2012，40（8）：4667-4670.

［118］陶传进.草根自愿组织与村民自治困境的破解：从村庄社会的双层结构中看问题［J］.社会学研究，2007（5）：133-147，244-245.

［119］徐勇，赵德健.找回自治：对村民自治有效实现形式的探索［J］.华中师范大学学报：人文社会科学版，2014，53（4）：1-8.

［120］王丽惠.控制的自治：村级治理半行政化的形成机制与内在困境［J］.中国农村观察，2015（2）：57-68，96.

［121］吴服胜.森林资源社区共管机制的比较研究——以四川唐家河、陕西太白山和甘肃白水江国家级自然保护区为例［D］.兰州：兰州大学，2011.

［122］张家胜.社区成立共管委员会的尝试［J］.林业与社会，2000（2）：21-22.

［123］蒲云海，朱兆泉，邓长胜，等.参与式社区管理技术在湖北省自然保护区管理中的应用——以湖北后河国家级自然保护区为例［J］.湖北林业科技，2015，44（2）：40-44.

［124］邹雅卉.云南省云县后箐乡社区共管组织组建过程案例［J］.林业与社会，2003（3）：23-26.

［125］杨莉菲，郝春旭，温亚利，等.自然保护区社区共管的发展问题研究——以云南自然保护区为例［J］.林业经济问题，2010，30（2）：151-155.

［126］戚建庄，黄登峰，王会华，等.正确处理地方各级人大之间的关系［J］.人大建设，2016（4）：14-17.

［127］刘静，苗鸿，欧阳志云，等.自然保护区社区管理效果分析［J］.生物多样性，2008，16（4）：389-398.

[128] 选举法将第 5 次修改，流动人口选举问题暂不作规定 [EB/OL]. 新华网 .2016 年 8 月 24 日访问 .

[129] 宋学成 . 人大代表选举制度论析 [D]. 长春：东北师范大学，2008.

[130] 杜承铭，陶玉清 . 论人大代表选举中累积投票制的构建———一个理论上的探讨 [J]. 太平洋学报，2008（3）：47-53.

[131] 詹姆斯·博曼 . 公共协商和文化多元主义 [J] // 陈志刚，陈志忠，译，陈家刚 . 协商民主 [M]. 台北：三联书店，2004.

[132] 詹姆斯·D. 费伦 . 作为讨论的协商 [J] // 王文玉，译，陈家刚 . 协商民主 [M]. 台北：三联书店，2004.

[133] 司开创 . 浅谈社区共管中的参与问题 [J]. 林业与社会，2001（2）：5.

[134] 韩荣 . 全国人代表大会议事规则研究 [D]. 南京：南京师范大学，2011.

[135] 约翰·费尔约翰 . 建构协商民主制度 [J] // 李静，译，陈家刚 . 协商民主 [M]. 台北：三联书店，2004.

[136] 陈家刚 . 协商民主：民主范式的复兴与超越（代序）[J] // 陈家刚 . 协商民主 [M]. 台北：三联书店，2004.

[137] 基思·韦哈恩 . 行政法的"去法化"[J] // 罗豪才 . 行政法的新视野 [M]. 北京：商务印书馆，2011.

[138] 王贵松，译 . 美国协商式规则制定法第 563 条 [EB/OL]. 中国宪政网 .2017 年 5 月 15 日访问 .

[139] 梅维·库克 . 协商民主的五个观点 [J] // 王文玉，译，陈家刚 . 协商民主 [M]. 台北：三联书店，2004.

[140] 周义程 . 票决民主中的票决困境解析 [J]. 学海，2009（3）：61-67.

[141] 王鉴岗 . 协商民主与票决民主的结合及模式的选择 [J]. 四川省社会主义学院学报，2014（2）：3-5+9.

[142] 亨利·M. 罗伯特 . 罗伯特议事规则 [M]. 袁天鹏，孙涤，译 . 上海：格致出版社，上海人民出版社，2008.

[143] 刘霞，伍建平，宋维明，等 . 我国自然保护区社区共管不同利益分享模式比较研究 [J]. 林业经济，2011（12）：42-47.

［144］梁启慧，何少文．商业机制介入社区共管项目的初步探索［J］．陕西师范大学学报：自然科学版，2006，34（3）：228-232.

［145］肖迎．云南白马雪山自然保护区社区共管案例分析［J］//李小云，等．共管：从冲突走向合作［M］．北京：社会科学文献出版社，2006.

［146］国家林业局野生动植物保护司．自然保护区社区共管指南［M］．北京：中国林业出版社，2002.

［147］张晓妮．中国自然保护区及其社区管理模式研究［D］．咸阳：西北农林科技大学，2012.

［148］陈志永，杨桂华．民族贫困地区旅游资源富集区社区主导旅游发展模式的路径选择［J］．黑龙江民族丛刊，2009（2）：52-63.

［149］宋瑞．生态旅游：多目标多主体的共生［D］．北京：中国社会科学院，2003.

［150］郑群明，钟林生．参与式乡村旅游开发模式探讨［J］．旅游学刊，2004（4）：33-37.

［151］陈爱宣．古村落旅游公司利益相关者共同治理模式研究［D］．厦门：厦门大学，2008.

［152］蒋艳．关于欠发达地区社区参与旅游收益分配的探讨［J］．重庆交通学院学报：社科版，2004（3）：49-51.

［153］方怀龙，张东方，王宝，等．林业自然保护区生态旅游经营管理优化模式的探讨［J］．林业资源管理，2013（5）：8-13.

［154］任啸．自然保护区的社区参与管理模式探索——以九寨沟自然保护区为例［J］．旅游科学，2005（3）：16-19，25.

［155］吴忠军，叶晔．民族社区旅游利益分配与居民参与有效性探讨［J］．广西经济管理干部学院学报，2005（3）：51-55.

［156］蒋艳．社区参与旅游发展具体操作分析［J］．哈尔滨学院学报，2006（6）：35-38.

［157］张琰飞．社区居民参与湘西州乡村旅游开发研究［J］．湖南商学院学报，2008（5）：73-76.

［158］吕忠梅．环境法新视野［M］．北京：中国政法大学出版社，2000.

［159］卢梭.社会契约论［M］.何兆武,译.北京:商务印书馆,1980.

［160］刘玉蓉.析政府利益与公共利益的关系［J］.四川行政学院学报,2004
（4）: 5-8.

［161］涂晓芳.西方政治学中的政府利益观及其评析［J］.政治学研究,2005
（4）: 106-114.

［162］赵霞.传统乡村文化的秩序危机与价值重建［J］.中国农村观察,2011
（3）: 80-86.

［163］邓大才.村民自治有效实现的条件研究［J］.政治学研究,2014（6）:
71-83.

［164］李小云,左停,唐丽霞.中国自然保护区共管指南［M］.北京:中国
农业出版社,2009.

［165］薛达元.民族地区传统文化与生物多样性保护［M］.北京:中国环境
科学出版社,2009.

［166］朱普选,朱士光.西藏传统文化中蕴涵的环境保护因素［J］.西藏民族
学院学报:哲学社会科学版,2004（4）: 16-21,106.

［167］魏段.我国自然保护区的旅游研究进展［J］.水土保持研究,2005,12
（2）: 157-162.

［168］张文显.法理学［M］.3版.北京:法律出版社,2007.

［169］钭晓东,欧阳恩钱.民本视阈下环境法调整机制变革［M］.北京:中
国社会科学出版社,2010.

［170］张琛.西洞庭湖自然保护区社区共管体制研究［J］.国家图书馆皮书数
据库,2006年5月.

［171］邵阳,毕蔚林,邓维杰,那顺巴依尔.青海索加地区生物多样性保护和
社区共管［J］.国家图书馆皮书数据库,2006年5月.

［172］薛达元.论民族传统文化与生物多样性保护［J］.第十六届中国科
协年会——分4民族文化保护与生态文明建设学术研讨会论文集,
2014:166-171.

［173］南文渊.山水环境保护与民族文化传承的一体性［J］.大连民族学院学
报,2015（6）:529-532.

［174］孟和乌力吉.草原旅游与环境保护［J］.内蒙古民族大学学报：社会科学版，2012（6）：1-7.

［175］李曼碧，夏峰，龚震，等.云南省少数民族地区与生态环境保护［J］.云南环境科学，2003（4）：46-48，58.

［176］丛艳国，蔡秀娟.集体林权制度改革对自然保护区生态旅游社区参与的影响［J］.北京林业大学学报：社会科学版，2013（2）：31-35.

［177］张广瑞.关于旅游业的21世纪议程［J］.旅游学刊，1998（2）：50-54.

［178］陈晓颖，鲁小波，马斌斌，等.国内生态旅游利益相关者研究综述［J］.林业调查规划，2015，40（1）：68-74.

［179］王亚娟.社区参与旅游的制度性增权研究［J］.旅游科学，2012（3）：18-26，94.

［180］PEARCE P，MOSCARDO G，ROSS G.Tourism CommunityRelationships［M］.NewYork：Pergamon，1996.

［181］左冰，保继刚.从"社区参与"走向"社区增权"［J］.旅游学刊，2008（4）：58-63.

［182］宋功德.行政法的均衡之约［M］.北京：北京大学出版社，2004.

［183］丁煌.西方行政学术史［M］.武汉：武汉大学出版社，2004.

［184］季卫东.面向二十一世纪的法与社会［J］.中国社会科学，1996（3）：104-113.

［185］宾凯.法律如何可能：通过二阶观察的系统建构［J］.北大法律评论，2006（2）：353-380.

［186］张文显.法理学［M］.4版.北京：高等教育出版社，北京大学出版社，2011.

［187］张桐锐.合作国家［J］//翁岳生教授祝寿论文编辑委员会.当代公法新论［M］.台北：元照出版有限公司，2002.

［188］杜辉.论制度逻辑框架下环境治理模式之转换［J］.法商研究，2013（1）:69-76.

［189］克里斯蒂安·亨德诺.法团主义、多元主义与民主：走向协商的官僚责

任理论［J］// 陈家刚.协商民主［M］.台北：三联书店，2004.

［190］陈家刚.协商民主［M］.台北：三联书店，2004.

［191］马骧聪，王明远.中国环境资源法的发展：回顾与展望［J］// 王曦.国际环境法与比较环境法评论［J］，2002（1）:326-372.

［192］中国台湾行政院研究发展考核委员会，黄居正.我国原住民族在资源保育地区共同治理相关法令及执行机制之研究［M］.台湾：致琦企业有限公司，2013：29.

［193］陶开晖.关于对修订《云南省文山壮族苗族自治州文山老君山保护区管理条例（修订草案）》和制定《文山壮族苗族自治州南坝美旅游区管理条例（草案）》审查意见的报告［EB/OL］.2017 年 9 月 25 日访问.

［194］乔迪·弗里曼.私人团体、公共职能与新行政法［J］.晏坤，译，北大法律评论，2003，5（2）:516-550.

［195］唐远雄，罗晓.自然资源社区共管案例研究［M］.兰州：甘肃人民出版社，2011.

［196］王贵松.美国协商式规则制定法［EB/OL］.中国宪政网.2016 年 9 月 28 日访问.

［197］生态旅游.360 百科［EB/OL］.2016 年 10 月 15 日访问.

［198］廖军华.国内外社区参与旅游研究综述［J］.贵州民族大学学报：哲学社会科学版，2015（1）：34-39.

［199］MACBETH J.Dissonance and paradox in tourism Planning — People First? ［J］.ANZALS Research Series，1994（3）：2-19.

［200］权伍贤.资源保护与生计替代的策略［J］.国家图书馆皮书数据库，2008 年 12 月.

［201］引导社区生态经济发展，探索科学保护新思路［EB/OL］.四川卧龙国家级自然保护区官网.2016 年 6 月 7 日访问.

［202］荀丽丽，王晓毅.非自愿移民与贫困问题研究综述［J］.国家图书馆皮书数据库，2012 年 3 月.

［203］小阿尔弗莱德·阿曼著.全球化、民主与新行政法［J］.刘轶，译，北大法律评论，2004（1）：207-229.

［204］詹姆斯·S.菲什金.协商民主［J］//王文玉，译，陈家刚.协商民主［M］.台北：三联书店，2004.

［205］奥利·洛贝尔.新新政：当代法律思想中管制的衰落与治理的兴起［J］//成协中，译，罗豪才，毕洪海.行政法的新视野［M］.北京：商务印书馆 2011.

［206］邹焕聪.论调整公私协力的担保行政法［J］.政治与法律，2015（10）:142-152.

［207］AIFRED C J.面向新世纪的行政法（上）［J］//袁曙宏，译，行政法学研究，2000（3）:84-91.

［208］汪习根.发展权含义的法哲学分析［J］.现代法学，2004（6）：5-8.

［209］李小云，左停，靳乐山，等.共管：从冲突走向合作［M］.北京：社会科学文献出版社，2006.

［210］王权典，何克军.自然保护区法治创新与"林改"方略：基于广东自然保护区示范省建设实践探索［M］.北京：中国法制出版社，2012.

［211］王利明.民法总则研究［M］.北京：中国人民大学出版社，2003.

［212］王曦.美国环境法概论［M］.武汉：武汉大学出版社，1992.

［213］史尚宽.民法总论［M］.北京：中国政法大学出版社，2000.

［214］李建良.损失补偿［J］//翁岳生.行政法：下册［M］.北京：中国法制出版社，2002.

［215］陈新民.宪法财产权保障之体系与公益征收之概念［J］//陈新民.德国公法学基础理论：下册［M］.济南：山东人民出版社，2001.

［216］张效羽.论财产权公益限制的补偿问题［J］.国家行政学院学报，2013（6）：106-110.

［217］黄锦堂.财产权保障与水源保护区之管理：德国法的比较［J］.台大法学论丛，2008（3）:1-46.

［218］谢哲胜.土地使用管制法律之研究［J］.中正大学法学集刊，2001（5）：97-162.

［219］刘志清.政府土地征收补偿之研究——从财产权的观点［D］.台北：台湾大学，2009.

［220］黄浩斑 . 以土地使用限制补偿观点探讨桃园埤塘资源保存维护策略之研究［D］. 台北：台北科技大学，2007.

［221］金俭，张显贵 . 财产权准征收的判定基准［J］. 比较法研究，2014（2）:26-45.

［222］杨立新 . "2001 年中国物权法国际研讨会"讨论纪要［J］. 河南省政法管理干部学院学报，2001（3）:17-30.

［223］刘明中，廖乐逮 . 江西在全省实施流域生态补偿［N］. 中国财经报，2016-01-05.

［224］社会瞩目延迟退休政策［J］. 发展，2014（4）:17-18.

［225］李荣 . 金平马鞍底乡瑶族哈尼族草果地转让调查研究［J］// 赖庆奎，等 . 云南金平分水岭国家级自然保护区社区共管实践［M］. 昆明：云南科技出版社，2011.

［226］谢晖 . 论新型权利生产的习惯基础［J］. 法商研究，2015（1）:44-53.

［227］梁治平 . 清代习惯法：社会与国家［M］. 北京：中国政法大学出版社，1996.

［228］李惠宗 . 公物法［J］// 翁岳生 . 行政法：上册［M］. 北京：中国法制出版社，2002.

［229］行政院研究发展考核委员会 . 我国原住民族在资源保育地区共同治理相关法令及执行机制之研究［M］. 台北：致琦企业有限公司，2013.

［230］左冰，保继刚 . 制度增权：社区参与旅游发展之土地权利变革［J］. 旅游学刊，2012（2）: 23-31.

［231］保继刚，左冰 . 为旅游吸引物权立法［J］. 旅游学刊，2012（7）: 11-18.

［232］唐兵，惠红 . 民族地区原住民参与旅游开发的法律赋权研究［J］. 旅游学刊，2014（7）:39-46.

［233］袁泽清 . 论少数民族文化旅游资源集体产权的法律保护［J］. 贵州民族研究，2014（1）: 18-22.

［234］王维艳 . 乡村社区参与景区利益分配的法理逻辑及实现路径［J］. 旅游学刊，2015（8）: 44-52.

［235］孙宪忠.《物权法》：渔业权保护的新起点［J］.中国水产，2007（5）：6-7.

［236］孙宪忠.中国渔业权研究［M］.北京：法律出版社，2006.

［237］董加伟.论传统渔民用海权［J］.太平洋学报，2014（10）：91-100.

［238］巩固.自然资源国家所有权公权说［J］.法学研究，2013（4）：19-34.

［239］谢海定.国家所有的法律表达及其解释［J］.中国法学，2016（2）：86-106.

［240］崔建远.准物权研究［M］.2版.北京：法律出版社，2012.

［241］刘舜斌.立足国情建设我国渔业权制度——兼评《中国渔业权研究》［J］.中国渔业经济，2007（1）：16-21.

［242］黄异.物权化的渔业权制度［J］//吕忠梅.环境资源法论丛（第4卷）［M］.北京：法律出版社，2004.

［243］王克稳.论公法性质的自然资源使用权［J］.行政法学研究，2018（3）:40-52.

［244］全国人民代表大会常务委员会法制工作委员会民法室.物权法立法背景与观点全集［M］.北京：法律出版社，2007.

［245］苏力.法治及其本土资源［M］.北京：中国政法大学出版社，1996.

［246］赖庆奎等.分水岭国家级自然保护区及周边地区矛盾冲突分析［J］//赖庆奎等云南金平分水岭国家级自然保护区社区共管实践［M］.昆明：云南科技出版社，2011.

［247］尹田.中国海域物权制度研究［M］.北京：中国法制出版社，2004.

［248］乔斌，张彦仁，何彤慧，等.精准扶贫背景下自然保护区周边社区发展路径构建——基于宁夏党家岔湿地自然保护区的案例论证［J］.资源开发与市场，2018，34（5）：633-637.

［249］吴晓燕，赵普兵.农村精准扶贫中的协商：内容与机制［J］.社会主义研究，2015（6）：102-110.

［250］WALKER B.，SALT D.弹性思维：不断变化的世界中社会——生态系统的可持续性［M］.彭少麟，陈宝明，赵琼，等，译，北京：高等教育出版社，2010.

［251］胡文龙.生态保护、产业发展与精准扶贫［N］.中国社会科学报，

2017-10-18.

［252］朱海忠.农村环境冲突的防范与治理［J］.国家图书馆皮书数据库，
2015 年 10 月 3 日访问.

［253］冉冉.中国地方环境政治［M］.北京：中央编译出版社，2015.

［254］陶传进.现代社区治理模式［J］.国家图书馆皮书数据库，2015 年 10
月 3 日访问.

［255］王锡锌.公众参与：参与式民主的理论想象及制度实践［J］.政治与法律，
2008（6）：8-14.

［256］季卫东.法律程序的意义［J］.中国社会科学，1993（1）:83-103.

［257］吕忠梅.环境公益诉讼的进步与尴尬［J］.国家图书馆皮书数据库，
2015 年 10 月 4 日访问.

［258］金煜.公益诉讼破局 环保组织"有心无力"［N］.新京报，2015-02-
02.

［259］程进.环境保护公众参与及创新［J］.国家图书馆皮书数据库，2015
年 10 月 4 日访问.

［260］浙江省环保厅办公室.嘉兴南湖区建立环境行政处罚案件公众参与制度
［EB/OL］.浙江省环保厅网站，2015 年 12 月 28 日访问.

［261］南湖区环保局.南湖区区环保局坚持实施行政处罚案件公众参与制度成
效显著［EB/OL］.嘉兴市环保局网站，2015 年 12 月 28 日访问.

［262］环境保护部.环境保护部探索开放式环保督查［EB/OL］.中国环境保
护部网站，2015 年 12 月 29 日访问.

［263］环境保护部宣传教育中心.探索解决社区环境问题的新途径——社区环
境圆桌对话指导手册［M］.北京：中国环境科学出版社，2009.

［264］朱旭东.圆桌对话：为环境问题三方搭起沟通的桥［EB/OL］.新华网，
2015 年 12 月 29 日访问.

［265］汪劲.论生态补偿的概念——以《生态补偿条例》草案的立法解释为背
景［J］.中国地质大学学报：社会科学版，2014（1）1-8，139.

［266］王金南，万军，张惠远，等.中国生态补偿机制与政策构想［J］// 中
国社科院环境与发展研究中心.中国环境与发展评论［M］.北京：社

会科学文献出版社，2007.

［267］李文华，刘某承. 关于中国生态补偿机制建设的几点思考［J］. 资源科学，2010（5）：791-796.

［268］曹明德. 对建立生态补偿法律机制的再思考［J］. 中国地质大学学报：社会科学版，2010（5）：28-35.

［269］李爱年，刘旭芳. 生态补偿法律含义再认识［J］. 环境保护，2006（19）：44-48.

［270］杜群. 生态补偿的法律关系及其发展现状和问题［J］. 现代法学，2005（3）：186-191.

［271］张效军. 耕地保护区域补偿机制研究［D］. 南京：南京农业大学，2006.

［272］李爱年，刘旭芳. 对我国生态补偿的法律构想［J］. 生态环境，2006，15（1）：194-197.

［273］任世丹. 重点生态功能区生态补偿正当性理论新探［J］. 中国地质大学学报：社会科学版，2014（1）：17-21.

［274］王金南，万军，张惠远. 关于我国生态补偿机制与政策的几点认识［J］. 环境保护，2006（19）：24-28.

［275］李晓敏，李柱.“以畜控草”与新疆草畜平衡管理的探讨［J］. 草原与草坪，2012，32（5）:75-78.

［276］陈新民. 平等权的宪法意义［J］// 陈新民. 德国公法学基础理论：下册［M］. 济南：山东人民出版社，2001.

［277］中国首个跨省流域生态补偿机制初见成效［EB/OL］. 新华网 .2016 年 4 月 25 日访问 .

［278］加拿大公园管理局网站［EB/OL］.2015 年 11 月 6 日访问 .

［279］KEVIN M. Filling in the Gaps: Establishing New National Parks［J］. The George Wright Forum，2010，27（2）：142–150.

［280］MAC E. Natural Selections: National Parks in Atlantic Canada，1935–1970［M］. Montreal: McGill-Queen's University Press，2001.

［281］STEVE L，ROB P，NATHALIE G. Two Paths One Direction: Parks Canada andAboriginal Peoples Working Together [J]. The George Wright Forum, 2010, 27（2）: 222-233.

[282] ERIN E, Protected Areas and Aboriginal Interests: At Home in the Canadian Arctic Wilderness [J]. International Journal of Wilderness, 1999, 5（2）: 17-20.

[283] KAREN L S. A Comparative Analysis of Co-Management Agreements for National Parks: Gwaii Haanas and Uluru-Kata Tjuta, A practicum submitted to the Faculty of Graduate Studies in partial fulfillment of the requirements for the Degree of Masters of City Planning [M]. Department of City Planning : University of Manitoba , 2005.

[284] STEVE L, ROB P, NATHALIE G. Two Paths One Direction: Parks Canada andAboriginal Peoples Working Together [J]. The George Wright Forum, 2010, 27（2）: 222-233.

[285] TRACY C. Co-management of Aboriginal Resources [J]. Information North, 1996, 22（1）: 123-134.

[286] SMYTH, D, SUTHERLAND J. Indigenous protected areas: conservation partnerships with indigenous landholders [M]. Canberra: Biodiversity Group, Environment Australia, 1996.

[287] MARK D S. Dispossessing the Wilderness: Indian Removal and the Making of the National Parks [M]. New York: Oxford University Press, 1999.

[288] MARY A K. Co-management or Contracting? Agreements between Native American Tribes and the US National Park Service Pursuant to the 1994 Tribal Self-governance Act [J]. Harvard Environmental Law Review, 2007（31）: 475-530.

[289] GOODMAN E. Protecting Habitat for Off-Reservation Tribal Hunting and Fishing Rights:Tribal Comanagement as a Reserved Right [J]. ENVTL.L., 2000（30）: 284-285.

[290] MARY C W. Symposium on Clinton's New Land Policies: Fulfilling the Self-Governance for Indian Tribes: From Paternalism to Empowerment, CONN.

L.REV., 1995（27）：1272.

[291] DAVE E，ANDERSON M K. Theme Issue: Native American Land Management Practices in National Parks［J］. ECOLOGICAL RESTORATION, 2003（21）：245.

[292] MARTIN N. The Use of Co-Management and Protected Land-Use Designations to Protect Tribal Cultural Resources and Reserved Treaty Rights on Federal Lands［J］. Natural Resources Journal, 2008（48）：585–647.

[293] MARTIN N. The Use of Co-Management and Protected Land-Use Designationsto Protect Tribal Cultural Resources and Reserved Treaty Rights on Federal Lands［J］. NATURAL RESOURCES JOURNAL, 2008（48）：585-647.

[294] MARY A K. Co-management or Contracting? Agreements between Native American Tribes and the US National Park Service Pursuant to the 1994 Tribal Self-governance Act［J］. Harvard Environmental Law Review, 2007（31）：475–530.

[295] 王应临，杨锐，埃卡特·兰格. 英国国家公园管理体系评述［J］. 中国园林, 2013（9）：11-19.

[296] THOMPSON N. Inter-institutional relations in the governance of England's national parks:A governmentality perspective［J］. Journal of Rural Studies, 2005, 21（3）：323–334.

[297] 邓朝晖，李广鹏. 发达国家自然保护区开发限制的立法借鉴［J］. 环境保护, 2012（17）:75-78.

后　记

　　自然保护区社区共管在微观层面是解决当地社区与自然保护区管理机构之间的矛盾冲突；在中观层面是促进自然保护区管理机构、地方政府与当地社区之间的合作管理，以实现自然保护公共利益与私经济利益的兼顾；在宏观层面则是国家生态保护战略与中央扶贫战略的统筹落实，也是中央推进国家治理体系和治理能力现代化决策的实践探索。因此，从法律角度对社区共管的内部结构与外部运行进行全面建构，为社区共管在自然保护领域的应用提供法律支持，实现社区共管的合法化、规范化、程序化，具有重要的理论与现实意义。也正基于此，整个研究团队虽遇各种困难仍然坚持完成相关研究，最终经过不懈努力、辛勤探索，形成本研究成果。感谢研究团队成员的辛苦付出，尤其是赵向华（撰写第七章）、刘志坚（撰写第二章）、崔玉华（撰写第三章）、胡伟（共同撰写第一章第一部分）。本书也是我主持的国家社科基金项目的最终研究成果，希望能够起到抛砖引玉的作用，吸引更多的学者参与到相关问题的研究中来。

田红星

2021 年 3 月 31 日